高等学校土建类专业应用型本科"十四五"规划教材
高等学校土建类专业"互联网＋"创新教材
吉林省高等学校优秀教材二等奖

工 程 地 质

（第 3 版）

主　编　徐桂中　李晓乐
副主编　杨　光　宋苗苗
主　审　郑　毅　施鲁莎

武汉理工大学出版社
·武 汉·

内 容 提 要

本书是响应教育部"新工科"教育探索需求,结合工程教育认证的要求,参照最新颁布的相关国家标准、规范等编写而成的工程地质教材。

本书内容兼顾课程教学大纲、注册土木工程师(岩土)考试大纲及后续课程的衔接等因素;相对于传统的工程地质教材,本书融合了"互联网+"技术手段,使抽象概念、工程案例立体化、可视化。全书共分为9章,其中绪论主要阐述工程地质学的任务及研究方法,工程地质学在工程建设中的作用等;第2章至第5章重点讲述地质基础知识和基本理论,包括岩石、矿物、地质构造、第四纪沉积物与地貌、地下水;第6章至第9章阐述工程地质问题,包括滑坡、崩塌、岩溶、泥石流等主要不良地质现象及其防治措施,工程地质勘察的目的、任务、方法以及报告的阅读分析,同时结合工程实例探讨工业与民用建筑工程、道路与桥梁工程、隧道与地下工程、港口工程、水利工程中的主要工程地质问题,介绍了环境工程地质问题及其环境质量评价。每章附学习指导及小结、思考题,便于学生课前预习及课后复习,旨在提高学生分析问题、解决问题及创新的能力。

本书可作为普通高等学校土木工程、水利工程、交通工程、道路与桥梁工程、港口工程、城市地下空间工程等专业的专业基础课教材,也可作为注册土木工程师(岩土)资格考试的复习教材,同时还可用作相关专业人员的参考资料。

图书在版编目(CIP)数据

工程地质/徐桂中,李晓乐主编. —3 版. —武汉:武汉理工大学出版社,2022.8
ISBN 978-7-5629-6583-1

Ⅰ.①工… Ⅱ.①徐… ②李… Ⅲ.①工程地质 Ⅳ.①P642

中国版本图书馆 CIP 数据核字(2022)第 087734 号

项目负责人:王利永(027—87106428)　　　　　　责任编辑:张　晨
责任校对:陈　平　　　　　　　　　　　　　　　　排版设计:正风图文
出版发行:武汉理工大学出版社
社　　址:武汉市洪山区珞狮路 122 号　　　　　　邮　　编:430070
网　　址:http://www.wutp.com.cn
印刷者:武汉乐生印刷有限公司
经销者:各地新华书店
开　　本:787×1092　1/16　　印张:19　　　　字　　数:450 千字
版　　次:2010 年 6 月第 1 版　2015 年 1 月第 2 版　2022 年 8 月第 3 版
印　　次:2022 年 8 月第 1 次印刷　总第 8 次印刷
印　　数:18001—21000 册
定　　价:45.00 元

高等学校土建类专业应用型本科"十四五"规划教材

编 审 委 员 会

前　言

（第 3 版）

为适应新的《岩土工程勘察规范》《建筑地基基础设计规范》《建筑抗震设计规范》等一系列勘察设计规范的贯彻执行，使工程地质的教学内容更加符合工程教育认证的需求，以满足土木工程、城市地下空间工程、交通工程等专业人才培养目标对工程地质课程相关知识点的支撑要求，特在第 2 版的基础上进行了新的修订工作。

本次修订后的教材共分为 9 章。第 1 章绪论阐述了工程地质学的任务及研究方法，工程地质学在工程建设中的作用等；第 2 章至第 5 章讲述了地质基础知识和基本理论，包括岩石、矿物、地质构造，第四纪沉积物与地貌，地下水；第 6 章至第 9 章讲述了工程地质问题，包括简要分析了滑坡、崩塌、岩溶、泥石流等几种主要不良地质现象及其防治措施，系统介绍了工程地质勘察的目的、任务、方法以及报告的编写，讲述了工业与民用建筑、道路与桥梁建设、地下与隧道建设、港口工程中的主要岩土工程问题，介绍了环境工程地质问题及其环境质量评价。每章附有学习指导及小结、思考题，旨在培养学生了解、掌握工程地质学的基本理论知识，提高学生分析问题、解决问题及创新的能力。

此次修订还引入了现代化教学手段，在正文相应知识点处设置了二维码，学生学习时扫描二维码即可观看图片或视频的演示，方便学生对课堂相关专业知识进行学习和理解。

本书第 3 版由盐城工学院、长春建筑学院、辽宁工程技术大学联合编写，盐城工学院徐桂中、长春建筑学院李晓乐担任主编，辽宁工程技术大学杨光、盐城工学院宋苗苗担任副主编。具体编写分工如下：第 1～3 章由徐桂中编写；第 4、5 章由杨光编写；第 6、7 章由李晓乐编写，第 8、9 章由宋苗苗编写。全书由长春建筑学院郑毅、盐城工学院施鲁莎担任主审，徐桂中、李晓乐负责最终的统稿工作。书中配套数字资源内容由李晓乐、宋苗苗整理提供。

对书中所引用文献和研究成果的众多作者表示诚挚的谢意。对编写过程中各学院的大力帮助在此一并表示感谢。

由于编者水平有限，本书难免有不妥和错误之处，敬请读者批评指正。

编　者

2022 年 2 月

目　　录

1 绪 论

章节序号	知识点	能力要求
1.1	①地质学 ②工程地质学	①了解地质学的研究内容 ②掌握工程地质学的概念及研究目的
1.2	①工程地质学发展简史 ②工程地质学的任务 ③地质体 ④地质分析法 ⑤工程类比法 ⑥定性分析与定量分析	①拓展阅读,了解工程地质学的发展史 ②掌握工程地质学的具体任务 ③理解工程地质学的研究方法
1.3	①工程岩土学 ②工程地质分析学 ③工程地质勘察学 ④区域工程地质学 ⑤环境工程地质学	了解工程地质学的组成部分
1.4	①地形地貌 ②地层岩性 ③地质构造 ④水文地质条件 ⑤不良地质现象 ⑥工程地质问题 ⑦地基 ⑧持力层 ⑨下卧层	①掌握工程地质条件概念及要素 ②掌握工程地质问题概念及土木工程地质问题种类
1.5	①土木工程 ②工程地质的作用 ③工程地质学发展趋势	了解土木工程与工程地质的关系及发展趋势
1.6	①工程地质学课程性质 ②工程地质学课程学习要求	了解工程地质学的学习要求

1.1 地质学与工程地质学

人类生产、生活离不开地球,要合理开发利用地球资源,就必须了解并研究地球。地质学就是一门关于地球的科学。目前,它研究的对象主要是地球的固体表层,其内容主要有:①研究组成地球的物质,由矿物学、岩石学、地球化学等分支学科承担这方面的研究;②阐明地壳及地球的构造特征,即研究岩石或岩石组合的空间分布,这方面的分支学科有构造地质学、区域地质学、地球物理学等;③研究地球的历史以及栖居在地质时期的生物及其演变,研究这方面问题的有古生物学、地史学、岩相古地理学等;④地质学的研究方法与手段,如同位素地质学、数学地质学及遥感地质学等;⑤研究应用地质学以解决资源探寻、环境地质分析和工程防灾问题。

应用地质学主要解决两方面的问题:一是以地质学理论和方法指导人们寻找各种矿产资源,形成矿床学、煤田地质学、石油地质学、铀矿地质学等分支学科;二是运用地质学理论和方法研究地质环境,查明地质灾害的规律和防治对策,以确保工程建设安全、经济和正常运行,形成工程地质学这一重要的分支学科。

工程地质学是研究与工程建设相关的地质问题的学科,工程勘察与防灾是工程地质学的主要任务。

1.2 工程地质学的任务和研究方法

工程地质学随着大规模的工程建设而兴起。1929 年,世界上第一部《工程地质学》著作问世(Karl Terzaghi,奥地利);在世界工程建设发展中,工程地质学逐渐吸收土力学、岩石力学和计算数学的相关理论和方法,形成更加完善的学科体系。我国工程地质学的发展始于 20 世纪 50 年代,谷德振、刘国昌等都对工程地质学的发展作出了重要的贡献。经过近 70 年的不懈奋斗,形成了具有中国特色的工程地质学科体系;随着三峡水利工程、青藏铁路、港珠澳大桥等一系列超级工程的建成,我国地质工程行业不断发展壮大,开始走向世界。

工程地质学的具体任务是:

(1)评价工程地质条件,阐明地上和地下建筑工程兴建和运行的有利因素和不利因素,选定建筑场地和适宜的建筑形式,保证规划、设计、施工、使用、维修顺利进行;

(2)从地质条件与工程建筑相互作用的角度出发,论证和预测有关工程地质问题发生的可能性、规模和发展趋势;

(3)提出改善、防治或利用有关工程地质条件的措施,提出加固岩土体和防治地下水的方案;

(4)研究岩体、土体分类和分区及区域性特点;

(5)研究人类工程活动与地质环境之间的相互作用与影响。

在工程规划、设计,以及在解决各类工程建筑物的具体问题时必须开展详细的工程地质勘察工作。工程地质勘察的目的是取得有关建筑场地工程地质条件的基本资料和进行工程地质论证。

工程地质学的研究对象是复杂的地质体(即勘察范围内的天然岩土体),所以其研究方法为地质分析法与力学分析法、工程类比法与试验法等的密切结合,即通常所说的定性分析与定量分析相结合的综合研究方法。要查明建筑区工程地质条件的形成和发展,以及它在工程建筑物作用下的发展变化,首先必须以地质学和自然历史的观点分析研究周围其他自然因素和条件,了解在历史过程中对它的影响和制约程度,这样才有可能认识它形成的原因并预测其发展趋势和变化。这就是地质分析法,它是工程地质学的基本研究方法,也是进一步定量分析评价的基础。

按工程建筑物的设计和运用的要求来说,光有定性的论证是不够的,还要求对一些工程地质问题进行定量的预测和评价。在阐明主要工程地质问题形成机制的基础上,建立模型进行计算和预测,如地基稳定性分析、地面沉降量计算、地震液化可能性计算等。当地质条件十分复杂时,还可根据条件类似地区已有资料对研究区的问题进行定量预测,这就是采用类比法进行评价。

采用定量分析方法论证地质问题时都需要采用试验测试方法,即通过室内或野外现场试验,取得所需要的岩土的物理性质、水理性质、力学性质参数。长期观测地质现象的发展速度也是常用的试验方法。综合应用上述定性分析和定量分析方法,才能取得可靠的结论,从而对可能发生的工程地质问题制定出合理的防治对策。

1.3　工程地质学的分类

工程地质学按其研究对象和任务的不同可分为五个组成部分,即工程岩土学、工程地质分析学、工程地质勘察学、区域工程地质学和环境工程地质学,如图1.1所示。

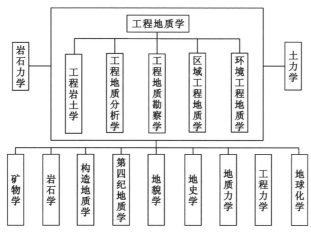

图1.1　工程地质学的组成部分及其相关学科

1.3.1　工程岩土学

工程岩土学研究的是土和岩石的工程地质性质及其形成和变化的规律,并探讨改善这些性质的途径,是工程地质学的基础部分。

1.3.2　工程地质分析学

工程地质分析学研究的是工程地质条件环境与工程建设相互制约的主要形式——工程地质问题,研究它们产生的地质条件环境、力学机制、发展演化的趋势,以便正确论证和提供合理的防治措施。

1.3.3　工程地质勘察学

工程地质勘察学是为了给各种工程建筑提供充分的工程地质依据,探讨所要勘察的工程地质内容、所应遵循的勘察程序和要求,以及所需采用的勘察方法和手段。

1.3.4　区域工程地质学

区域工程地质学研究的是各种工程地质条件在空间上的分布规律和特点。

1.3.5　环境工程地质学

环境工程地质学是工程地质学或环境科学的一个分支,是研究以工程-经济活动为中心的一定范围内天然作用与工程-经济活动形成的客观地质实体(工程地质环境)及其问题的学科,并为开发利用工程地质环境或防治其不利影响提供科学依据。

1.4　工程地质条件与工程地质问题

为了保证地基稳定可靠,必须全面地研究地基及其周围地质环境的相关工程地质条件,以及当建筑物建成后某些地质条件可能诱发的工程地质问题。

1.4.1　工程地质条件

工程地质条件是指工程建筑物所在地区的地质环境各项因素的综合。这些因素包括:

(1)地形地貌

地形指地表高低起伏状况、山坡陡缓程度与沟谷宽窄及形态特征等;地貌则说明地形形成的原因、过程和时代。平原区、丘陵区和山岳地区的地形起伏、土层厚薄和基岩出露情况,地下水埋藏特征和地表地质作用现象都具有不同的特征,这些因素都直接影响到建筑场地和线路的选择。

(2)地层岩性

地层岩性是最基本的工程地质因素,包括它们的成因、时代、岩性、产状、成岩作用特点、变质程度、风化特征、软弱夹层和接触带以及物理力学性质等。

(3)地质构造

地质构造是工程地质工作研究的基本对象,包括褶皱、断层、节理构造的分布和特征。地质构造,特别是形成时代新、规模大的优势断裂,对地震等地质灾害具有控制作用,因而对建筑物的安全稳定、沉降变形等具有重要意义。

（4）水文地质条件

水文地质条件是重要的工程地质因素，包括地下水的成因、埋藏、分布、动态和化学成分等。

（5）不良地质现象

不良地质现象主要包括滑坡、崩塌、泥石流、风沙移动、河流冲刷与沉积等，对评价建筑物的稳定性和预测工程地质条件的变化意义重大。

（6）天然建筑材料

工程中常用的天然建筑材料包括黏性土、砂性土、卵石、砾石、碎石、块石石料等。在大型土木、水利工程中，天然建筑材料的数量、质量及开采运输条件等直接关系到场址选择、工程造价、工期长短等。因此，这也是工程地质条件评价的重要内容，有时甚至可以成为选择工程建筑物类型的决定性因素。

1.4.2 工程地质问题

已有的工程地质条件在工程建筑和运行期间会产生一些新的变化和发展，构成影响工程建筑安全的地质问题称为工程地质问题。由于工程地质条件复杂多变，不同类型的工程对工程地质条件的要求又不尽相同，所以工程地质问题是多种多样的。

就土木工程而言，主要的工程地质问题包括：

（1）地基稳定性问题

工程建设所直接占有并使用的土地称为建筑场地。场地内由于承受基础传来的建筑物荷载，而使一定深度范围的岩土层原有应力状态发生改变，这部分岩土层即为地基。未经加固、直接支承基础的地基为天然地基；经过人工加固处理的地基为人工地基。地基包括持力层和下卧层。直接与基础接触的岩土层为持力层，持力层下面的岩土层为下卧层。地基在荷载作用下会发生变形，变形过大会危害建筑物安全；若荷载超过地基承载力，地基强度则会遭到破坏而丧失稳定性，导致建筑物无法使用。因此，地基稳定性问题是土木工程常遇到的主要工程地质问题，它包括强度和变形两个方面。此外，岩溶、土洞等不良地质作用和现象都会影响地基稳定；铁路、公路等道路工程建筑则会遇到路基稳定性问题。

（2）斜坡稳定性问题

自然界的天然斜坡是经受长期地表地质作用达到相对协调平衡的产物。人类工程活动，尤其是道路工程需开挖和填筑人工边坡（路堑、路堤、堤坝、基坑等），斜坡稳定对防止地质灾害发生及保证地基稳定十分重要。斜坡地层岩性、地质构造特征是影响其稳定性的物质基础，风化作用、地应力、地震、地表水和地下水等影响斜坡软弱结构面，往往会破坏斜坡稳定，而地形地貌和气候条件是影响其稳定的重要因素。

（3）洞室围岩稳定性问题

地下洞室被包围于岩土体介质（围岩）中，在洞室开挖和建设过程中破坏了地下岩体原始平衡条件，便会出现一系列不稳定现象，常遇到围岩塌方、地下水涌水等。一般在工程建设规划和选址时要进行区域稳定性评价，研究地质体在地质历史中的受力状况和变形过程，做好山体稳定性评价，研究岩体结构特性，预测岩体变形破坏规律，进行岩体稳定性评价以及考虑建筑物和岩体结构的相互作用。这些都是防止工程失误和事故、保证洞室围岩稳定所必须做的工作。

（4）区域稳定性问题

区域稳定性问题是指地震、震陷和液化，以及活断层对工程稳定性的影响。自 1976 年唐山地震后，区域稳定性问题越来越引起土木工程界的注意。对于大型水电工程、地下工程以及建筑群密布的城市，区域稳定性问题应该是需要首先讨论的问题。

1.5 工程地质在土木工程建设中的作用

土木工程是建造各类工程设施的科学技术总称，包括工业与民用建筑工程、道路与铁道工程、桥梁工程、隧道工程、机场工程、地下工程、水运工程、水利水电工程、矿山工程、海港工程、近海石油开采工程、国防工程等。各项建设工程在设计和施工前，须按基本建设程序进行工程地质勘察。

大量的工程实践表明，凡是重视工程地质的工程，在施工前都进行过周密的工程地质勘察。例如成（都）昆（明）铁路，沿线地形险峻，地质构造极为复杂，大断裂纵横分布，新构造运动十分强烈，有约 200 km 的地段位于八九度地震烈度区，岩层十分破碎，加上沿线雨水充沛，山体不稳，各种不良地质现象充分发育，被誉为"世界地质博物馆"。铁道部对成昆铁路沿线的工程地质勘察十分重视，提出了地质选线的原则，动员和组织全路工程地质专家和技术人员进行集中讨论，并多次组织全国工程地质专家进行现场考察和研究，解决了许多工程地质难题，保证了成昆铁路顺利建成通车。

相反，不重视工程地质的工程，就会出现大量问题，如 1949 年以前修建的宝（鸡）天（水）铁路，当时根本不重视工程地质工作，设计开挖了许多高陡路堑，致使发生了大量崩塌、落石、滑坡、泥石流等灾害，使线路无法正常运营，被称为西北铁路线中的"盲肠"。再如，湖北盐池河磷矿，在采矿时对岩体崩塌认识不足，1980 年 6 月突然发生 1×10^6 m^3 规模的大崩塌，冲击气浪将四层大楼抛至对岸撞碎，造成建筑物毁坏，导致 284 人丧生。又如，意大利瓦依昂水库滑坡，由于对滑坡认识不深，1963 年 10 月 9 日突然发生高速滑动，将水库中 5×10^7 m^3 的水体挤出，激起 250 m 高的涌浪，高 150 m 的洪峰溢过坝顶冲向下游，致使 3000 多人丧生。

上述几方面的实例都说明，土木工程建设必须重视工程地质工作，只有进行高质量的工程地质勘察工作，并根据应用和评价地质资料做出全面、合理的规划、设计和施工，才能保证土木工程建筑经济合理、安全可靠。

我国西部地区占国土面积的三分之二，土地资源丰富。西南地区金沙江、雅砻江、澜沧江、大渡河等水能资源的开发已提上日程，规划了近 20 座大型水电站。该地区处于印度次大陆板块与欧亚板块碰撞带东侧挤压区，剧烈的构造活动世所罕见。该地区内工程的兴建将会遇到区域地壳稳定、山体稳定以及高陡边坡稳定等一系列前所未见的工程地质问题。西北地区土地资源丰富，开发潜力大，但水资源匮乏，所以位于青藏高原的西线南水北调工程至关重要，在兴建一批穿越活动构造断裂带的深埋长大输水隧洞时，高地应力和围岩稳定性问题则是前所未遇的工程地质难题。交通工程是西部大开发中居于首位的基本建设，连接东西部的铁路干线将穿越东部丘陵山地向云贵高原过渡的地形梯度带以及秦岭山地；进藏的青藏铁路和滇藏铁路则位于高原永冻层和活动构造带上，工程十分艰巨。西部地区自然条件复杂，地质和生态环境脆弱,是我国地质灾害多发区,灾害种类多、强度大、复发频繁,往往导致严重后果。地震、滑坡、崩塌、泥石流、土地荒漠化等制约了当地社会经济的发展,将地质灾害的风险评估、预测预报以及防治对策等纳入了新的研究课题。西部大开发战略的实施将会带动我国工程地质学的理论水平和勘察技术方法更上一个新的台阶。

我国的核电站主要兴建于东部沿海地区,已建成的有大亚湾和秦山两座核电站。由于核电装置的特殊性,选址时区域稳定性评价须指出关键的工程地质问题。此外,高放射核废料地质处置工作是全新的研究课题。在东部地区还兴建了京沪、京广等高速铁路干线,纵贯南北,跨越长江、黄河或海域,须解决其地基、桥基及海底隧道等地质难题。横贯东西的塔里木—上海输气管线工程已经规划,其投资仅次于三峡水利工程。该线路将通过众多的大地貌和大地构造单元,工程地质选线也将实施。

为实施可持续发展战略,我国更加重视环境保护和自然灾害防治。随着城市化进程加快,城市地质工作将愈加繁重。为优化城市居民的生活环境,住宅工程、地下轨道和轻轨铁道、高架道路等市政建设,以及生活垃圾和工业废物的地质处置工程等相关工程地质问题,都将需要工程地质发展的新思路和新技术去解决。

总之,21世纪各类工程建设以前所未有的规模和速度发展,各种不同复杂程度的地质环境衍生出许多工程地质研究课题,这要求工程地质勘察技术手段不断地创新和改进。可持续发展是一个影响工程地质学发展的重要课题。岩石圈与水圈、大气圈、生物圈之间相互作用、相互影响,须从全球演化的角度来研究工程地质特征的多样性以及各圈层对工程地质条件的影响,并进行全球性的工程地质研究和对比。工程地质学与工程科学、环境科学以及地球科学的其他分支学科关系密切,所以工程地质学与各相关学科必须更好地交叉和结合,以促进基本理论、分析方法和研究手段等各方面不断更新和发展,进而使工程地质学的内涵不断深化,其外延不断扩展。此外,工程地质学必将融入现代数理化、计算机科学、空间科学及材料科学等更多的创新知识领域,以适应未来的信息世界。

1.6　本课程学习要求

如前所述,土木工程师须具有一定的工程地质科学知识,才能正确处理工程建设与工程地质环境之间的相互关系,以胜任专业技术工作。工程地质学是土木工程专业的专业基础课、必修课,对学习相关专业的本科学生有以下要求:

(1)掌握工程地质的基本理论和知识,能正确运用工程地质勘察资料进行土木工程的设计和施工;

(2)了解不良地质现象的形成条件和机制,根据勘察数据和资料,能有效地进行防治设计;

(3)了解土木工程的工程地质问题,能在工程设计、施工、运营过程中解决实际的工程地质问题;

(4)了解工程地质勘察的内容、方法及勘察成果,对中小型土木工程能进行工程地质勘察工作。

本章小结

（1）本章主要介绍土木工程地质的研究内容与任务，阐述工程地质条件及工程地质问题的概念，并提出课程学习要求。

（2）通过本章学习，了解工程地质在土木工程建设中的作用与影响，认识本课程学习意义。

（3）工程地质勘察是工程地质学的重要研究方法和技术手段，其目的是查明场地基本工程地质条件并进行工程地质论证。

思 考 题

1.1　试说明工程地质学与地质学相互间的关系。

1.2　试说明工程地质学的主要任务与研究方法。

1.3　工程地质在土木工程建设中的作用是什么？

1.4　什么是工程地质条件和工程地质问题？它们具体包括哪些因素和内容？

2 地质作用与地质构造

章节序号	知识点	能力要求
2.1	①地球内部圈层构造 ②地壳结构	掌握地球内部圈层的划分和各圈层平均厚度及其物理特性
2.2	①矿物概念 ②结晶质与非结晶质 ③矿物的物理性质 ④矿物的力学性质 ⑤矿物的其他特性	①掌握矿物的概念及类型 ②掌握矿物的物理性质及力学性质,了解某些矿物特性 ③理解工程地质学的研究方法
2.3	①绝对地质年代 ②沉积岩相对地质年代的确定 ③地层接触关系 ④岩浆岩相对地质年代的确定 ⑤地质年代表	①了解地质年代的表示方法 ②理解地层层序律、生物演化律、岩性对比法 ③掌握沉积岩地层整合接触、不整合接触关系的成因判别方法 ④掌握岩浆岩与围岩接触关系的判别方法 ⑤熟悉地质年代单位对应的地层单位及代号
2.4	①地质作用分类 ②外力地质作用 ③内力地质作用	①掌握常见外力地质作用类型、成因及其产物工程地质特性,特别是沉积岩形成过程、主要特征及代表性岩石 ②掌握内力地质作用类型、产物及对地球的影响,特别是岩浆岩、变质岩的成因、工程地质性质及代表性岩石 ③熟悉地震相关概念,了解地震效应
2.5	①岩层产状 ②水平构造 ③倾斜构造 ④褶皱构造 ⑤断裂构造 ⑥新构造运动与活断层	①能读懂地层及地质构造产状,掌握其成因类型 ②了解水平构造、倾斜构造、褶皱构造、断裂构造识别方法,能分析判断其对工程建设的主要影响 ③理解活断层概念,能分析判断其对工程建设的影响
2.6	①第四纪地质 ②第四纪地貌	了解第四纪地貌成因及分类

现代地质学研究证实,地球形成之初,地表像现在的月球一样并不存在水,也就没有海陆之分。大气成分中也没有二氧化碳和氧气。地球在其形成 46 亿年的历史中逐渐发展和演化成今天的面貌。同时,今天的地球仍以人们不易觉察的速度和方式在继续变化之中。

2.1 地 壳 结 构

地球是一个两极扁平、赤道突出的椭球体。它绕太阳公转,并绕自转轴由西向东旋转。赤道半径略长,约为 6378.2 km,极地半径略短,约为 6356.8 km,平均半径约为 6371 km。地球总表面积约为 5.1×10^8 km²,大陆面积约为 1.48×10^8 km²,约占 29%;海洋面积约为 3.6×10^8 km²,约占 71%。

地球体积为 1.083×10^{12} km³,平均密度为 5.52 kg/m³。人工地震探测、大地电磁波测深和天然地震波传导特性等资料表明,地球是由不同状态、不同物质的圈层构成的,地球的内部由地壳、地幔和地核三个圈层组成(图 2.1)。

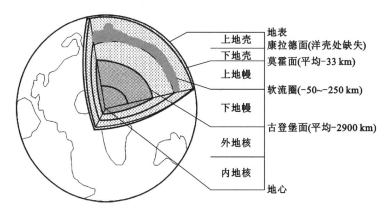

图 2.1　地球的内部圈层构造

地壳是地球表面位于莫霍面以上的固体薄壳,平均厚度为 33 km。其中,洋壳较薄,为 2~11 km,陆壳较厚,为 15~80 km,平均密度为 2.7~2.8 g/cm³。根据地壳组成物质的差异,地壳分为上层(硅铝层)和下层(硅镁层)。硅铝层又称花岗岩质层,在陆地上较厚,在海洋底部缺失。硅镁层又称玄武岩层,位于硅铝层下面,呈连续分布。地壳厚度的差异和硅铝层的不连续分布是地壳结构的主要特点。由于地壳物质组成在水平及垂直方向的不均匀性,会导致地壳发生物质迁移,这是引发地壳运动的因素之一。

地壳中含有元素周期表中所列的所有元素,主要有 9 种:氧(O,49.13%)、硅(Si,26.00%)、铝(Al,7.45%)、铁(Fe,4.20%)、钙(Ca,3.25%)、钠(Na,2.40%)、镁(Mg,2.35%)、钾(K,2.35%)、氢(H,1.00%)。其他元素占 1.87%。地壳中的化学元素,除少量以自然元素产出外,大部分以化合物形式出现,其中以氧化物和含氧盐类最为常见。人类的工程活动多在地壳的表层进行,一般不超过 1~2 km 的深度,但石油、天然气井钻探深度可达 7 km 以上。

人类对地球内部的认识主要来自对地震弹性波的研究。据研究发现,在地幔顶部(−50 ~ −250 km)存在一个地震波速度降低带,该带约有 5% 的物质为熔融状态,易于发生塑性流动,称为软流圈。软流圈以上的物质均为固态,称为岩石圈。岩石圈具有较强的刚性,分裂成许多块体,称为板块。板块伏在软流圈上随之运动,这就是板块运动,也是构造运动发生的根源。

地幔与地核以古登堡面(−2900 km)为界,由于地球形成时的余热,地球与其他行星天体之间产生的潮汐摩擦热,以及放射性元素衰变产生的热量集聚,地核温度从 4000 ℃ 递增至地球中心的 6800 ℃。地核处于地球深部,所受压力比地壳和地幔部分要大得多。据推断,地核可分为外地核、过渡层和内地核。外地核的厚度约为 1742 km,平均密度约为 10.5 g/cm³,物质呈熔融状态。过渡层的厚度约为 100 km,内地核的厚度约为 1216 km,物质极为致密坚硬,平均密度为 12.9 g/cm³,主要成分为铁、镍等重金属。

2.2 矿 物

矿物是地壳中具有一定化学成分和物理性质的自然元素和化合物。它是各种地质作用的产物,在一定地质条件下相对稳定,是岩石的基本组成部分。由一种元素组成的矿物称为单质矿物,如自然金(Au)、自然铜(Cu)、金刚石(C)等。绝大多数矿物呈无机固态,少数呈液态(如自然汞)和气态(如氡及有机物)。实际分析资料表明,矿物中或多或少地含有各种杂质,例如石英并非是纯的 SiO_2,仍含有微量的 Al、Fe 等元素。

固体矿物按内部构造分为结晶质矿物和非结晶质矿物。结晶质矿物具有确定的内部结构,即内部的原子或离子是在三维空间呈周期性重复排列的,具有这种结构的称为晶体,图 2.2 所示即为食盐($NaCl$)的晶体结构。非结晶质矿物质点呈不规则排列,没有固定形状,如蛋白石($SiO_2 \cdot nH_2O$)。非结晶质矿物随时间增长可转变为结晶质矿物。由于工业飞速发展,某些矿物已远远不能满足需要,20 世纪 60 年代以来,人工合成矿物研究与生产迅猛发展,如人造金刚石、人造水晶、人造云母等。此外,地球上还有少量来自其他天体的单质或化合物,称为"宇宙矿物"。

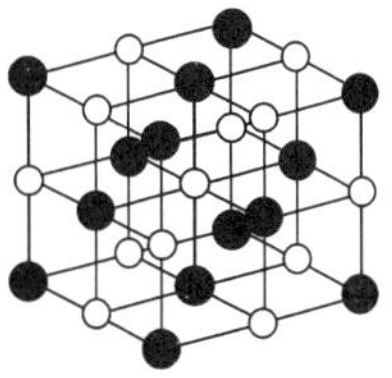

● Cl^- ○ Na^+

图 2.2 食盐的晶体结构

2.2.1 矿物的物理力学性质

矿物的物理性质包括形态、颜色、光泽、透明度等,取决于矿物的化学成分和内部构造。矿物的力学性质包括解理、断口、硬度等。某些矿物还具有弹性、挠性、磁性等特性。这些都是鉴别矿物的重要依据。

2.2.1.1 矿物的形态

矿物形态是指矿物单体或集合体的形状(图 2.3)。绝大多数矿物都是晶体,具有各自特定的晶体结构,当生长条件合适时,同种矿物的单个晶体往往都有自己常见的形态,称为晶体习性,如针状、柱状或纤维状(一向延长,代表性矿物有辉石、角闪石、绿柱石等)、粒状(三向近等长,代表性矿物有石榴子石、黄铁矿、食盐等)、板状或片状(二向延长,代表性矿物有石膏、云母、板钛矿等)等习性,如图 2.4 所示。

由于生长空间的局限,矿物晶体往往不能发育成图 2.4 所示的完美形态,它们常常挤在一起呈集合体产出。同种矿物具有相同的晶体习性,其集合体也常具有特征形态,如粒状集合体、针状集合体、鳞片状集合体等。有时表现出特殊的集合体形态,如放射柱状(图 2.5)、钟乳

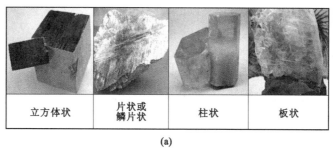

| 立方体状 | 片状或鳞片状 | 柱状 | 板状 |

(a)

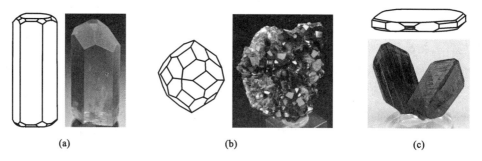

| 针状集合体 | 粒状集合体 | 放射状集合体 | 玛瑙晶腺 |

(b)

图 2.3 矿物形态

（a）矿物单体形态；（b）矿物集合体形态

图 2.4 常见的晶体习性

（a）绿柱石聚形晶体，具柱状习性；（b）石榴子石聚形晶体，具粒状习性；（c）板钛矿聚形晶体，具板状习性

状（图 2.6）以及晶腺（图 2.7）等。借助于小刀等简单工具，即可以观察或测定矿物的物理力学性质。

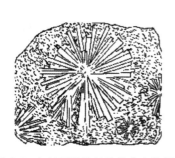

图 2.5 红柱石的放射柱状集合体图　　图 2.6 方解石的钟乳状集合体图　　图 2.7 玛瑙的晶腺

2.2.1.2 矿物的颜色与条痕

颜色是矿物最直观的一种性质,最常见的有自色、他色和假色等类型。自色是由矿物的化学成分和晶体结构所形成的矿物本身的固有颜色,如黄金的金黄色、黄铜矿的赤黄色、孔雀石的翠绿色等;他色是矿物混入某些杂质所引起的颜色,如纯净的石英是无色透明的,但含碳微粒时呈烟灰色;假色是矿物中的解理面、裂隙面和氧化膜等对阳光的折射、反射所引起的。

条痕是矿物粉末的颜色,通常将矿物在无釉白瓷板上刻划后进行观察,它对于某些金属矿物具有重要的鉴定意义。例如:赤铁矿可呈赤红、铁黑或钢灰等色,而它的条痕则为樱红色,金的条痕为金黄色,而黄铜矿的条痕为绿黑色。

2.2.1.3 矿物的光泽

光泽是矿物表面对可见光的反射能力,根据反射能力自强而弱通常可分为:

① 金属光泽　反射很强,类似镀铬的金属平滑表面的反光,如方铅矿、黄铁矿的光泽。

② 半金属光泽　反射强,如同一般金属的反光,如磁铁矿的光泽。

③ 金刚光泽　反射较强,如同金刚石的反光。

④ 玻璃光泽　反射较弱,如同玻璃表面的反光。

⑤ 油脂光泽与树脂光泽　油脂光泽见于浅色矿物,如同涂上油脂的反光,如石英断口处的光泽。树脂光泽见于较深色的矿物,如部分闪锌矿。

⑥ 丝绢光泽　如同丝绢的反光,为纤维状集合体矿物所具有,如石棉的光泽。

⑦ 珍珠光泽　如同珍珠的反光,柔和多彩,如云母的光泽。

⑧ 土状光泽　光泽暗淡,如同土块,如高岭土所具有的光泽。

2.2.1.4 矿物的硬度

硬度是指矿物抵抗外力机械作用的强度。德国地质学家摩氏(F.Mohs)选择了十种矿物作为标准,将硬度分为 10 度,称为"摩氏硬度计"。这十种矿物由软到硬依次为:1 度—滑石,2 度—石膏,3 度—方解石,4 度—萤石,5 度—磷灰石,6 度—正长石,7 度—石英,8 度—黄玉,9 度—刚玉,10 度—金刚石。

测定某矿物的硬度,只需将待定矿物同硬度计中的标准矿物相互刻划,进行比较即可。例如,某矿物可以刻划正长石,而又被石英划破,则该矿物的硬度介于 6 度与 7 度之间。通常以简便的工具来代替摩氏硬度计中的矿物,如指甲的硬度为 2~2.5,铜钥匙为 3,小钢刀为 5,窗玻璃为 5.5,钢锉为 6.5。

2.2.1.5 矿物的解理与断口

矿物受外力作用时,能沿一定方向破裂成平面的性质称为解理。解理通常沿平行于晶体结构中相邻质点间联结力较弱的方向发生。通常根据晶体受力时是否易于沿解理面破裂,以及解理面的大小和平整光滑程度,将解理分成极完全、完全、中等和不完全等级别。

矿物受外力打击后无规则地沿着解理面以外方向破裂,其破裂面称作断口。根据断口的形态特征,有贝壳状断口、参差状断口、锯齿状断口和平坦状断口等。

2.2.1.6 矿物的密度

矿物密度是指矿物单位体积的质量,单位为 g/cm^3。每种矿物的密度基本一定,可以作为矿物鉴定的标志之一;不同矿物的密度变化幅度很大,例如琥珀的相对密度小于1,而铂族自然元素矿物相对密度可达23。一般可将矿物按密度分为轻、中等和重三个相对等级:密度小于2.5 g/cm³的为轻矿物,如石墨、石盐、石膏等;大多数矿物密度中等,密度介于2.5~4.0 g/cm³;密度大于4.0 g/cm³的为重矿物,如重晶石、磁铁矿、自然金等。

2.2.1.7 矿物的其他性质

(1)弹性、挠性、延展性

矿物受外力作用后发生弯曲变形,外力解除后仍能恢复原状的性质称为弹性,如云母的薄片具有弹性。

矿物受外力作用发生弯曲变形,当外力解除后不能恢复原状的特性称为挠性,如绿泥石、滑石具有挠性。

矿物能锤击成薄片或拉长成细丝的特性称为延展性,如自然金、自然银、自然铜。用小刀刻划时,这些矿物表面留下光亮的刻痕而不产生粉末。

(2)磁性

磁性是指矿物具有被磁铁吸引,或其本身能吸引铁屑等物体的性质。此性质常为含铁、钴、镍等元素的矿物所特有,磁性的强弱与矿物中此类元素的多少有关。

(3)电性

有些矿物受热生电,称为热电性,如电气石。有些矿物受摩擦生电,如琥珀。有些矿物在压力和张力交互作用下产生电荷效应,称为压电效应,如压电石英。有些矿物对电流有传导能力,称为导电性,如金属矿。

此外,还有些矿物具有易燃性、水溶性、滑腻感或特殊气味。通过反复实践,抓住矿物主要特征,就能逐步掌握肉眼鉴定主要矿物的技巧。

2.2.2 主要造岩矿物

自然界产出的矿物,已知有3000种左右。构成岩石的主要成分并对岩石性质起决定性影响的矿物(称为岩矿物),则不过20种左右。它们的共生组合规律及其含量不仅是鉴定岩石名称的依据,而且显著地影响岩石的物理力学性质。

2.2.2.1 石英(SiO₂)

石英是岩石中最常见的矿物之一。石英结晶常形成单晶或丛生为晶簇,纯净的石英晶体为无色透明的六方双锥,称为水晶。岩石中的石英多呈致密的块状或粒状集合体,一般为白色、乳白色,含杂质时呈紫红色、烟色、黑色、绿色等颜色;晶面为玻璃光泽,块状和粒状石英为油脂光泽;无解理;具有贝壳状断口(图2.8);硬度为7;相对密度为2.65。

2.2.2.2 长石

长石是一大族矿物,是地壳中分布最广泛的矿物,在岩石分类和命名中占重要位置。长石按成分可划分为三种基本类型,即钾长石(KAlSi₃O₈)、钠长石(NaAlSi₃O₈)、钙长石(CaAlSi₃O₈)。以钾长石为主的长石矿物称为正长石;由钠长石和钙长石按各种比例混熔而成的一系列矿物称为斜长石。

图 2.8　石英的贝壳状断口

（海南屯昌；据罗谷风,1972）

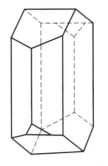

图 2.9　正长石单晶体

（1）正长石（$KAlSi_3O_8$）

正长石单晶体为柱状或板状（图 2.9），在岩石中多为肉红色或淡玫瑰红色,两组正交解理,解理面具玻璃光泽,硬度为 6,相对密度为 2.54～2.57,常和石英伴生于酸性花岗岩中。

（2）斜长石（$NaAlSi_3O_8$,$CaAl_2Si_2O_8$）

斜长石单晶体多为板状或柱状,晶面上有平行条纹,多为灰白、灰黄色,具玻璃光泽,有两组近正交的解理,硬度为 6～6.5,相对密度为 2.61～2.75,常与角闪石和辉石共生于较深色的岩浆岩（如闪长岩、辉长岩）中。

2.2.2.3　白云母[$KAl_2(AlSi_3O_{10})(OH)_2$]

白云母单晶体为板状、片状,横截面为六边形,有一组极完全解理,易剥成薄片,薄片无色透明,具玻璃光泽;集合体常呈浅黄、淡绿色,具珍珠光泽,薄片有弹性,硬度为 2～3,相对密度为 2.76～3.10。

2.2.2.4　黑云母[$K(Mg,Fe)_3,(AlSi_3O_{10})(OH,F)_2$]

黑云母单晶体为板状、片状,横截面为六边形,有一组极完全解理,易剥成薄片,薄片有弹性,颜色为棕褐色至棕黑色,具珍珠光泽,半透明,硬度为 2～3,相对密度为 3.02～3.12。

2.2.2.5　普通角闪石{$Ca_2Na(Mg,Fe)_4,(Al,Fe)[(Si,Al)_4O_{11}]_2(OH)_2$}

普通角闪石多以单晶体出现,一般呈长柱状或近三向等长状,横截面为六边形,见图 2.10。集合体为针状、粒状,多为深褐色至黑色,具玻璃光泽,两组完全解理,交角为 56°（124°）,为平行柱面,硬度为 5.5～6,相对密度为 3.1～3.6。

2.2.2.6　普通辉石[$(Ca,Mg,Fe,Mn)(Si,Al)_2O_6$]

普通辉石晶体常呈短柱状,横截面为近八角形。集合体为块状、粒状,颜色为暗绿、黑色,有时带褐色,具玻璃光泽,两组完全解理,交角为 87°（93°）,硬度为 5.5～6.0,相对密度为 3.2～3.6。普通辉石是颜色较深的基性和超基性岩浆岩中较常见的矿物,多有斜长石伴生。

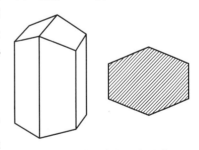

图 2.10　普通角闪石长柱状
单晶体及横截面图

2.2.2.7　橄榄石[$(Mg,Fe)_2SiO_4$]

橄榄石晶体为短柱状,多不完整,常呈粒状集合体。颜色为橄榄绿、黄绿、绿黑色,含铁愈多,颜色愈深。具玻璃光泽,不完全解理,硬度为 6.5～7,相对密度为 3.3～3.5,常见于基性和超基性岩浆岩中。

2.2.2.8 方解石（$CaCO_3$）

方解石晶体为菱形六面体,在岩石中常呈粒状,纯净方解石晶体为无色透明,因含杂质多呈灰白色,有时为浅黄、黄褐、浅红等色,有三组完全解理,具玻璃光泽,硬度为3,相对密度为2.6~2.8,遇冷稀盐酸剧烈起泡,是石灰岩和大理岩的主要矿物成分。

2.2.2.9 白云石[$CaMg(CO_3)_2$]

白云石晶体为菱形六面体,岩石中多为粒状,颜色为白色,含杂质时则为浅黄、灰褐、灰黑等色,有一组完全解理,具玻璃光泽,硬度为3.5~4,相对密度为2.8~2.9,遇热稀盐酸有起泡反应,是白云岩的主要矿物成分。

2.2.2.10 滑石[$Mg_3(Si_4O_{10})(OH)_2$]

滑石中完整的六方菱形晶体很少见,多为板状或片状集合体,且多为浅黄、浅褐或白色,半透明,有一组极完全解理,解理面上有珍珠光泽,薄片有挠性,手摸有滑感,硬度为1,相对密度为2.7~2.8。

2.2.2.11 绿泥石{$(Mg,Fe,Al)_6[(Si,Al)_4O_{10}](OH)_8$}

绿泥石是一族种类繁多的矿物,多呈鳞片状或片状集合体状态,颜色为暗绿色,具有珍珠光泽,有一组完全解理,薄片有挠性,硬度为2~3,相对密度为2.6~2.85,常见于温度不高的热液变质岩中,由绿泥石组成的岩石强度低、易风化。

2.2.2.12 硬石膏（$CaSO_4$）

晶体为近正方形的厚板状或柱状,一般呈粒状,纯净晶体为无色透明,一般为白色,具玻璃光泽,有三组完全解理,硬度为3~3.5,相对密度为2.8~3.0。硬石膏在常温常压下遇水能生成石膏,体积膨胀近30%,同时产生膨胀压力,可能引起建筑物基础及隧道衬砌等变形。

2.2.2.13 石膏（$CaSO_4 \cdot 2H_2O$）

晶体多为板状,一般为纤维状和细粒集合块状,颜色为灰白色,含杂质时为灰、黄、褐等色,纯晶体为无色透明,具有玻璃光泽,有一组极完全解理,能劈裂成薄片,薄片无弹性,有挠性,硬度为2,相对密度为2.3。在适当条件下脱水可变成硬石膏。

2.2.2.14 黄铁矿（FeS_2）

单晶体为立方体或五角十二面体,晶面上有条纹,在岩石中黄铁矿多为粒状或块状集合体,晶体为铜黄色,具有金属光泽,有参差状断口,条痕为深绿黑色,硬度为6~6.5,相对密度为4.9~5.1。黄铁矿经风化易产生腐蚀性硫酸。

2.2.2.15 高岭石[$Al_2Si_2(OH)_4$]

高岭石通常为疏松土状,是鳞片状、细粒状矿物的集合体,不含杂质时为白色,含杂质时为浅黄、浅灰等色,具土状或蜡状光泽,硬度为1~2,相对密度为2.60~2.63,吸水性强,潮湿时可塑,有滑感。

2.2.2.16 蒙脱石[$(Na,Ca)_{0.33}(Al,Mg)_2(Si_4O_{10})(OH)_2 \cdot nH_2O$]

蒙脱石通常为隐晶质土状,有时为鳞片状集合体,颜色多为浅灰白、浅粉红色,有时带微绿色,具土状或蜡状光泽,鳞片状集合体有一组完全解理,硬度为2~2.5,相对密度为2~2.7,吸水性强,吸水后体积可膨胀数倍,具有很强的吸附能力和阳离子交换能力,具有高度的胶体性、可塑性和黏结力,是膨胀土的主要成分。

2.3 地 质 年 代

地质历史即地球发展演化的历史。地球自形成以来经历了各种内力、外力地质作用,并形成了相应的地质体,现代更是地壳运动、岩浆活动、海陆变迁、地表剥蚀与堆积等地质事件强烈发育的时期。地质学家为了弄清各个地质事件的发生时间和地质体形成的先后顺序,已经研究出各种地质年代的测定方法,可以把地质事件按年代顺序进行编排,并提出了相应的地质年代表,使全球或区域内的地质历史具有可比性。

2.3.1 地质年代的表示方法

地质年代有两种表示方法:一种是绝对地质年代,另一种是相对地质年代。绝对地质年代是以绝对的天文单位"年"来表达地质时间的方法,是通过岩石样品所含放射性元素测定的,可以用来确定地质事件发生、延续和结束的时间,但不能反映岩层形成的地质过程;相对地质年代是由某岩石地层单位与相邻已知岩石地层单位的相对层位的关系来决定的,不包含用"年"表示的时间概念,但能说明岩层形成的先后顺序及其相对的新老关系。在地质工作中一般采用相对地质年代。

2.3.1.1 绝对地质年代

目前,绝对地质年代的确定方法较常见也较准确的是放射性同位素法。放射性同位素法是英国物理学家卢福于 1904 年提出的,其基本原理为:假设岩石形成时含有一定量的放射性母体同位素,该母体同位素随时间推移而发生蜕变,其含量逐渐减少,蜕变后形成的子体同位素逐渐增多,根据保存在岩石中的放射性母体同位素含量与子体同位素的含量分析,可确定子体和母体同位素含量的比例,作为自岩石形成以来的时间尺度。用以计算岩石年龄的计算公式为:

$$t = \frac{1}{\lambda} \ln\left(\frac{D}{N} + 1\right) \tag{2.1}$$

式中 t——同位素的形成年龄(百万年),代表了所在岩石的形成年龄;

  λ——衰变常数(10^{-9}/年);

  D——子体同位素含量;

  N——母体同位素含量。

根据所测定地质体的情况和放射性同位素的不同半衰期,选用合适的方法,可以获得比较理想的结果。对于年代新的岩层常用 C^{14} 法。虽然同位素测年原理科学性强,但由于 D、N 值不易测试或地史中保留不全(或缺失),故存在测年误差。其中,地史记年以百万年为单位。

2.3.1.2 相对地质年代

目前,相对地质年代的确定方法主要有地层层序律、化石层序律(生物演化律)、岩性对比法和地层接触关系等。

(1)沉积岩相对地质年代的确定

① 地层层序律

如图 2.11、图 2.12 所示,沉积岩在形成过程中总是先沉积的位于地层的下部,后沉积的

17

位于地层的上部,形成自然的层序,由此可以确定沉积地层的先后顺序。沉积过程中如果没有干扰因素,则原始的沉积地层一定是连续的,且在原始条件下形成的沉积地层一定是水平的。

地层层序律是确定同一地区地层相对地质年代的基本方法。当地层因为构造运动发生倾斜但未倒转时,地层层序律仍然适用,这时倾斜面以上的地层新,倾斜面以下的地层老。当地层经剧烈的构造运动,导致层序发生倒转时,上下关系正好颠倒,如图2.13所示。对于后期地壳运动使地层变动(倾斜、倒转)的地层层序可用沉积构造中的层面构造(如波痕、泥裂、雨痕等)作为"示底构造"来恢复沉积岩顶底面,再判断先后顺序。

 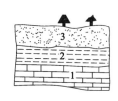 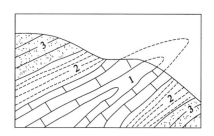

图2.11　自然层序示意图　　　　图2.12　正常层序示意图　　　　图2.13　变位层序示意图
　　　　　　　　　　　　　　　　(1～3代表地层由老到新)　　　　　(地层倒转后,层序异常)

地层层序律是对沉积物单纯纵向堆积作用而言。但实际上还存在侧向堆积作用,而绝大部分沉积岩层是侧向进积和纵向加积两种作用的结果。因此,地层层序律对局部或单个地层剖面是适宜的,而对较大范围的区域则不一定适宜。

② 化石层序律(生物演化律)

按照生物演化的不可逆性、间断性和全球性规律,生物从古到今总是由低级到高级、由简单到复杂逐渐发展的,在地质年代的每一个阶段中,都发育有适应于当时自然环境和发展阶段的特有生物群。因此,在不同地质年代沉积的岩层中,都含有不同特征的古生物化石。含有相同化石的岩层,无论相距多远,都是在同一地质年代中形成的。所以,只要确定出岩层中所含标准化石的地质年代,那么岩层的地质年代也就确定了,这样就可以进行跨区域的地层对比。

③ 岩性对比法

在一定区域内,同一时期形成的岩层,其岩性特点通常应是一致或近似的。因此,可以将岩石的组成、结构、构造等岩性特点,作为岩层对比的基础。但此法具有一定的局限性,应当与其他确定方法综合使用。因为同一地质年代的不同地区,其沉积物的组成、性质并不一定都是相同的;而同一地区在不同的地质年代,也可能形成某些性质类似的岩层。

④ 地层接触关系

由于地壳运动使新老地层形成了不同的接触关系,按成因类型可分为整合接触与不整合接触两类。

a.整合接触

新老地层在沉积序列中没有间断,原始沉积物无缺失,岩层产状基本一致,这种接触关系称为整合接触(图2.14)。地层的整合接触关系反映了新老地层的形成过程中该区域地壳处于相对下沉或有短期上升但沉积作用未间断,沉积物连续沉积,形成上下地层岩性或所含化石的一致或递变关系。

b.不整合接触

某区域的地壳相对上升时老地层遭受剥蚀形成侵蚀面,这一时期的沉积作用间断,地层缺失;而后地壳相对下降又被新的沉积物所覆盖,这种被埋藏的侵蚀面称为不整合接触面(简称不整合面)。上、下地层之间的这种接触关系,称为不整合接触(图 2.15)。不整合面以下的地层先沉积,年代比较老;不整合面以上的地层后沉积,年代比较新。根据不整合面上、下地层的产状及其反映的地壳运动的特征,不整合又可分为平行不整合和角度不整合两种类型。

图 2.14　加利福尼亚州死谷假整合接触

图 2.15　苏格兰锡卡岬角角度不整合接触

ⓐ 平行不整合

平行不整合表现为不整合面上、下地层产状基本一致,上、下地层之间缺失了某些时代的地层,上覆新地层之下常有底砾岩(其中的砾石为下覆地层的岩石碎块)。平行不整合的形成表明老地层沉积后该区域地壳有明显的均衡抬升,遭受剥蚀并发生沉积间断,然后地壳又均衡下降,接受新的地层沉积,这一过程可用图 2.16 表示。

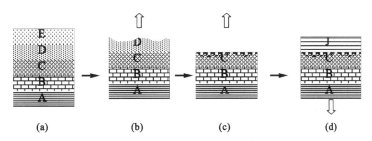

图 2.16　平行不整合形成示意图

(a)A 至 E 地层由老到新连续沉积;(b)地壳局部抬升,E 地层遭受剥蚀;

(c)地壳相对上升,形成剥蚀面;(d)地壳相对下降,剥蚀面上沉积 J 地层

ⓑ 角度不整合

角度不整合表现为不整合面上、下地层产状不相同,上覆新地层产状与不整合面基本平行,下覆老地层产状与不整合面截交,上、下地层之间缺失了某些时代的地层,不整合面上常有底砾岩。角度不整合的形成表明老地层形成后该区域构造运动强烈,形成断层、褶皱等构造,长期遭受外力剥蚀并发生沉积间断,而后地壳运动趋于缓慢,该区域地壳相对下降接受新的地层沉积,这一过程如图 2.17 所示。

(2)岩浆岩相对地质年代的确定

岩浆岩不含古生物化石,也没有层理构造,它的相对地质年代主要依据其与已知时代围岩的接触关系和不同岩浆岩体的穿插切割关系来确定。

 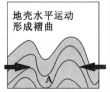 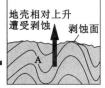 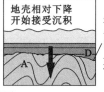

图 2.17　角度不整合形成示意图

① 接触关系

岩浆岩体与周围已知地质年代的岩体的接触关系有两种,即侵入接触和沉积接触。

a.侵入接触

岩浆侵入体侵入沉积岩层之中,使围岩发生烘烤、变质现象,如图 2.18 中岩浆体②与地层①、图 2.19 中岩浆体②与地层①均为侵入接触关系。这说明该岩浆岩的形成年代晚于发生变质的沉积岩层的地质年代。

b.沉积接触

岩浆岩形成之后,长期遭受风化剥蚀,然后在侵蚀面上又接受新的沉积,形成新地层,如图 2.19 中岩浆岩体②与上覆地层③即为沉积接触关系。侵蚀面上部的沉积岩层无变质现象,而在沉积岩的底部往往有由岩浆岩组成的砾岩或岩浆岩风化剥蚀的痕迹。沉积接触关系说明岩浆岩的形成年代早于沉积岩的地质年代。

图 2.18　岩浆岩相对地质年代确定

①—最早形成;②—侵入①,并捕房①的块体;③—时代同②,晚于①;
④—切割②和③,形成晚于②和③;⑤—切割①、②、④,形成晚于④;
⑥—覆盖①～⑤,被⑦包裹;⑦—包裹⑥,最晚形成

图 2.19　沉积接触

② 穿插切割关系

穿插的岩浆岩侵入体(如岩株、岩脉和岩基等),总是比被它们所侵入的最新岩层还要年轻,而比不整合覆盖在它上面的最老岩层要老。如果两个侵入岩接触,岩浆侵入岩的相对地质年代也可由穿插切割关系确定,一般是年轻的侵入岩脉穿过较老的侵入岩。图 2.18 中所示岩浆岩体④切割了地层①、岩浆岩体②和③,所以④的形成年代晚于①、②、③,而早于⑤。

2.3.2　时间地层单位与地质年代表

相对地质年代和绝对地质年代两者是相辅相成的,地质年代的研究不仅是时间推算,更重要的是地球历史的自然分期,反演地球历史的发展过程和阶段。根据地壳运动和生物演化等特征及同位素地质年龄的测定,地质历史被划分为宙、代、纪、世、期等若干个大小级别不同的时间段落。

2.3.2.1 地质年代单位与时间地层单位

地壳运动会导致自然地质条件发生显著变化,各种生物也会随之演变,以适应新的生存环境,这样就形成了地壳发展历史的阶段性。地质学家根据几次大规模的地壳运动和生物界的巨变,把地质历史划分为若干"宙"和"代",每个代又分为若干"纪",纪内因生物发展及地质情况不同,又进一步划分为若干"世"和"期",以及一些更细的时间段落,这些统称为地质年代单位。对应于特定地质年代的时间段落中形成的地层称为时间地层单位,它可以包含多种不同的岩石类型。划分地质年代单位和时间地层单位的主要依据是地壳运动和生物演变。与地质年代单位对应的时间地层单位列于表 2.1 中。

表 2.1　地质年代单位与时间地层单位

地质年代单位	宙	代	纪	世	期
时间地层单位	宇	界	系	统	阶

2.3.2.2 地质年代表

地质学家在长期实践中进行了地层的划分和对比工作,并按年代早晚顺序把地质年代进行编年、列成表格,称之为地质年代表。目前我国比较通用的地质年代简表见表 2.2。

表 2.2　中国地质年代简表

地质年代及其代号				同位素年龄距今(百万年)	构造运动	地质现象	生物界现象
宙	代	纪	世				
显生宙	新生代 Kz	第四纪 Q	全新世 Q₄	−0.01	喜马拉雅山运动(Ⅱ)	冰川广布,黄土生成,地壳发育成现代形势	人类出现
			晚更新世 Q₃ 中更新世 Q₂ 早更新世 Q₁	−2～3			
		第三纪 R	晚第三纪 N	上新世 N₂ 中新世 N₁	−10	喜马拉雅山运动(Ⅰ)	地壳初具现代轮廓	被子植物、哺乳动物、鸟类急速发展,并开始分化
			早第三纪 E	渐新世 E₃ 始新世 E₂ 古新世 E₁	−25 −40 −60			
	中生代 Mz	白垩纪 K	上白垩世 K₂ 下白垩世 K₁	−70	晚期燕山运动	地壳运动、岩浆活动强	恐龙极盛,出现鸟类
		侏罗纪 J	上侏罗世 J₃ 中侏罗世 J₂ 下侏罗世 J₁	−140	中期燕山运动	除西藏等地外,广大地区上升为陆地	
		三叠纪 T	上三叠世 T₃ 中三叠世 T₂ 下三叠世 T₁	−195	早期燕山运动 印支运动	华北为陆地,华南为浅海	裸子植物、爬行动物发展

续表 2.2

地质年代及其代号				同位素年龄距今（百万年）	构造运动	地质现象	生物界现象
宙	代	纪	世				
显生宙	古生代 Pz	上古生代 Pz$_2$	二叠纪 P	上二叠世 P$_2$ 下二叠世 P$_1$	−230	海西运动（华力西运动）	冰川广布，地壳运动强	蕨类植物繁盛，珊瑚、腕足类、两栖类动物繁盛
			石炭纪 C	上石炭世 C$_3$ 中石炭世 C$_2$ 下石炭世 C$_1$	−280		煤田生成，地形低平	
			泥盆纪 D	上泥盆世 D$_3$ 中泥盆世 D$_2$ 下泥盆世 D$_1$	−350	加里东运动	火山活动	陆生植物发育，两栖类动物发育，鱼类极盛
		下古生代 Pz$_1$	志留纪 S	上志留世 S$_3$ 中志留世 S$_2$ 下志留世 S$_1$	−400		局部地区火山爆发	珊瑚、笔石发育
			奥陶纪 O	上奥陶世 O$_3$ 中奥陶世 O$_2$ 下奥陶世 O$_1$	−440		海水广布	三叶虫、腕足类、笔石极盛
			寒武纪 ∈	上寒武世 ∈$_3$ 中寒武世 ∈$_2$ 下寒武世 ∈$_1$	−500		浅海广布	生物开始大量发展，三叶虫极盛
隐生宙	元古代 Pt	晚元古代 Pt$_2$ Z	震旦纪 Z$_Z$		−600	晋宁运动 吕梁运动 阜平运动	浅海与陆地相间出露，有沉积岩形成	藻类繁盛
			青白口纪 Z$_Q$		−800			
			蓟县纪 Z$_J$		−1800			
			长城纪 Z$_C$		−2500			
		早古元代 Pt$_1$					海水广布，构造运动及岩浆活动强烈	开始出现原始生命现象
	太古代 Ar				−3800			
	地球初期发展阶段							

表 2.2 中各个地质时代单位都标有英文字母代号。"代"的代号是两个字母，第一个字母大写，第二个字母小写，如古生代的代号为 Pz；"纪"的代号都是采用一个大写字母，如奥陶纪为 O；"世"的代号为相应的纪的代号加下标"1、2、3"，分别代表"早、中、晚"（表中对应为"下、中、上"）。

2.4 地质作用

2.4.1 地质作用与分类

目前人们对地壳的发展演化研究得最为详细，将塑造地壳面貌以及地球内部的岩浆运动等自然作用称为地质作用。

地质作用的动力来源有两个：一是由地球内部放射性元素蜕变产生内热；二是来自太阳辐射热，以及地球旋转力和重力。只要引起地质作用的动力存在，地质作用就不会停止。

地质作用实质上是组成地球的物质以及由其传递的能量发生运动的过程。按动力来源部位的不同,地质作用常被划分为内力地质作用与外力地质作用两大类。地质作用常常引发灾害,按地质灾害成因的不同,工程地质学把地质作用划分为物理地质作用和工程地质作用两种。物理地质作用即自然地质作用,包括内力地质作用与外力地质作用;工程地质作用即人为地质作用。

2.4.2 外力地质作用

外力地质作用主要由太阳辐射热引起,并主要发生在地壳的表层。主要包括风化地质作用、陆地流水地质作用(片流、洪流、河流)、湖泊与海洋地质作用、风的地质作用、冰川地质作用和成岩地质作用等。

2.4.2.1 风化地质作用(又称风化作用)

风化作用是暴露于地表的岩石,在温度变化以及水、二氧化碳、氧气、生物等因素的长期作用下,发生化学分解和机械破碎。

(1)风化作用的类型

按照风化作用的性质和方式,可分为三种类型,即物理风化作用、化学风化作用和生物风化作用。

① 物理风化作用

物理风化作用是指由于气温频繁升降的反复变化,使岩石在原地发生碎裂,形成岩石、矿物碎屑,并不改变岩层化学成分的一种机械破坏作用。由于地面上的温度变化(日温差可达40~60 ℃),以及岩石中各种矿物膨胀系数的不同,就产生了膨胀收缩的差异,日积月累,岩石就产生了裂隙,小裂隙串成大裂隙乃至网裂隙,导致岩石表层逐层剥离,这个过程称为剥离作用。

② 化学风化作用

化学风化作用是指岩石在大气、水以及水中溶解物质的作用下,使岩石发生化学变化,改变其化学成分,从而使岩石分解破坏,并产生新的矿物。化学风化作用主要包括:

a.氧化作用是指空气和水中的游离氧将地表及其附近的矿物氧化,改变其化学成分,并形成新的矿物。

b.水解作用是指弱酸强碱盐或强酸弱碱盐遇水解离或带不同电荷的离子。这些离子与水中的 H^+ 和 OH^- 发生反应形成含 OH^- 的新矿物,矿物和岩石因此遭到破坏。

c.水化作用是指有些矿物质能吸收一定量的水加入矿物晶格中,形成含水分子的矿物,同时体积扩大,造成物理破坏作用。

d.溶解作用是指自然界中的水总会含有一定数量的 O_2、CO_2 和一些酸、碱物质,因此具有较强的溶解能力,能溶解大多数矿物。

③ 生物风化作用

生物风化作用是指生物活动对岩石造成的物理或化学破坏作用,主要包括:

a.根劈作用,如树根对岩石的劈裂作用(图 2.20)。

b.穴居动物破坏作用,如打洞对岩石造成的破坏作用。

c.生物的新陈代谢作用,如生物生存要汲取养分同时分泌酸性物质,从而破坏矿物岩石。

d.生物遗体腐烂分解的产物引起岩石的分解,从而破坏岩石。

上述三类风化作用在大多数情况下都是相伴而生、相互影响和促进的,并共同破坏岩石。

(a)   (b)

图 2.20　根劈作用

（2）影响风化作用的因素

① 气候

通过气温、降水量以及生物繁衍等影响风化作用方式。寒冷干旱地区以物理风化为主,湿热地区以化学风化、生物风化为主。

② 地形

高山区、背阳面以物理风化为主;低山丘陵以及平原区、朝阳面以化学风化为主。

③ 岩石特征

岩石抗风化能力的强弱与它所含矿物成分和数量有密切的关系,常见矿物的抗风化能力由小到大的次序为:方解石—橄榄石—辉石—角闪石—长石—方石—黏土矿物—石英。一般岩石成分均一的较难风化,成分复杂、矿物种类多的较易风化。致密程度与坚硬程度越高、岩层厚度越大越难风化(等粒结构、块状结构);疏松多孔容易风化,节理越发育越容易风化。

（3）风化作用的产物

图 2.21　残积物

岩石风化后在原地残留的物质称为残积物(图 2.21)。残积物的成分主要为残留原地的碎屑物以及新形成的矿物。岩石碎屑物质大小不均,棱角显著,结构松散,不具层理,表面较平坦,底界起伏不平,与基岩是过渡关系,具有垂直分带性。

大陆地壳的表层由风化残积物组成的一层不连续的薄壳称为风化壳,厚度一般为几厘米至数十米。被较新的岩石覆盖而保存下来的风化壳称为古风化壳。根据岩石风化后的颜色、结构、矿物成分及物理力学性质等方面的变化,将风化岩石划分为全风化、强风化、弱风化和微风化四个带。

2.4.2.2　陆地流水地质作用

陆地流水主要来自大气降水,其次是融雪水,在地下水丰富的地区也可以由泉水形式转为陆地流水。陆地流水分为暂时性流水(片流和洪流)和常年性流水(河流)。

现代地貌(高山峡谷、广阔平原)主要是由流水地质作用形成的,陆地流水是分布最广泛的地质外营力。陆地流水地质作用分为侵蚀作用、搬运作用和沉积作用。

(1) 暂时性流水的地质作用

① 片流(坡流)的地质作用

在降雨或融雪时,地表水一部分渗入地下,其余的沿坡面向下运动。这种暂时性的无固定流槽的陆地薄层状、网状细流称为片流。片流对坡面产生剥皮式的破坏作用,使高处被削低,称为洗刷作用。片流搬运的物体在坡麓堆积下来,形成坡积物(图 2.22)。坡积物的特点为:

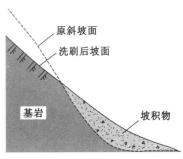

图 2.22　坡积物的形成

a.成分为岩屑、矿屑、砂砾或粉质黏土,与坡上基岩密切相关;

b.碎屑颗粒大小混杂,分选性差,层理不明显。

② 洪流的地质作用

坡流逐渐集中汇成几段较大的线状水流,再向下汇聚成快速奔腾的洪流。洪流猛烈冲刷沟底、沟壁的岩石并使其遭受破坏,称为冲刷作用。冲刷作用将坡面凹地冲刷成两壁陡峭的沟谷。多次冲刷两侧形成许多小冲沟,共同构成了冲沟系统。当冲沟下切到地下水面时,便形成了小溪。洪流的堆积作用形成洪积物,其特点为:

a.沟口附近堆积多、厚度大,颗粒粗大,越向外堆积越少、越薄,颗粒细小,具明显的分带性;

b.磨圆度差,分选性较差,可见斜层理和交错层理;

c.堆积的地形是锥状时,称为洪积锥(冲积锥),呈扇形时称为洪积扇。

(2) 常年性流水的地质作用

河流是指具有明显河槽的常年性水流,它是自然界水循环的主要形式。由河流作用所形成的谷地称为河谷。河水流动时,对河床进行冲刷破坏,并将所侵蚀的物质带到适当的地方沉积下来,故河流的地质作用可分为侵蚀作用、搬运作用和沉积作用。

a.河流的侵蚀作用

在河水流动过程中,河流以河水及其所携带的碎屑物质,不断冲刷破坏河谷、加深加宽河床的作用,称为河流的侵蚀作用。河流侵蚀作用的方式,包括机械侵蚀和化学溶蚀两种。按照河流侵蚀作用的方向,可分为垂直侵蚀、侧方侵蚀和向源侵蚀三种。

ⓐ 垂直侵蚀,又称下蚀作用。这种作用的结果是使河谷变深、谷坡变陡。结果使跨河建筑物的地基遭受破坏,应使这些建筑物基础埋置深度大于下蚀作用的深度,并对基础采取保护

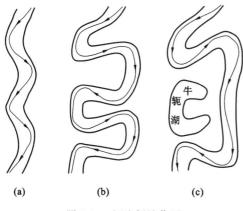

图 2.23　河流侧蚀作用
(a)河曲；(b)蛇曲；(c)牛轭湖

措施。

ⓑ 侧方侵蚀，又称旁蚀或侧蚀，结果是加宽河床、谷底，使河谷形态复杂化，形成河曲[图 2.23(a)]、蛇曲[图 2.23(b)]、凸岸、古河床和牛轭湖[图 2.23(c)]。

ⓒ 向源侵蚀，又称溯源侵蚀，是指由于河流下切的侵蚀作用而引起的河流源头向河间分水岭不断扩展伸长的现象。向源侵蚀的结果是使河流加长，扩大河流的流域面积，改造河间分水岭的地形，发生河流袭夺。

b.河流的搬运作用

河流的搬运作用是指河流将其携带的大量碎屑物质和化学溶解物质，不停地向下游方向输送的过程。搬运物质主要来源于两个方面：一是流域内由片流洗刷和洪流冲刷因侵蚀作用产生的物质；二是由河流对自身河床的侵蚀作用产生的物质。河水搬运方式：在上游流速大，土石颗粒沿河床滚动、滑动，以拖运（推运）为主；中下游泥沙颗粒大小和数量随流速改变，以悬运为主；在可溶性物质的河流里，河水搬运以溶运为主。

c.河流的沉积作用

河水在搬运过程中，由于流速和流量的减小，搬运能力也随之降低，而使河水在搬运中的一部分碎屑物质从水中沉积下来的过程，称为河流的沉积作用。由此形成的堆积物，称为河流的冲积物。河流的冲积物（层）特征：磨圆度良好、分选性好、层理清晰。河流的沉积作用会造成河道淤塞，导致浅滩、水库淤积等不良后果。

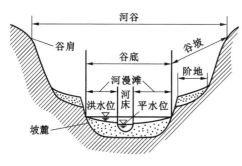

图 2.24　河谷要素示意图

河谷是在流域地质构造的基础上，经河流的长期侵蚀、搬运和堆积作用逐渐形成和发展起来的一种地貌，河流上、中、下游地貌特征不同。如图 2.24 所示，谷底是河谷地貌的最低部分，地势较平坦，其宽度为两侧谷坡坡麓之间的距离。谷底上分布有河床及河漫滩。河床是在平水期间为河水所占据的部分，河漫滩是在洪水期间被河水淹没的河床以外的平坦地带。谷坡是高出谷底的河谷两侧的坡地。沿着谷坡走向呈条带状分布或断断续续分布的阶梯状平台称为阶地。阶地有多级时，从河漫滩向上依次称为一级阶地、二级阶地、三级阶地等。每级阶地都有阶地面、阶地前缘、阶地后缘、阶地斜坡和阶地坡麓等要素。根据阶地的成因、结构和形态特征，可将其划分为侵蚀阶地、堆积阶地和基座阶地三大类型。

2.4.2.3　湖泊与海洋地质作用

（1）湖泊地质作用

湖泊的活动性很弱,所以湖泊的侵蚀、搬运能力也很弱,其地质作用主要表现在沉积作用上,分为机械沉积、化学沉积和生物沉积。湖泊沉积物的来源主要是河流携带来的碎屑物,少量是由湖岸带湖浪侵蚀而来的。湖泊的化学沉积作用主要受气候及地理位置影响,有较大差异。由于气候干燥,蒸发量大于降水量,湖水中的盐分逐渐增加,当盐类达到饱和时,就会结晶沉淀下来,在湖底形成一层一层的盐类沉淀,所以西北地区是我国重要的盐矿产区。湖中藻类、微生物、动植物遗体与黏土混合形成腐泥,有机质经细菌分解产生碳氢化合物,最终形成石油、天然气。我国西北的大庆油田、华北的胜利油田等都属于古湖泊沉积成因的油气田。

湖泊沉积物常具有明显的环状分带现象,有良好的水平层理和动植物化石。湖泊由于泥沙不断沉积,湖底被逐渐抬高,湖水变浅,最终被淤塞而消亡。

（2）海洋地质作用

海水的运动是重要的地质作用营力,主要有波浪、潮汐、洋流和浊流四种运动形式。

波浪的冲蚀作用一般发生在海岸带,海浪不仅以其巨大的冲击力破坏岩石,而且将岩石裂隙中的空气压缩,海水退却时,压力骤减,形成一种爆炸力量。如此往复使岩壁破碎、崩解,海岸不断后退形成特有的海蚀地貌,如海蚀穴、海蚀崖、海蚀柱、海蚀拱桥和海蚀阶地等。海浪的磨蚀作用主要发生在海水几米至几十米深的地方,拍岸浪破坏的岩块随着退流带到滨海底部来回滚动,对海底进行磨蚀,形成海底平台;岩块本身也相互摩擦磨圆,成为磨圆度很好的砾石和砂粒。

波浪的搬运作用能引起近岸带沉积物的搬运和再沉积。进流将水下的砂、砾向岸上搬运,形成粗砾滩、沙滩或沙坝;回流又将其中的一部分搬回水下,在离岸一定距离的水下沉积,成长为平行于海岸的沙堤或沙坝。如果波浪斜击海岸形成沿岸流,常形成沙嘴或沙坝,将近陆的一部分水域与外海隔离开来,使其转变成湖泊,称为泻湖。

海水在月球和太阳引力及地球自转产生的离心惯性力的共同作用下,产生周期性的涨落现象,称为潮汐。在平坦海岸带,潮水的涨落可影响到相当宽阔的范围,对于沉积物起着反复的侵蚀、搬运和再沉积的作用,控制着沉积物的性质和特征。在狭窄的河口地带,潮水的侵蚀、搬运作用特别强烈,因而河口被强烈冲刷,不形成三角洲,相反河口向外海呈漏斗状展开,称为三角港。

海水沿一定方向做大规模有规律的流动,称为洋流。洋流的宽度从数十千米到数百千米,有的长达数千千米,流速较慢,有表层洋流,也有深部洋流。表层洋流主要是由定期而来的信风产生的,其次是由海水温差产生的暖流和寒流。深部洋流主要是由海水密度差引起的密度流,其流向可以是水平的,也可以是垂直的环流。洋流的地质作用主要是搬运作用和轻微的海底侵蚀作用。

浊流是一种含有大量悬浮物质(砂、粉砂、砾石、泥质物质),并以较高速度向下流动的水体。据推测可能是由暴风、地震、火山喷发以及海底滑坡等引起的,往往能在海底进行侵蚀、搬运、沉积等地质作用。大陆坡上普遍发育着"V"形峡谷,其底部常有扇形、锥形碎屑堆积物和生物碎屑堆积物,称为深海冲积扇(锥),据推测是由浊流侵蚀、搬运作用形成的。许多深海平原上的沉积物也被认为是由浊流搬运而来的。

海洋沉积物来源于陆源物质、生物物质和海底火山喷发的产物，以及宇宙降落的陨石、尘埃等。

2.4.2.4　风的地质作用

风能剥蚀破坏基岩，也能搬运、堆积砂和尘土，是一种重要的地质营力。

（1）风的剥蚀作用

风的剥蚀作用是指风自身的力量和所携带的砂土对地表岩石进行破坏的地质作用，包括吹扬和磨蚀两种方式。吹扬作用是风吹过地表时，由于气流的冲击力和上举力，把岩石表面风化的疏松物质吹扬起来的作用；磨蚀作用是风力吹扬起来的沙石冲击，摩擦岩石使其发生破坏的作用。

上述两种作用是同时进行的，统称为风蚀作用。其强弱与风力大小及地表岩石性质有关。一般砂砾主要集中在距地表 30 m 以下的高度，越接近地表处风蚀作用越强烈。风蚀作用塑造了风棱石、蜂窝石（风蚀壁龛）、风蚀柱、风蚀蘑菇、风蚀谷、风蚀残丘、风蚀城和风蚀洼地等地貌形态。

（2）风的搬运作用

风的搬运作用是风把碎屑物质携带到别处的过程，有悬移、跳移、蠕移三种方式。悬移是指细而轻的颗粒在风的吹扬作用下，悬移在空中进行搬运的方式；跳移是指砂砾在风力的作用下以跳跃的方式被搬运，其中 70%～80% 的砂砾是以跳移搬运的；蠕移是指较粗大的砂粒在风的作用下沿地表滚动或滑动。

（3）风的堆积作用

风力堆积的物质称为风积物，包括风成沙堆积和风成黄土堆积。

① 风成沙

风成沙的特点：a.碎屑物成分以石英、长石砂粒为主，可见到较多的铁镁质及其他化学性质不稳定的矿物。b.具有极好的分选性和极高的磨圆度。c.具有规模较大的交错层理。d.颜色多样，以红色为主。e.比较疏松，受振动时会发生较大的沉降。

风积地貌有：a.沙堆，是含砂气流在障碍物的背风面形成的堆积体，呈舌状，高度小于 10 m，长度可达数十米至数百米。b.沙丘，是风积物形成的砂质丘岗。沙丘从沙堆演化而来，向风面平缓，背风面陡，有新月形、纵向沙垄、星状沙丘等多种形态。沙丘是移动的，一般每年移动 5～50 m，对移向之处破坏性极大，造成沙漠化危害。

② 风成黄土

在干旱气候条件下随着风的停息而沉积下来的黄色粉土沉积物称为风成黄土，黄土地貌有以下特征：a.千沟万壑，地面破碎，沟谷下切深度可达 50～100 m。b.侵蚀过程迅速，侵蚀方式独特，其中潜蚀作用造成的陷穴、盲沟、天然桥、土柱、碟形洼地等称为"假喀斯特"。c.沟道流域内有多级地形面。d.黄土塬（顶面平坦宽阔的黄土高地）、梁（长条状的黄土丘陵）、峁（穹状或馒头状黄土丘）是黄土地貌的主要类型。

2.4.2.5　冰川地质作用

冰川是在高山和高纬度地区新鲜雪花被太阳辐射发生重结晶作用形成粒雪，在一定压力、温度下反复融冻并缓慢流动的冰体,是丰富的淡水资源。冰川不停地运动,但其运动的速度却非常缓慢,肉眼往往难以觉察冰川的运动。按冰川的规模大小和外部形态特征可将其分为大陆冰川和山岳冰川。

(1)冰川的刨蚀作用

冰川的刨蚀作用是指冰川在运动过程中对地面岩石的破坏作用,包括挖掘作用和磨蚀作用。冰川将冰床底部及两侧基岩破碎,并将破碎物掘起带走,称为挖掘作用。冻结在冰川底部或边部的岩块在运动中,像锉刀一样不断研磨和刮削着谷底及两侧的基岩,其本身也同时被磨损,称为磨蚀作用。

冰蚀地貌有冰斗、刃脊和角峰、冰川槽谷("U"形谷)、冰蚀洼地、羊背石(可以指示冰川运动的方向)、悬谷等地形,在冰川活动过的岩壁上常有冰川擦痕、冰溜面等。

(2)冰川的搬运作用

冰川的携带物质与冰固结在一起搬运,搬运过程中巨石、岩块、碎屑无分选,绝大部分无磨圆。大陆冰川范围广,搬运距离长,能将大量粗大的碎屑物带入深海沉积。山岳冰川搬运距离不长,但搬运能力很强,可将直径数十米的巨石(称为漂砾)运走。

(3)冰川的堆积作用

由冰川搬运并堆积下来的物质称为冰碛物,按其在冰体中的部位分为表碛、底碛、侧碛、内碛、中碛等。由于冰体融化,原来的表碛、内碛、中碛、侧碛都沉落在底碛上称为基碛,在地表形成波状起伏的冰碛丘陵,有些则沿谷底两侧形成中碛堤和侧碛堤。当冰川的补给和消融处于平衡(即冰川前端位置稳定)时,大量冰碛物被送到冰川前端,堆积形成弧形高地,称为终碛堤。终碛堤的位置指示出冰川前端所到达边界,因而可以推知古冰川活动的范围和运动特点。

冰雪融化形成的水称为冰水,由冰水搬运和堆积的沉积物称为冰水沉积物,其碎屑物的分选性和磨圆度较好,有层理,且细颗粒形成纹泥。冰水沉积地貌有冰积扇、冰河丘、蛇形丘、冰川湖等。

2.4.2.6 成岩地质作用

成岩地质作用是指自然界的各种松散沉积物变为坚固岩石的作用。影响成岩地质作用的因素主要有:① 沉积物的原始成分和结构;② 压力、温度、水、水溶液中的物质成分以及微生物和有机物。成岩地质作用主要有压固脱水作用、胶结作用、重结晶作用、微生物及有机质的作用等。

(1)压固脱水作用

下部沉积物在上部沉积物重力的作用下发生排水固结现象,称为压固脱水作用。压固脱水作用使沉积物空隙减少,颗粒紧密接触并产生压溶现象等化学变化,如砂岩中石英颗粒间的锯齿状接触就是在压密作用下形成的。压固脱水作用是泥质沉积物成岩过程中的主要作用。

(2)胶结作用

胶结作用是指胶结物质把碎屑沉积物黏结起来变为坚固岩石的作用。常见的胶结作用主要是碎屑沉积物的成岩地质作用。最常见的胶结物质有硅质(SiO_2)、钙质($CaCO_3$)、铁质(Fe_2O_3)、黏土质或泥质等。

29

（3）重结晶作用

重结晶作用是指沉积物中的矿物成分因压溶和固体扩散等作用，使矿物晶体质点重新排列组合的作用。重结晶作用能够使小的颗粒变成大的晶粒，也可使非晶质沉积物变为晶质体，如：

$$蛋白石（非晶质）\xrightarrow{压固脱水}玉髓（隐晶质）\xrightarrow{重结晶}石英（显晶质）$$

在碳酸盐沉积物中，重结晶作用最为普遍。

（4）微生物及有机质的作用

原生沉积物中一般含有大量的微生物，有好氧的，也有厌氧的，因而微生物活动常改变溶液的酸碱度和氧化还原环境，使溶液中某些物质沉淀或结晶形成岩石。

2.4.2.7　沉积岩

沉积岩是在地壳表层常温、常压条件下，由先期岩石的风化产物、有机质和其他物质，经搬运、沉积和成岩等一系列地质作用而形成的岩石。沉积岩在体积上占地壳的7.9%，覆盖陆地表面的75%，绝大部分洋底也被沉积岩所覆盖，它是地表最常见的岩石类型。

（1）沉积岩的矿物成分

沉积岩的矿物成分通常分为碎屑矿物和化学（生物化学）矿物两大类。碎屑矿物中最重要的是石英和黏土矿物，其次是长石和云母。由于石英在风化作用过程中常保持稳定，而长石则易被化学风化作用分解形成黏土矿物，属不稳定矿物，所以碎屑岩中的石英与长石含量之比可用来指示母岩遭受化学风化作用的强烈程度。其主要的化学矿物是碳酸盐矿物方解石、文石、白云石、菱铁矿等，其次是燧石、石膏、硬石膏等。

（2）沉积岩的结构与构造

① 沉积岩的结构

沉积岩的结构是指组成岩石成分的颗粒形态、大小和连接形式。它是划分沉积岩类型的重要标志。常见的沉积岩结构有：碎屑结构、泥状结构、化学结构和生物化学结构。

a.碎屑结构

碎屑结构的特征主要反映在颗粒大小、颗粒形状以及胶结物和胶结方式上。按颗粒大小可划分为砾状结构和砂状结构两类。

碎屑岩的物理力学性质主要取决于胶结物的性质和胶结类型。胶结物是沉积物沉积后滞留在空隙中的溶液经化学作用沉淀而成。胶结物主要有硅质、钙质、铁质和黏土质（泥质）四种。胶结类型指的是胶结物与碎屑颗粒含量及其相互之间的关系，常见的有以下三种类型：ⓐ 基底胶结，胶结物含量大，碎屑颗粒散布在胶结物之中，是最牢固的胶结方式；ⓑ 孔隙胶结，碎屑颗粒紧密接触，胶结物充填在孔隙中间，这种胶结方式较坚固；ⓒ 接触胶结，碎屑颗粒相互接触，胶结物很少，只存在于颗粒接触处，是最不牢固的胶结方式。

b.泥状结构

这种结构的沉积岩几乎全部由粒径小于0.005 mm的黏土颗粒组成，其中典型的岩石是黏土岩。其特点是手摸有滑感，断口为贝壳状。

c.化学结构和生物化学结构

化学结构主要是由于化学作用从溶液中沉淀的物质经结晶和重结晶形成的结构，如石灰岩、白云岩和硅质岩等。生物化学结构几乎全部是由生物遗体所组成，如生物碎屑结构、贝壳状结构和珊瑚状结构等。

② 沉积岩的构造

沉积岩的构造是指沉积岩的各个组成部分的空间分布和排列方式。沉积岩的构造特征主要表现在层理、层面、结核及生物构造等方面。

a.层理构造

层理是指岩层中物质成分、颗粒大小、形状和颜色在垂直方向发生变化时产生的纹理,每一个单元层理构造代表一个沉积动态的改变。由于沉积环境和条件不同,层理构造有下列不同的形态和特征。

水平层理是在稳定的或流速很小的流体波动条件下沉积形成的,层理面平直,且与层面平行,如图2.25所示。波状层理是在流体波动条件下沉积形成的,层理的波状起伏大致与层面平行,如图2.26所示。单斜层理是由单向流体形成的一系列与层面斜交的细层构造,细层构造向同一方向倾斜,并且彼此平行,多见于河床和滨海三角洲沉积物中,如图2.27所示。交错层理是由于流体运动方向频繁变化沉积而成,多组不同方向斜层理相互交错重叠,如图2.28所示。

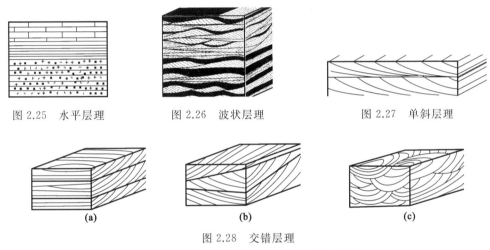

图 2.25　水平层理　　　　图 2.26　波状层理　　　　图 2.27　单斜层理

图 2.28　交错层理

(a)板状交错层理;(b)楔状交错层理;(c)槽状交错层理

若岩层一侧逐渐变薄而消失,称为层的尖灭;若岩层两侧都尖灭,则称为透镜体,如图2.29所示。

b.层面构造

层面构造是指在沉积岩层面上保留有沉积时水流、风、雨、生物活动等作用留下的痕迹,如波痕、泥裂、雨痕等。波痕是在沉积

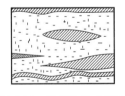

图 2.29　透镜体及尖灭层

物未固结时,由水、风和波浪作用在沉积物表面形成的波状起伏的痕迹;泥裂是沉积物未固结时露出地表,由于气候干燥、日晒,沉积物表面干裂,形成张开的多边形网状裂缝,裂缝断面呈"V"形,并为后期泥砂等物所充填,经后期成岩保存下来;雨痕是沉积物表面受雨点打击留下的痕迹,后期被覆盖得以保留,并固化成岩而形成的。

c.结核构造

结核是指岩体中成分、结构、构造和颜色等不同于周围岩石的某些矿物集合体的团块。一般是在地下水活动及交代作用下形成的。常见的结核有硅质、钙质、石膏质等。结核在沉积岩层中有时呈不连续的带状分布,形成结核构造(图2.30)。

d.生物构造

在沉积物沉积过程中,由于生物遗体、生物活动痕迹和生态特征埋藏于沉积物中,经固结成岩作用保留在沉积岩中,形成生物构造(图2.31),如生物礁体、虫迹、虫孔等。保留在沉积岩中的生物遗体和遗迹石化后称为化石,化石是沉积岩中特有的生物构造,对确定岩石形成环境和地质年代有重要意义。

图2.30 沉积岩结核构造

图2.31 沉积岩生物构造

(3)沉积岩的分类及主要沉积岩的特征

① 沉积岩的分类

根据沉积岩的沉积方式、物质成分、结构构造等将沉积岩划分为碎屑岩、黏土岩和化学岩与生物化学岩三大类,如表2.3所示。常见沉积岩如图2.32所示。

表2.3 沉积岩分类

分类	岩石名称	结构		构造	矿物成分	
碎屑岩	角砾岩	砾状结构(大于2 mm)	角砾状结构(大于2 mm)	层理或块状	砾石成分为原碎屑成分	硅质、钙质、铁质、泥质、碳质胶结
	砾岩		砾状结构(大于2 mm)			
	粗砂岩	砂状结构(0.005~2 mm)	粗砂状结构(0.5~2 mm)		1.石英砂岩:石英占95%以上;2.长石砂岩:长石占25%以上;3.杂质岩:含石英、长石及大量暗色矿物	
	中砂岩		中砂状结构(0.25~0.5 mm)			
	细砂岩		细砂状结构(0.075~0.25 mm)			
	粉砂岩		粉砂状结构(0.005~0.075 mm)			
黏土岩	页岩	泥状结构(小于0.005 mm)		页理	颗粒成分为黏土矿物,并含其他硅质、钙质、铁质、碳质等成分	
	泥岩			块状		
化学岩与生物化学岩	石灰岩	化学结构与生物化学结构		层理或块状或生物状	方解石为主	
	白云岩				白云石为主	
	泥灰岩				方解石、黏土矿物	
	硅质岩				燧石、蛋白石	
	石膏岩				石膏	
	盐岩				NaCl、KCl等	
	有机岩				煤、油页岩等含碳、碳氢化合物的成分	

注:选自:李隽蓬,谢强.土木工程地质[M].2版.成都:西南交通大学出版社,2009.

② 主要沉积岩的特征

a.碎屑岩类

ⓐ 砾岩和角砾岩:粒径大于 2 mm 的碎屑含量占 50%以上,经压密胶结形成岩石。若多数砾石磨圆度好,称为砾岩;若多数砾石呈棱角状,称为角砾岩。砾岩和角砾岩多为厚层,其层理不发育。

ⓑ 砂岩:按砂状结构的粒径大小可以分为粗砂岩、中砂岩、细砂岩和粉砂岩四种。根据胶结物和矿物成分的不同可给各种砂岩定名,如硅质细砂岩、铁质中砂岩、长石砂岩、石英砂岩、硅质石英砂岩等。

b.黏土岩类

黏土岩为泥状结构,由粒径小于 0.005 mm 的黏土颗粒构成。黏土岩类分布广、数量大,占沉积岩总量的 60%~70%。黏土岩具有独特的物理性质,如可塑性、耐火性、烧结性、膨胀性、吸附性等。

c.化学岩和生物化学岩

ⓐ 石灰岩:方解石矿物占 90%~100%,有时含少量白云石、粉砂粒、黏土等。纯石灰岩为浅灰白色,含有杂质时颜色有灰红、灰褐、灰黑等色,性脆,遇稀盐酸时起泡剧烈。石灰岩在形成过程中,由于风浪振动,有时形成鲕状、竹叶状或团块状等结构。还有由生物碎屑组成的生物碎屑灰岩等。

ⓑ 白云岩:主要矿物为白云石,含少量方解石和其他矿物。白云岩颜色多为灰白色,遇稀盐酸不易起泡,滴镁试剂由紫变蓝,岩石露头表面常具刀砍状溶蚀沟纹。

ⓒ 泥灰岩:石灰岩中常含少量细粒岩屑和黏土矿物,当黏土含量达到 25%~50%时,则称

凝灰岩　　　　　　火山角砾岩　　　　　　砾岩

砂岩　　　　　　　　粉砂岩　　　　　　　泥岩

石灰岩　　　　　　白云岩　　　　　　硅质岩

图 2.32　常见沉积岩

为泥灰岩;颜色有灰、黄、褐、浅红色;加酸后侵蚀面上常留下泥质条带和泥膜。

ⓓ 燧石岩:岩石致密,坚硬性脆,颜色多为灰黑色,主要成分是蛋白石、玉髓和石英;隐晶结构,多以结核层存在于碳酸盐岩石和黏土岩层中。

2.4.3 内力地质作用

内力地质作用的动力来自地球本身,并主要发生在地球内部。按其作用方式,可分为构造运动、岩浆作用、变质作用和地震作用四种。

2.4.3.1 构造运动

构造运动是指由地球内力引起地壳乃至岩石圈变形、变位的机械运动。构造变动是指由构造运动引起岩石的永久性变形,如褶皱变动、断裂变动。构造运动常和地壳运动混称,只不过构造运动包括整个岩石圈,但从研究意义上说,现今研究的内容和深度也只是在地壳的深度范围内。

构造运动是各种地质作用的主要因素,它不但决定了内力地质作用的强度和方式,而且还直接影响了外力地质作用的方式,控制了地表形态的演化和发展。

（1）构造运动的方向性

岩石圈块体沿水平方向移动称为水平运动,也称为"造山"运动。岩石圈相邻块体或同一块体的不同部位差异性上升或下降形成盆体或平原,称为垂直运动(升降运动),又称为"造陆"运动。

同一地区构造运动的方向随着时间的推移而不断变化,某一时期以水平运动为主,另一时期则以垂直运动为主,它们是相互联系、相互制约的,常常兼而有之。

（2）构造运动的幅度和周期性

构造运动往往表现为强烈活动期(明显升降运动、火山活动等)与相对宁静期(缓慢沉降、接受沉积)反复出现,因而形成一定的周期性。

（3）构造运动的区域性及速度

构造运动不可能同时发生在所有地方,因此一般是某些地区表现为大面积隆起,遭受风化剥蚀;另一些地区表现为大面积凹陷,接受沉积;还有的地区表现为大规模水平挤压运动,形成高大的褶皱山系。构造运动的速度一般是相当缓慢的,如印度板块以每年近 2 cm 的速度向北移动。

2.4.3.2 岩浆作用

岩浆是以硅酸盐为主要成分,富含挥发性物质(CO_2、CO、SO_2、HCl 及 H_2S 等)及部分金属氧化物、硫化物,在上地幔和地壳深处形成的高温高压熔融体。岩浆的温度为 $1000\sim1200$ ℃,岩浆的化学成分十分复杂,囊括了地壳中的所有元素。根据成分可以将岩浆划分为两大类:一类是基性岩浆,富含铁、镁氧化物,黏性较小,流动性较大;一类是酸性岩浆,富含钾、钠和硅酸,黏性较大,流动性较小。原来成分均一的母岩浆,受温度、压力、氧逸度等物理化学条件的影响,形成不同成分的派生岩浆及岩浆岩的作用,称为岩浆分异作用。岩浆分异作用方式包括结晶分异作用、熔离作用、扩散作用、气运作用和岩浆同化混染作用等。

岩浆可以在上地幔或地壳深处运移或喷出地表。当岩浆沿地壳中薄弱地带上升时逐渐冷凝,这种作用称为岩浆的侵入作用;当岩浆沿构造裂隙上升溢出地表或通过火山喷出地表,则称为岩浆的喷出作用。

岩浆岩是由岩浆冷凝固结而形成的岩石。

(1) 岩浆岩的产状

岩浆岩的产状是指岩浆岩体的形态、大小及其与围岩的关系。岩浆岩的产状与岩浆的成分、物理化学条件密切相关,还受冷凝地带的环境影响,因此它的产状是多种多样的,如图 2.33 所示。

① 侵入岩的产状

a.岩基

岩基是岩浆侵入地壳内凝结形成的岩体中最大的一种,分布面积一般大于 $60~km^2$,岩基内常含有围岩的崩落碎块,称为捕虏体。岩基埋藏深、范围大,岩浆冷凝速度慢,晶粒粗大,岩性均匀,是

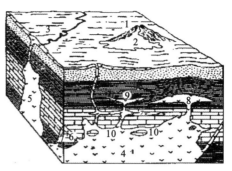

图 2.33 岩浆岩的产状
1—火山锥;2—熔岩流;3—熔岩被;
4—岩基;5—岩株;6—岩墙;
7—岩床;8—岩盘;9—岩盆;10—捕虏体

良好的建筑地基,如长江三峡坝址区就选在面积为 200 多平方千米的花岗岩-闪长岩岩基的南端。

b.岩株

岩株是分布面积较小、形态又不规则的侵入岩体,与围岩接触面较陡直,有的岩株是岩基的凸出部分,常为岩性均一、稳定性良好的地基。

c.岩盘(岩盖)

岩盘是中间厚度较大,呈伞形或透镜状的侵入体,多是酸性或中性岩浆沿层状岩层面侵入后,因黏性大流动不远所致。

d.岩床

黏性较小、流动性较大的基性岩浆沿沉积岩层面侵入,充填在岩层中间,常常形成厚度不大、分布范围广的岩体,称为岩床。岩床多为基性浅成岩。

e.岩墙和岩脉

岩墙和岩脉是沿围岩裂隙或断裂带侵入形成的狭长形的岩浆岩体,与围岩的层理和片理斜交。通常把岩体窄小的称为岩脉,把岩体较宽厚且近于直立的称为岩墙。岩墙和岩脉多出现在围岩构造裂隙发育的地方,由于它们岩体薄,与围岩接触面大,冷凝速度快,岩体中形成很多收缩拉裂隙,所以岩墙、岩脉发育的岩体稳定性较差,地下水较活跃。

② 喷出岩的产状

喷出岩的产状受岩浆的成分、黏性、通道特征、围岩的构造以及地表形态的影响。常见的喷出岩产状有熔岩流、火山锥及熔岩台地。

a.熔岩流

岩浆多沿一定方向的裂隙喷发到地表。岩浆多是基性岩浆,黏度小、易流动,形成厚度不大、在垂直方向上往往具有不同喷发期的层状构造。

b.火山锥(岩锥)及熔岩台地

黏性较大的岩浆沿火山口喷出地表,流动性较小,常和火山碎屑物黏结在一起,形成以火山口为中心的锥状或钟状的山体,称为火山锥或岩钟,如我国长白山顶的天池就是熔岩和火山

碎屑物质凝结而成的火山锥或岩锥。当黏性较小时,岩浆较缓慢地溢出地表,形成台状高地,称为熔岩台地,如黑龙江省德都县一带的五大连池。

(2)岩浆岩的化学成分与矿物成分

① 岩浆岩的化学成分

岩浆岩的主要化学成分有 SiO_2、Al_2O_3、Fe_2O_3、FeO、MgO、CaO、Na_2O 和 K_2O 等氧化物。其中 SiO_2 含量最多,它的含量直接影响岩浆岩矿物成分的变化,并直接影响岩浆岩的性质。

② 岩浆岩的矿物成分

组成岩浆岩的主要矿物有 30 多种,但常见的矿物只有十几种。按矿物颜色的深浅可划分为浅色矿物和深色矿物两类,其中浅色矿物富含硅、铝,有正长石、斜长石、石英、白云母等;深色矿物富含铁、镁,有黑云母、辉石、角闪石、橄榄石等。长石含量占岩浆岩成分的 60% 以上,其次为石英,所以长石和石英是岩浆岩分类和鉴定的重要依据。

(3)岩浆岩的结构及构造

① 岩浆岩的结构

岩浆岩的结构是指岩石中矿物的结晶程度,晶粒的大小、形状及它们之间的相互关系。岩浆岩的结构特征与岩浆的化学成分、物理化学状态及成岩环境密切相关,岩浆的温度、压力、黏度及冷凝的速度等都影响岩浆岩的结构,如深成岩是缓慢冷凝的,晶体发育时间较充裕,能形成自形程度高、晶形较好、晶粒粗大的矿物;相反,喷出岩冷凝速度快,来不及结晶,多为非晶质或隐晶质。

a.按结晶程度分类

按结晶程度可把岩浆岩结构划分成三类:

ⓐ 全晶质结构(图 2.34):岩石全部由结晶矿物组成,岩浆冷凝速度慢,有充分的时间形成结晶矿物,多见于深成岩,如花岗岩等;

ⓑ 半晶质结构(图 2.35):同时存在结晶质和玻璃质的一种岩石结构,常见于喷出岩,如流纹岩等;

ⓒ 玻璃质结构:岩石全部由玻璃质组成,是岩浆迅速上升到地表,温度骤然下降至岩浆的凝结温度以下,来不及结晶形成的,是喷出岩特有的结构,如黑曜岩、浮岩等。

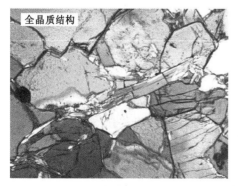
图 2.34　全晶质结构电镜照片

图 2.35　半晶质结构电镜照片

b.按矿物颗粒的绝对大小分类

按矿物颗粒的绝对大小,可把岩浆岩结构分成显晶质和隐晶质两种类型。显晶质结构岩石的矿物结晶颗粒粗大,用肉眼或放大镜能够分辨。按颗粒的直径大小,可将显晶质结构分为粗粒结构、中粒结构、细粒结构和微粒结构。隐晶质结构矿物颗粒细微,用肉眼或一般放大镜不能分辨,但在显微镜下可以观察矿物晶粒特征,这是喷出岩和部分浅成岩的结构特点。

c.按矿物晶粒的相对大小分类

ⓐ 等粒结构:岩石中的矿物颗粒大小大致相等;

ⓑ 不等粒结构:岩石中的矿物颗粒大小不等,但粒径相差不很大;

ⓒ 斑状结构:岩石中两类矿物颗粒大小悬殊。大晶粒矿物分布在大量的细小颗粒中,大晶粒矿物称为斑晶,细小颗粒称为基质。基质为显晶质时,称为似斑状结构;基质为隐晶质或玻璃质时称为斑状结构。似斑状结构是浅成岩和部分深成岩的结构,斑状结构是浅成岩和部分喷出岩的特有结构。

② 岩浆岩的构造

岩浆岩的构造是指岩石中矿物的空间排列和充填方式,如图 2.36 所示。

(a)　　　　　　(b)　　　　　　(c)　　　　　　(d)

图 2.36　岩浆岩的构造

(a)块状构造;(b)流纹构造;(c)气孔状构造;(d)杏仁状构造

a.块状构造

矿物在岩石中分布均匀,无定向排列,结构均一,是岩浆岩中常见的构造。

b.流纹构造

岩浆在地表流动过程中,由于颜色不同的矿物、玻璃质和气孔等被拉长,熔岩流动方向上形成不同颜色条带相间排列的流纹状构造,常见于酸性喷出岩。

c.气孔状构造

岩浆喷出后气体及挥发性物质呈气泡逸出,在喷出岩中形成圆形或被拉长的孔。

d.杏仁状构造

若岩石气孔被方解石、石英等矿物充填,形如杏仁,则称为杏仁状构造。

(4) 岩浆岩的分类及主要岩浆岩的特征

① 岩浆岩的分类

岩浆岩的分类方法也很多,本节依据岩浆岩的化学成分、产状、构造、结构、矿物成分及其共生规律等特征,以岩石标本肉眼鉴定为基本前提对岩浆岩进行分类,如表 2.4 所示。

表 2.4　岩浆岩分类

颜色				浅 ————————————→ 深				
岩浆岩类型				酸性	中性		基性	超基性
SiO$_2$ 含量(%)				大于 65	52～65		45～52	小于 45
成因类型 产状 构造 结构	次要矿物	主要矿物		石英 正长石 斜长石	正长石 斜长石	角闪石 斜长石	斜长石 辉石	辉石 橄榄石
		次要矿物		云母 角闪石	角闪石 黑云母 正长石 辉石 石英小于5%	辉石 黑云母 正长石 小于5% 石英小于5%	橄榄石 角闪石 黑云母	角闪石 斜长石 黑云母
喷出岩	岩钟 岩流	杏仁 气孔 流纹 块状	非晶质(玻璃质)	火山玻璃、黑曜岩、浮岩				少见
			隐晶质斑状	流纹岩	粗面岩	安山岩	玄武岩	少见
侵入岩 浅成	岩床 岩墙	块状	斑状 全晶细粒	花岗斑岩	正长斑岩	闪长玢岩	辉绿岩	少见
侵入岩 深成	岩株 岩基	块状	结晶斑状 全晶中、粗粒	花岗岩	正长岩	闪长岩	辉长岩	橄榄岩 辉岩

② 主要岩浆岩的特征

a.花岗岩

地球上分布最广的结晶粒状深成岩,由石英、长石和云母以及少量普通角闪石组成。花岗岩具有多种颜色,如灰白色、灰色、肉红色等,主要由长石的种类和颜色而定。长石与石英晶体特别粗大的称为伟晶岩。花岗岩常呈规模巨大的岩基或岩株产出,其相对密度为 2.7,致密坚硬、孔隙度小、强度大,是人们喜爱的建筑材料。

b.闪长岩

一种中性深成侵入岩,主要由斜长石和普通角闪石组成,含有少量黑云母。有些含少量石英的闪长岩称为石英闪长岩,颜色为深灰色及灰绿色,通常为全晶质粒状结构。闪长岩在自然界大多与花岗岩、辉长岩伴生,单独构成岩体时多为岩株、岩盖和小型侵入体。闪长岩相对密度为2.6～3.1,力学强度大,是很好的地基和建筑材料。

c.辉长岩

一种基性深成侵入岩,主要由普通辉石和斜长石组成,有时含少量橄榄石,极少有石英。颜色为灰色至灰黑色,一般为中粗粒全晶质等粒结构,含长石少的辉长岩往往具有粗粒结构。辉长岩体常呈岩株、岩盆、岩盖产出,它具高力学强度,是很好的地基和建筑材料。

d.流纹岩

一种酸性火山喷出岩,主要由石英、正长石和斜长石组成。一般为灰红色,有时为灰黑色和紫色,通常为斑状结构。常发育有流纹构造、气孔构造和石泡构造,其间常充填有长英质矿物。流纹岩含有较多的火山玻璃,性脆,工程性质不如深成侵入岩。

e.安山岩

一种中性喷出岩,相当于深成岩中的闪长岩,一般为斑状结构,基质多为隐晶质,斑晶多是角闪石、辉石、黑云母和斜长石。颜色为灰色、灰褐色、紫色,力学性质比较强硬,可用作建筑材料。

f.玄武岩

玄武岩是地球上分布最广泛的火成岩,主要由斜长石和辉石组成,有时含橄榄石和火山玻璃,呈暗灰色至黑色,常具隐晶质结构或斑状结构。海底喷发和现代洋中脊喷发的玄武岩形成枕状构造;陆上喷发的玄武岩常具气孔、杏仁构造和柱状节理。玄武岩力学强度高,是相当好的地基和建筑材料。

g.辉绿岩

一种常见的浅成侵入岩,主要由斜长石、辉石组成。辉绿岩常呈岩株、岩床、岩墙产出。颜色为灰黑色至灰色,常呈中粒至粗粒全晶质结构。辉绿岩中辉石的粒径大于斜长石,一颗辉石包裹许多粒斜长石的结构称为辉绿结构。辉绿岩力学强度很大,是良好的地基和建筑材料。

2.4.3.3 变质作用

组成地壳的岩石(包括前述的岩浆岩和沉积岩)都有自己的结构、构造、矿物成分,在地球内外力地质作用下,岩石所处的地质环境也在不断地变化,为了适应新的地质环境和物理化学条件,先期岩石的结构、构造和矿物成分将产生一系列的改变,这种引起岩石产生结构、构造和矿物成分改变的地质作用即为变质作用。

(1)变质作用的影响因素

温度、压力及具有化学活动性的流体是变质作用的影响因素。

① 温度

高温是变质作用最主要的因素,大多数变质作用是在高温条件下进行的。高温热源有:a.岩浆侵入带来的热源;b.地下深处的热源;c.放射性元素衰变产生的热源。

② 压力

一是由上覆岩层的重力引起的静压力(均衡压力或围压)。静压力使岩石的体积缩小,密度加大,变得致密坚硬,并形成新的矿物。压力增大往往伴随着温度升高,因此,在温度、压力的共同作用下,也会产生重结晶并形成新的矿物,如泥质岩-板岩、千枚岩、片岩等。

二是由构造运动或岩浆活动引起的挤压力,使岩石中的矿物垂直于压力方向排列,产生片理构造、片麻状构造等,同时还能形成新的矿物,如石英、云母、绿泥石、石墨等。

③ 具有化学活动性的流体

化学活动性流体成分包括水蒸气、CO_2,含活性硼、硫等元素的气体和液体。流体与温度、压力等共同作用,活动在岩石的破碎带、接触带以及矿物颗粒间的空隙中,与周围物质进行一系列反应,将岩石中的一些元素熔滤出来,引起岩石物质成分的变化,如橄榄石-蛇纹石、辉石-绿泥石、黑云母、黑云母-绿泥石、绢云母等。

(2)变质作用类型

变质作用主要有四种类型:①接触变质作用,主要是由于高温使岩石变质,又称为热力变质作用,通常是由岩浆侵入,由于高温使围岩产生接触变质;②交代变质作用,是岩石与化学活动性流体接触而产生交代作用,产生新矿物,取代原矿物;③动力变质作用,是由于地质构造运动产生巨大的定向压力,而温度不高,岩石遭受破坏使原岩的结构、构造发生变化,甚至产生片理构造;④区域变质作用,在地壳地质构造和岩浆活动都很强烈的地区,由于高温、高压和化学活动性流体的共同作用,大范围深埋地下的岩石受到变质作用,称为区域变质作用,大部分变质岩属于此类。

(3) 变质岩

在变质作用下形成的岩石称为变质岩。变质作用基本上是在原岩保持固体状态下在原位进行的,因此变质岩的产状与原岩产状基本一致,即所谓的残余产状。由岩浆岩形成的变质岩称为正变质岩,保留了岩浆岩的产状;由沉积岩形成的变质岩称为副变质岩,保留了沉积岩的产状。

变质岩的分布面积约占大陆面积的五分之一,地史年代中较古老的岩石大部分是变质岩。

① 变质岩的矿物成分

岩石在变质的过程中,原岩中的部分矿物保留下来,如石英、方解石、白云石等;同时生成一些变质岩特有的新矿物,如红柱石、硅灰石、石榴子石、滑石、十字石、阳起石、蛇纹石、石墨等,它们是变质岩特有的矿物,又称特征性变质矿物(图 2.37)。

红柱石　　　　　硅灰石　　　　　石榴子石

滑石　　　　　十字石

阳起石　　　　　蛇纹石

图 2.37　变质矿物

② 变质岩的结构及构造

a.变质岩的结构

ⓐ 变余结构　在变质过程中,原岩的部分结构被保留下来称为变余结构。这是变质程度较轻造成的,如变余花岗结构、变余砾状结构等。

ⓑ 变晶结构　岩石在固体状态下经重结晶作用形成的结构。变质岩和岩浆岩的结构相似,为了区别两者,在变质岩结构名词前常加"变晶"两字,如等粒变晶结构和斑状变晶结构等。

ⓒ 压碎结构　主要在动力变质作用下,由岩石变形、破碎、变质而成的结构。原岩碎裂成块状称为碎裂结构,若岩石被碾成微粒状,并有一定的定向排列,则称为糜棱状结构。

b.变质岩的构造

ⓐ 板状构造　泥质岩和砂质岩在定向压力作用下,产生一组平坦的破碎面,岩石易沿此裂面剥成薄板,称为板状构造。剥离面上常出现重结晶的片状显微矿物。板状构造是变质最浅的一种构造。

ⓑ 千枚状构造　岩石主要由重结晶矿物组成,片理清楚,片理面上有许多定向排列的绢云母,呈明显的丝绢光泽,是区域变质较浅的构造。

ⓒ 片状构造　重结晶作用明显,片状、针状矿物沿片理面富集,平行排列。这是矿物变形、挠曲、转动及压熔结晶而成,是变质较深的构造。

ⓓ 片麻状构造　为显晶质变晶结构,颗粒粗大,深色的片状矿物和柱状矿物数量少,呈不连续的条带状,中间被浅色粒状矿物隔开,是变质最深的构造。

ⓔ 块状构造　岩石由粒状矿物组成,矿物均匀分布,无定向排列。

前四种构造统称片理构造,块状构造称非片理构造。

③ 变质岩的分类及主要变质岩的特征

a.变质岩的分类

根据变质岩的构造、结构、矿物成分和变质类型将常见的变质岩分为三类,见表2.5。

表 2.5　常见变质岩的分类

岩类	岩石名称	构造	结构	主要矿物成分	变质类型
片理状岩类	板岩	板状	变余结构 部分变晶结构	黏土矿物、云母、绿泥石、石英、长石等	区域变质(由板岩至片麻岩变质,程度递增)
	千枚岩	千枚状	显微鳞片变晶结构	绢云母、石英、长石、绿泥石、方解石等	
	片岩	片状	显晶质鳞片状变晶结构	云母、角闪石、绿泥石、石墨、滑石、石榴子石等	
	片麻岩	片麻状	粒状变晶结构	石英、长石、云母、角闪石、辉石等	
块状岩类	大理岩	块状	粒状变晶结构	方解石、白云石	接触变质或区域变质
	石英岩		粒状变晶结构	石英	
	硅卡岩		不等粒变晶结构	石榴子石、辉石、硅灰石(钙质硅卡岩)	接触变质
	蛇纹岩		隐晶质结构	蛇纹石	交代变质
	云英岩		粒状变晶结构 花岗变晶结构	白云母、石英	
构造破碎岩类	断层角砾岩		角砾状结构 碎裂结构	岩石碎屑、矿物碎屑	动力变质
	糜棱岩		糜棱结构	长石、石英、绢云母、绿泥石	

b.主要变质岩的特征

ⓐ 板岩　多为变余泥状结构或隐晶结构,板状构造,颜色多为深灰色、黑色、土黄色等,主要矿物为黏土矿物及云母、绿泥石等,为浅变质岩。

ⓑ 千枚岩　变余结构及显微鳞片状变晶结构,千枚状构造,通常为灰色、绿色、棕红色及黑色等,主要矿物有绢云母、黏土矿物及新生的石英、绿泥石、角闪石等,为浅变质岩。

ⓒ 片岩　显晶变晶结构,片状构造。颜色比较杂,取决于主要矿物的组合,矿物成分有云母、滑石、绿泥石、石英、角闪石、方解石等,属变质较深的变质岩。片岩有云母片岩、绿泥石片岩等。

ⓓ 片麻岩　中、粗粒粒状变晶结构,片麻状构造,颜色较复杂,浅色矿物多为粒状的石英、长石,深色矿物多为片状、针状的黑云母、角闪石等。深色、浅色矿物各自呈条带状相间排列,属深变质岩。

ⓔ 混合岩类　多为晶粒粗大的变晶结构,多为条带状或眼球状构造,混合岩是地下深处重熔高温带的岩石,经大量热液、熔浆及其携带物质的高温重熔、交代、混合等复杂的混合岩化作用后形成的。

ⓕ 大理岩　粒状变晶结构,块状构造,是由石灰岩、白云岩经区域变质重结晶而成。碳酸盐矿物占 50% 以上,主要为方解石或白云石。纯大理岩为白色,称为汉白玉,是常用的装饰和雕刻石料。

ⓖ 石英岩　粒状变晶结构,块状构造。纯石英岩为白色,含杂质时呈灰白色、褐色等,矿物成分中石英含量大于 85%。石英岩硬度高,有油脂光泽,是由石英砂岩或其他硅质岩经重结晶作用而成。

ⓗ 蛇纹岩　隐晶质结构,块状构造,颜色多为暗绿色或黑绿色,风化面为黄绿色或灰白色,主要矿物为蛇纹石,含少量石棉、滑石、磁铁矿等矿物,是由富含镁质的超基性岩经接触交代变质作用而成。

ⓘ 构造角砾岩　角砾状压碎结构,块状构造,是断层错动带中的岩石在动力变质中被挤碾成角砾状碎块,经胶结而成的岩石。胶结物是细粒岩屑或溶液中的沉积物。

ⓙ 糜棱岩　粉末状岩屑胶结而成的糜棱结构,块状构造,矿物成分与原岩相同,含新生的变质矿物,如绢云母、绿泥石、滑石等。糜棱岩是高动压力断层错动带中的产物。

2.4.3.4　地震作用

(1) 地震的概念

地壳表层因弹性波传播所引起的振动或颤动现象,称为地震。海底发生的地震称海震或海啸。地震作用是指从地震的孕育、发生到产生余震的全部过程。一般来说,地震开始是局部能量释放形成的一系列小地震,称为前震;然后短时间内突然释放出大量能量,称为主震;最后释放剩余能量形成一系列小地震,称为余震。

如图 2.38 所示,在地壳或地幔中振动的发源地叫作震源。震源在地面上的垂直投影叫作

图 2.38　地震相关概念示意图

震中,也可以看作地面上振动的中心,震中附近地面振动最大,远离震中地面振动减弱。震中到震源的距离叫作震源深度。据统计,绝大部分地震的震源深度在 5~20 km,目前出现的最深的震源深度为 720 km。同样大小的地震,震源较浅的破坏性较大;震源较深的破坏性相对较小,一般震源深度超过 100 km 的地震不引起地面灾害。

地面上任意一点到震中的直线距离称为震中距。围绕震中的一定范围的地区称为震中区,表示一次地震中震害最严重的地区;强震的震中区称为极震区。同一次地震影响下,地面上破坏程度相同各点的连线称为等震线。

地震发生时,震源处产生剧烈振动,以弹性波方式向四周传播,此弹性波称为地震波。地震波在地下岩土介质中传播时称为体波,体波到达地表面后引起沿地表面传播的波称为面波。

体波包括纵波和横波。纵波又称压缩波或 P 波,它是由于岩土介质对体积变化的反应而

产生的,靠介质的扩张和收缩而传播,质点振动的方向与传播方向一致。纵波传播速度最快,平均为 7~8 km/s。纵波既能在固体介质中传播,也能在液体或气体介质中传播。横波又称剪切波或 S 波,它是由于介质对形状变化的反应而产生的,质点振动方向与传播方向垂直,各质点间发生周期性剪切振动。横波只能在固体介质中传播,其传播速度平均为 4.5~5 km/s。

面波只沿地表面传播,可以说是体波经地层界面多次反射形成的次生波,它包括沿地面滚动传播的瑞利波和沿地面蛇形传播的勒夫波两种。面波传播速度最慢,平均速度约为 3.5 km/s。面波的振动方式兼有纵波和横波的特点,因此,周期长、振幅大,是造成建筑破坏的主要因素。

地震对地表面及建筑物的破坏是通过地震波实现的。纵波引起地面上、下颠簸,横波使地面水平摇摆,面波则引起地面呈波状起伏。地震发生后,纵波先到达地表,横波和面波随后到达。由于横波、面波振动更剧烈,所以造成的破坏也更大。随着震中距的增加,振动逐渐减弱,因而震中距愈大,地震造成的破坏程度愈小,直至消失。

（2）地震的类型

① 按成因分类

a.构造地震 是指由于地壳运动而引起的地震。世界上有 90% 的地震属于构造地震。

b.火山地震 是指由于火山活动而引起的地震。这类地震的影响范围不大,强度也不大,地震前有火山喷发作为预兆。火山地震占世界总地震次数的 7% 左右。

c.陷落地震 是指由于山崩、巨型滑坡或地面塌陷引起的地震。矿山采空区塌陷引起的地震也属于陷落地震。陷落地震约占世界总地震次数的 3%。

d.人工诱发地震 是指由于人类工程活动引起的地震,如大型水库的修建、大规模人工爆破、大量深井注水及地下核爆炸试验等都能引起地震,但规模和影响范围有限。

② 按震源深度分类

a.浅源地震 震源深度小于 70 km 的称为浅源地震。

b.中源地震 震源深度在 70 km 到 300 km 之间的称为中源地震。

c.深源地震 震源深度大于 300 km 的称为深源地震。

③ 按震级分类

a.微震 震级小于 2 级的地震。

b.有感地震 震级在 2~4 级之间的地震。

c.破坏性地震 震级在 5~6 级之间的地震。

d.强烈地震或大地震 震级大于或等于 7 级的地震。

④ 按震中距分类

a.近震 震中距在 1000 km 以内的地震。

b.远震 震中距大于 1000 km 的地震。

（3）地震分布

地震并不是均匀分布于地球的各个部分,而是集中在某些特定活动带或板块边界上。

① 世界地震分布

如图 2.39 所示,世界范围内的主要地震带

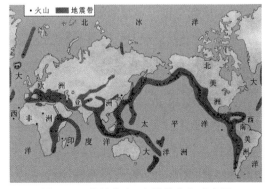

图 2.39 世界火山、地震带分布示意图

有环太平洋地震带和地中海—喜马拉雅地震带,这两处均为板块汇聚边界,其次有洋中脊、东非裂谷等。环太平洋地震带的地震活动性最强,全球80%的浅源地震、90%的中源地震和几乎全部的深源地震都集中在此带,其释放的地震能量约占全球的76%。地中海—喜马拉雅地震带上地震活动也很频繁,其释放的地震能量约占全球的22%。

　　② 我国地震分布

　　我国地处世界两大地震活动带的中间,地震分布十分广泛,但各地在地震强度和频度上很不均一,大致可分为9个地震区,25个地震带,如表2.6所示。

表 2.6　中国地震区、地震带划分

地 震 区		地 震 带	地 震 区		地 震 带
序号	名　称	名　　称	序号	名　称	名　　称
Ⅰ	东北地震区		Ⅴ	新疆地震区	南天山地震带
Ⅱ	华北地震区	郯城—营口地震带	Ⅵ	青藏高原地震区	喜马拉雅山地震带
		华北平原地震带			那加山—阿拉干山地震带
		汾渭地震带			怒江—萨尔温江地震带
		河套—银川地震带			冈底斯—唐古拉山地震带
Ⅲ	华中地震区	河淮地震带			可可西里—金沙江地震带
		长江中下游—南黄海地震带			柴达木地震带
		汉水地震带			阿尔金—祁连山地震带
Ⅳ	华南地震区	东南沿海外带			西昆仑地震带
		东南沿海内带	Ⅶ	台湾地震区	台东地震带
		右江地震带			台西地震带
		雪峰—武夷地震带			钓鱼岛—赤尾岛地震带
Ⅴ	新疆地震区	阿尔泰—戈壁阿尔泰地震带	Ⅷ	南海地震区	
		北天山地震带			

　　(4)地震震级与地震烈度

　　地球上的地震有强有弱,地震震级与地震烈度是衡量地震大小的两个概念,这两个概念既有联系又有区别。

　　① 地震震级

　　地震震级表示地震释放能量的大小,是衡量地震绝对强度的级别。震级的计算方法是取距震中100 km处由标准地震仪(周期为0.8 s,阻尼比为0.8,放大倍率为2800倍)记录的地震波最大振幅(单位为μm)的对数值。每一次地震只有一个震级,震级越高,释放的能量也越大。我国使用的震级标准是国际通用的"里氏震级"标准,震级相差一级,能量大约相差32倍。

由于岩石强度不能积聚超过 8.9 级的弹性应变能,因而有记载的最大地震震级没有超过 8.9 级的。

② 地震烈度

地震烈度是指某地区地表面和建筑物受地震影响和破坏的程度。同一次地震在不同地区有不同的烈度。一般认为:当环境条件相同时,震级愈高,震源愈浅,震中距愈小,地震烈度愈高。由此可知,震中烈度最大。地震烈度的大小除与地震震级、震中距、震源深浅有关外,还与当地地质构造、地形、岩土性质、建(构)筑物类型等因素有关。

地震烈度是根据地面上人的感觉、房屋震害程度、其他震害现象、水平向地面峰值加速度、峰值速度综合评定的。我国现行的地震烈度表(表 2.7)将地震烈度分为 12 度,Ⅰ~Ⅴ度以地面上人的感觉及其他震害现象为主;Ⅵ~Ⅹ度以房屋震害和其他震害现象综合考虑为主,人的感觉仅供参考;Ⅺ~Ⅻ度以地表震害现象为主。

表 2.7　中国地震烈度表(GB/T 17742—2008)

地震烈度	人的感觉	房屋震害			其他震害现象	水平向地震动参数	
		类型	震害程度	平均震害指数		峰值加速度（m/s²）	峰值速度（m/s）
Ⅰ	无感	—	—	—	—	—	—
Ⅱ	室内个别静止中的人有感觉	—	—	—	—	—	—
Ⅲ	室内少数静止中的人有感觉	—	门、窗轻微作响	—	悬挂物微动	—	—
Ⅳ	室内多数人、室外少数人有感觉,少数人梦中惊醒	—	门、窗作响	—	悬挂物明显摆动,器皿作响	—	—
Ⅴ	室内绝大多数、室外多数人有感觉,多数人梦中惊醒		门窗、屋顶、屋架颤动作响,灰土掉落,抹灰面出现微细裂缝,有檐瓦掉落,个别屋顶烟囱掉砖	—	悬挂物大幅度晃动,不稳定器物摇动或翻倒	0.31 (0.22~0.44)	0.03 (0.02~0.04)
Ⅵ	多数人站立不稳,少数人惊逃户外	A	少数中等破坏,多数轻微破坏和/或基本完好	0.00~0.11	家具和物品移动;河岸和松软土出现裂缝,饱和砂层出现喷砂冒水;个别独立砖烟囱轻度裂缝	0.63 (0.45~0.89)	0.06 (0.05~0.09)
		B	个别中等破坏,少数轻微破坏,多数基本完好				
		C	个别轻微破坏,大多数基本完好	0.00~0.08			

地震烈度	人的感觉	房屋震害			其他震害现象	水平向地震动参数	
		类型	震害程度	平均震害指数		峰值加速度（m/s²）	峰值速度（m/s）
Ⅶ	大多数人惊逃户外，骑自行车的人有感觉，行驶中的汽车驾乘人员有感觉	A	少数毁坏和/或严重破坏，多数中等和/或轻微破坏	0.09～0.31	物体从架子上掉落；河岸出现塌方，饱和砂层常见喷水冒砂，松软土上地裂缝较多；大多数独立砖烟囱中等破坏	1.25（0.90～1.77）	0.13（0.10～0.18）
		B	少数中等破坏，多数轻微破坏和/或基本完好				
		C	少数中等和/或轻微破坏，多数基本完好	0.07～0.22			
Ⅷ	多数人摇晃颠簸，行走困难	A	少数毁坏，多数严重和/或中等破坏	0.29～0.51	干硬土上出现裂缝，饱和砂层绝大多数喷砂冒水；大多数独立砖烟囱严重破坏	2.50（1.78～3.53）	0.25（0.19～0.35）
		B	个别毁坏，少数严重破坏，多数中等和/或轻微破坏				
		C	少数严重和/或中等破坏，多数轻微破坏	0.20～0.40			
Ⅸ	行动的人摔倒	A	多数严重破坏或/和毁坏	0.49～0.71	干硬土上多处出现裂缝，可见基岩裂缝、错动，滑坡、塌方常见；独立砖烟囱多数倒塌	5.00（3.54～7.07）	0.50（0.36～0.71）
		B	少数毁坏，多数严重和/或中等破坏				
		C	少数毁坏和/或严重破坏，多数中等和/或轻微破坏	0.38～0.60			
Ⅹ	骑自行车的人会摔倒，处不稳定状态的人会摔离原地，有抛起感	A	绝大多数毁坏	0.69～0.91	山崩和地震断裂出现；基岩上拱桥破坏；大多数独立砖烟囱从根部破坏或倒毁	10.00（7.08～14.14）	1.00（0.72～1.41）
		B	大多数毁坏				
		C	多数毁坏和/或严重破坏	0.58～0.80			

地震烈度	人的感觉	房屋震害			其他震害现象	水平向地震动参数	
		类型	震害程度	平均震害指数		峰值加速度（m/s²）	峰值速度（m/s）
Ⅺ	—	A	绝大多数毁坏	0.89～1.00	地震断裂延续很长；大量山崩、滑坡	—	—
		B					
		C		0.78～1.00			
Ⅻ	—	A	几乎全部毁坏	1.00	地面剧烈变化，山河改观		
		B					
		C					

注：表中给出的"峰值加速度"和"峰值速度"是参考值，括号内给出的是变动范围。

地震烈度在Ⅴ度以下的地区，具有一般安全系数的建筑物不会引起破坏。地震烈度达到Ⅵ度的地区，一般建筑物可不采取加固措施，但要注意地震可能造成的影响。地震烈度达Ⅶ至Ⅸ度的地区，会引起建筑物的损坏，必须采取一系列防震措施来保证建筑物的稳定性和耐久性。Ⅹ度以上的地震区有很大的灾害，选择建筑物场地时应予以避开。

根据使用特点的需要，将地震烈度划分为基本烈度、建筑场地烈度及设计烈度三种。

a.基本烈度　一个地区今后一定时期内，在一般场地条件下可能遭遇的最大地震烈度。地震基本烈度是抗震验算和采取抗震构造措施的依据。

b.建筑场地烈度　也称小区域烈度，是指建筑场地因地质条件、地形地貌条件和水文地质条件的不同而引起基本烈度的降低或提高的烈度。

c.设计烈度　抗震设计所采用的烈度，是根据建筑物的重要性、永久性、抗震性以及工程的经济性等条件对基本烈度的调整。

（5）地震效应

① 地表破坏造成的影响

a.地面断裂　强烈地震发生时，在地表一般都会出现地震断层和地裂缝，它们沿着一定方向展布在一个狭长地带内，绵延数十千米至数百千米，对工程建设意义重大。

b.地基效应　地震使建筑物地基的岩土体产生振动压密、下沉、振动液化及疏松地层发生塑性变形，从而导致地基失效、建筑物破坏；导致平原路基纵向开裂、边坡滑动、路堤坍塌、路堤下沉、纵向波浪变形；导致山区路堑边坡发生崩塌、滑坡；导致桥梁墩台错动和倒塌并引起上部构造的变形和坠落。

c.斜坡破坏　地震使斜坡失去稳定，发生崩塌、滑坡等各种变形和破坏，引起在斜坡上或坡脚附近建筑物位移或破坏。

② 地震力对建筑物的影响

地震力是由地震波直接产生的惯性力，它能使建筑物变形和破坏，如图 2.40 所示。地震力对地表建筑物的作用可分为垂直方向和水平方向两个振动力。竖直力使建筑物上下颠簸；

水平力使建筑物受到剪切作用，产生水平扭动或拉、挤。这两种力同时存在、共同作用，但水平力危害较大，地震对建筑物的破坏主要是地面强烈的水平晃动造成的，垂直力破坏作用居次要地位，因此在工程设计中，通常只考虑水平方向地震力的作用。此外，如果建筑物的振动周期与地震振动周期相近，则引起共振，使建筑物更易破坏；承重结构强度不够和结构刚度或整体性不足是导致建筑物破坏的主要原因。

图 2.40　地震力使建筑物破坏

③ 灾害实例

中国国土资源航空物探遥感中心、中国地质环境监测院、中国地质科学院（中国地质科学院地质所、地质力学所）等单位专家对 2008 年 5 月 12 日汶川地震（8.0 级）初步形成三个结论：一是印度板块向亚洲板块俯冲，造成青藏高原快速隆升。高原物质向东缓慢流动，在高原东缘沿龙门山构造带向东挤压，遇到四川盆地之下刚性地块的顽强阻挡，造成构造应力能量的长期积累，最终在龙门山北川—映秀地区突然释放。二是逆

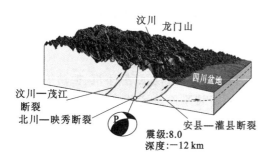

图 2.41　"5·12"汶川地震震源机制示意图

冲、右旋、挤压型断层地震。发震构造是龙门山构造带中央断裂带（图 2.41），在挤压应力作用下，由南西向北东逆冲运动，致使余震向北东方向扩张。挤压型逆冲断层地震在主震之后，应力传播和释放过程比较缓慢，可能导致余震强度较大，持续时间较长。三是浅源地震。汶川地

震不属于深板块边界的效应,发生在地壳脆—韧性转换带,震源深度为 $10\sim20$ km,因此破坏性巨大。特大地震发生后,巨大的滑坡、崩塌、泥石流造成许多建筑物和民房倒塌,造成了大量的人员伤亡,也使公路、铁路、桥梁、通信等大量基础设施摧毁,地震引发的大量地质灾害,造成了灾区的巨大损失,如图 2.42 所示。

图 2.42　汶川地震灾害图片(据中科院地质力学所)

2.5　地　质　构　造

　　构造运动在岩层和岩体中遗留下来的永久变形、变位形迹称为地质构造。地质构造分为水平构造、倾斜构造、褶皱构造和断裂构造四种基本类型。地质构造是地壳运动的产物,经历了长期复杂的地质过程,其规模有大有小,大的可以绵延数千千米,小的甚至不足一毫米。建设场地和基础的稳定性由地层的稳定性决定,地层的稳定性不仅受外力地质作用的影响,还受内力地质作用的影响。内力地质作用对于地层稳定性的影响只能利用地质构造来研究。因此,学习地质构造的主要目的是在工程建设中确定地基的稳定性。

2.5.1　地层与岩层产状

　　被两个平行或近于平行的界面所限制的、由相同或相似岩性组成的层状岩石称为岩层;岩层的上、下界面叫作层面,上界面称为岩层的顶面,下界面称为岩层的底面。岩层的顶面和底面的垂直距离称为岩层的厚度。一般岩层的厚度在横向上会有变化:有的厚度比较稳定,在较大范围内变化较小;如果岩性基本均一的岩层中间夹有其他岩性的薄岩层,称为夹层;如果岩层由两种以上不同岩性的岩层交互组成,则称为互层。夹层和互层反映构造运动或气候变化所导致的沉积环境的变化。

　　在一定地质历史时期内形成的一套岩层称为地层。地层与岩层的区别在于它的范围较大,在时间上比较久远。地层是在一定时间内形成的,包括时间因子和先后顺序。

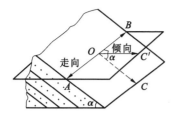

图 2.43 岩层产状三要素示意图

$OA、OB$—岩层走向线；OC'—倾向线；α—倾角

岩层在空间的产出状态称为岩层产状。岩层产状通常用岩层层面的走向、倾向和倾角三个要素来表示，如图 2.43 所示。

2.5.1.1 岩层的产状三要素

（1）走向

岩层层面与任一假想水平面的交线称为走向线，走向线两端延伸的方向称为岩层的走向。岩层的走向表示岩层在空间延伸的方向，如图 2.43 中的 OA、OB 线，可见岩层走向有两个方向，彼此相差 180°。

（2）倾向

岩层层面与走向线垂直并沿斜面向下所引的直线称为倾斜线，如图 2.43 中的 OC，它表示岩层的最大坡度；倾斜线（OC）在水平面上的投影所指示的方向称为岩层的倾向（真倾向），表示岩层在空间的倾斜方向，如图 2.43 中的 OC' 线。由定义可知，岩层的倾向只有一个，且与走向相垂直。

其他斜交于岩层走向线并沿斜面向下所引的任一直线，称为视倾斜线；视倾斜线在水平面上的投影所指的方向，称为视倾向。

（3）倾角

岩层层面与水平面所夹的锐角称为岩层的倾角（真倾角），如图 2.43 中的 α 角，岩层的倾角表示岩层在空间倾斜程度的大小。视倾斜线和它在水平面上投影的夹角，称为视倾角。真倾角只有一个，而视倾角可以有无数个，任何一个视倾角都小于该层面的真倾角。

2.5.1.2 岩层产状的表示方法

岩层产状的记录方法有两种：方位角表示法和象限角表示法。

（1）方位角表示法

方位角表示法规定：以被测点的位置为中心，正北方向为方位角的 0°，按顺时针方向旋转，正东、正南、正西的方位角依次为 90°、180° 和 270°，旋转一周为 360°。方位角表示法以岩层倾向和倾角记，如野外测得岩层产状为走向 46° 和 226°，倾向 136°，倾角 45° 则记为 136°∠45°。

（2）象限角表示法

象限角表示法规定：以北或南方向为准（0°），将平面划分为四个象限来表示岩层方位或方向，用走向、倾角和倾斜象限表示产状。如上述岩层产状用象限角表示法记为 N46°E/45°SE，读为走向北偏东 46°，倾角 45°，向东南倾斜。

2.5.1.3 岩层产状的测定

野外岩层产状测量一般是用地质罗盘仪在岩层面上直接测量的。当找不到理想层面时，需采用间接测量的方法。随着工程技术手段的进步，还出现了利用航摄立体相进行空中三角测量确定岩层产状、用地震环形观测系统测量地层产状等新方法。

后文提到的褶皱轴面、裂隙面、断层面等形态的产状意义、表示方法和测定方法均与岩层相同。

2.5.2 水平构造与倾斜构造

2.5.2.1 水平构造

地壳运动影响轻微、大面积均匀隆起或凹陷的地区，岩层保持近于水平状态（倾角小于 5°）

的地质构造称为水平构造。水平构造的地层经风化剥蚀,可形成一些独特的地貌景观:层理面平直、厚度稳定的岩层,往往形成阶梯状陡崖;交互沉积的软硬相间水平岩层,经风化后可形成塔状、柱状、城堡状地形;若水平岩层的顶部为坚硬的厚岩层所覆盖,由于上部岩层抗风化侵蚀能力强,则可形成方山和桌状山地形。水平岩层具有如下特征:新岩层在老岩层上;在地质平面图上,水平岩层的地质界线与地形等高线平行或重合,如图 2.44 所示;水平岩层的露头宽度(岩层顶面与底面地质界线间的水平距离)与地形坡度和岩层厚度有关,如图 2.45 所示。

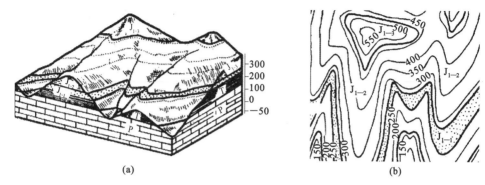

图 2.44　水平岩层在地质图上的出露形态

(a)立体图;(b)平面图

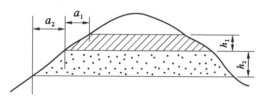

图 2.45　水平岩层的露头宽度

a_1,a_2—露头宽度;h_1,h_2—岩层厚度

2.5.2.2　倾斜构造

由于地壳运动使大区域不均匀抬升或下降,原始水平的岩层发生倾斜,岩层层面与水平面之间有一定夹角的岩层称为倾斜构造或倾斜岩层。在一定地区内向同一方向倾斜且倾角基本一致的一套岩层称为单斜构造,它往往是局部现象,在大范围内则是组成某些大型地质构造的一部分。如图 2.46 所示,岩层软硬相间的单斜构造,倾角小于 35°时在地貌上往往形成两坡不

图 2.46　单面山与猪背岭

(a)单面山;(b)猪背岭

对称的单面山;坚硬岩层倾角大于35°时则往往形成两坡对称的猪背岭。倾斜构造的产状可以用"⊤³⁰"来表示,长线表示岩层的走向,与长线垂直的短线表示岩层的倾向(长短线所示的均为实测方位),数字表示岩层的倾角。

单斜构造的地层分界线在地质平面图上是一条与地形等高线相交的"V"形曲线。岩层的倾向与地面倾斜方向相反时,地层界线与等高线弯曲方向相同,即"相反相同",岩层界线弯弧更开阔。岩层的倾向与地面倾斜方向一致,且岩层的倾角小于地面坡度时,地层界线与等高线弯曲方向相同,即"相同小相同",岩层界线弯弧更狭窄。岩层的倾角大于地面坡度时,地层界线与等高线弯曲方向相反,即"相同大相反"。

单斜岩层倾角接近90°时称为直立岩层,在地质平面图上为一条直线,不受地形起伏的影响,用符号"十"表示。

2.5.3 褶皱构造

组成地壳的岩层受强烈的构造应力作用形成一系列波状弯曲而未丧失其连续性的构造,称为褶皱构造。绝大多数褶皱是在水平挤压力作用下形成的,也有些是在垂直力或力偶的作用下形成的,如图2.47所示。褶皱构造是地壳广泛发育的基本构造之一。

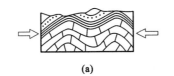 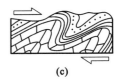

(a)　　　　　　　　　　(b)　　　　　　　　　(c)

图2.47　褶皱构造的力学成因

(a)水平挤压力作用;(b)垂直力作用;(c)力偶作用

2.5.3.1 褶皱要素

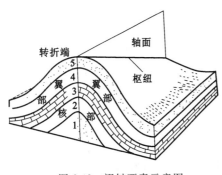

图2.48　褶皱要素示意图

为了正确描述和研究褶皱,需要弄清褶皱各个组成部分及其相互关系,褶皱构造的各组成部分称为褶皱要素,包括核部、翼部、轴面、轴、枢纽和转折端等,如图2.48所示。

（1）核部

核部是褶皱的中心部分,通常指位于褶皱中央最内部的一个岩层。

（2）翼部

翼部是位于核部两侧,岩层向不同方向倾斜的部分。翼部岩层一般完整性较好,抗风化能力较强,透水、储水能力弱;如边坡走向近于岩层走向,边坡坡角大于岩层倾角时,易造成顺层滑动;如边坡坡角小于岩层倾角或倾向相反时,有利于边坡稳定。

（3）轴面

为了标定褶皱方位及产状而划定的一个过褶皱顶大致平分两翼的假想面称为褶皱轴面。褶皱的轴面可以是平面,也可以是曲面;可以是直立的,也可以是倾斜的或平卧的。

（4）轴

轴面与水平面的交线称为褶皱的轴。轴的方位即为褶皱的方位。轴的长度表示褶皱延伸的规模。

（5）枢纽

褶皱的枢纽是轴面与褶皱同一岩层层面的交线，或褶皱同一岩层上的最大弯曲点的连线。枢纽可以是直线，也可以是曲线或折线。褶皱枢纽在空间的产状可以是水平的、倾斜的或直立的，也可以是波状起伏的。枢纽可以反映褶皱在延伸方向产状的变化情况。

（6）转折端

转折端是指褶皱两翼岩层互相过渡的弯曲部分。它的形态以圆滑的弧形居多，也有的呈直线或在剖面上集中成一点。转折端岩层完整性差、强度低、稳定性差，抗风化的能力较弱，透水、储水能力强；在工程建设中可能遇到岩层坍塌、涌水等问题。

2.5.3.2　褶皱的基本形态

褶皱的基本单位是褶曲，褶曲有两种基本形态：一种是向斜，一种是背斜。

（1）向斜

两翼岩层倾向相向的褶皱，核部岩层较新，向两翼依次出现较老的岩层并且两翼岩层对称，称为向斜。向斜在地质图上用符号"十"表示。向斜在地貌形态上一般表现为岩层向下凹陷弯曲，常是良好的储水构造。

（2）背斜

两翼岩层倾向相背的褶皱，核部岩层较老，向两翼依次出现较新的岩层并且两翼岩层对称，称为背斜。背斜在地质图上用符号"十"表示。背斜在地貌形态上一般表现为岩层向上隆起，常是良好的储油、储气构造。

自然界的背斜和向斜常相互连接、相间排列，如图 2.49 所示。由于向斜槽部受到挤压，物质坚实不易被侵蚀，经长期侵蚀后可能成为山岭，而背斜顶部却可能因岩石拉张易被侵蚀而形成谷地。因此不能单凭地表形态来划分背斜或向斜，应该根据岩层新老关系来判断。人们习惯上将背斜为山称为顺（正）地形，向斜为谷称为逆（负）地形。

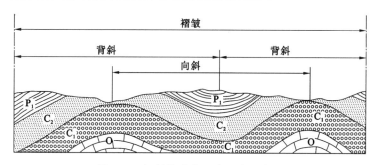

图 2.49　褶皱构造的基本形态示意图

2.5.3.3　褶皱的形态分类

为描述褶皱在空间的分布，研究其力学成因，常以褶曲的某一要素为基础进行形态分类。

（1）按褶皱横剖面形态分类

根据横剖上轴面和两翼岩层产状分为直立褶皱、倾斜褶皱、倒转褶皱和平卧褶皱四类，如

图 2.50 所示。

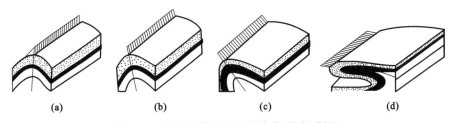

图 2.50　褶皱按横剖面形态分类(据窦明健)

(a)直立褶皱;(b)倾斜褶皱;(c)倒转褶皱;(d)平卧褶皱

（2）按褶皱纵剖面形态分类

按枢纽产状分为水平褶皱和倾伏褶皱,如图 2.51 所示。

枢纽两端同时倾伏,则两翼岩层界线呈环状封闭,其长宽比在 10：1 至 3：1 之间时,称为短轴褶曲。其长宽比小于 3：1 时,外形较圆的隆起背斜称为穹窿构造,外形较圆的凹陷向斜称为构造盆地。

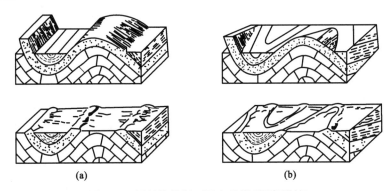

图 2.51　褶皱按纵剖面形态分类(据窦明健)

(a)水平褶皱;(b)倾伏褶皱

2.5.3.4　褶皱构造的野外识别方法

褶皱的规模大小不等,小规模褶皱可以在小范围内,通过几个出露在地面的基岩露头观察岩层的层序和产状。大规模褶皱常受地形高低起伏的影响,在野外需要采用穿越法和追索法进行观察。

穿越法是沿着选定的调查路线,垂直于岩层走向进行观察,在路线通过地带的岩层呈对称重复时则可以肯定有褶皱构造。再根据岩层出露的层序及其新老关系,判断是背斜还是向斜。背斜地层呈现新—老—新的规律,向斜地层呈现老—新—老的规律。然后进一步分析两翼岩层的产状、两翼与轴面之间的关系,这样就可以判断褶皱的形态类型。穿越法便于查明岩层的产状、层序及其新老关系。

追索法是平行于岩层走向进行追索观察,以查明褶皱延伸的方向及其构造变化的情况。

穿越法和追索法是野外观察和研究各种地质构造现象的基本方法,在实践中一般以穿越法为主,追索法为辅,根据不同情况穿插运用。

2.5.4 断裂构造

岩层所受的地应力超过其强度时,岩石的连续性和完整性遭到破坏,产生各种大小不同的裂隙和错断,称为断裂构造。断裂构造主要分为节理和断层两大类。岩层沿破裂面没有明显位移或仅有微量位移的称为节理,又称为裂隙;岩层沿破裂面两侧发生了明显位移或较大错动的称为断层。断裂构造在地壳中广泛分布,往往是工程岩体稳定性的控制因素。

2.5.4.1 断裂构造的力学性质及形成过程

(1)断裂构造的力学性质

岩层所受的地应力极为复杂,既有上覆岩层自重引起的自重应力,地壳运动形成的构造应力,岩体发生物理化学变化和岩浆侵入引起的变异应力,承载岩层遭受卸荷作用引起的残余应力,又有人类从事工程活动挖除部分岩体或增加结构物而引起的感生应力。断裂构造按力学性质可分为压性、张性、扭性、压扭性和张扭性五类。

(2)断裂构造的形成过程

如图 2.52 所示,原始水平岩层受水平挤压后,当其剪应力超过岩体抗剪强度时,首先在岩层面上形成剪节理(SJ),其锐角等分线表示岩层受压方向。当挤压力增大,其张拉应力超过岩体抗拉强度时,形成张节理(TJ),它是沿剪节理发育的锯齿状节理。岩层进而发生褶曲并在其核部产生次级张应力,形成与褶皱轴向一致的纵张节理,同时层间岩体错动产生次级剪节理,最终形成压性逆断层(CF)、平移断层(SF)和张性正断层(TF)。

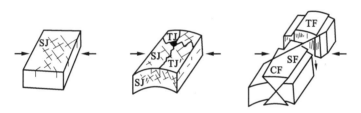

图 2.52 断裂构造的形成(据史如平)

SJ—剪节理;TJ—张节理;TF—正断层;CF—逆断层;SF—平移断层

2.5.4.2 节理(裂隙)

研究节理不仅有助于查明其生成时的应力状态及演变历史,而且有重要的实际意义。节理常作为矿液的流动通道和停积场所,也是石油、天然气和地下水的运移通道和储聚场所。节理发育会影响水的渗漏和岩体的稳定,给水库、大坝、线路和大型建筑带来安全隐患。

(1)节理分类及其特征

节理普遍存在于岩体或岩层中,根据成因可分为构造节理和非构造节理。

① 构造节理

构造节理是构造应力作用形成的,具有明显的方向性和规律性。随岩层性质和部位不同,构造节理的力学性质和发育程度都不相同。构造节理按力学性质分为剪节理和张节理两类。

a.剪节理　岩体受剪(扭)应力作用形成的破裂面,常成对出现两组剪切面形成 X 形或菱形。剪节理产状稳定,沿走向和倾向延伸较远,常穿切砾石、砂粒;节理面平直光滑闭合,常有剪切滑动留下的擦痕、镜面等现象;剪节理面两壁间的裂缝很小,一般呈闭合状,节理间距较小,在软弱薄层岩石中常密集成带。剪节理面常是易于滑动的软弱面。

b.张节理　岩体受张应力作用而形成的破裂面。张节理产状不稳定,延伸不远,常绕过砾石、砂粒;节理面粗糙,呈锯齿状,无擦痕,两壁间的裂缝较宽,呈开口状或楔形,常被石英、方解石岩脉充填;张节理一般发育较稀,节理间距较大,很少密集成带,可呈平行状或雁列式展布成组,构成共轭雁列张节理系。在褶皱顶部常产生与褶皱轴走向一致的张节理,它往往是良好的渗漏通道。

② 非构造节理

非构造节理是由成岩作用、外动力和重力作用等非构造因素所形成的裂缝,可分为风化节理、卸荷节理和原生节理等。

a.风化节理　广泛发育在岩层(体)靠近地面的部分,一般很少到达地面以下 10~15 m 的深度。风化节理分布零乱,无明显的方向性,但相互间连通性强。风化节理使地表岩石破碎,甚至完全松散,岩石工程地质性质降低,也是基岩山区浅层地下水的赋存空间。风化节理对山区公路路堑、隧道进出口的边坡稳定性影响极大。

b.卸荷节理　河谷深切或人工开挖边坡,岩体卸荷直接导致浅表部岩体松弛、原有结构面的拉裂张开以及产生新的次生裂隙。卸荷作用造成岩体中裂隙增多,岩体完整性变差,岩体结构变坏。据有关统计表明:卸荷节理数量大都随斜坡水平深度的增加而逐渐减少,裂隙面开度至一定深度时趋于稳定。

c.原生节理　成岩过程中形成的裂隙,如沉积岩中因缩水而造成的泥裂或岩浆岩因冷却收缩而造成的节理。岩浆侵入围岩,随着岩浆的冷却常形成有规律性的横节理、纵节理和层节理。

（2）节理调查统计方法

为了反映节理分布规律及对岩体稳定性的影响,需要进行野外调查和室内资料整理工作,并利用统计图示,把岩体节理的分布情况表示出来。

节理调查的内容包括:节理产状,节理面的张开程度和充填情况,节理壁的粗糙程度,节理充水情况和矿化现象,节理成因,节理密度、间距、数量,确定节理的发育程度及主导方向。测量节理产状的方法与测量岩层产状的方法相同。

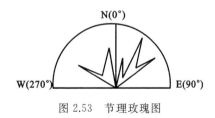

图 2.53　节理玫瑰图

地质工作中常用图解表示节理统计的结果,主要有节理极点图、节理玫瑰图和节理等密图三种。节理玫瑰图是较常用的一种,如图 2.53 所示,图中的每一个"玫瑰花瓣"代表该方向上节理的条数,"花瓣"越长,反映沿这个方向分布的节理越多。节理玫瑰图编制方法的优点是简单,但最大缺点是不能在同一张图上把节理的走向、倾向和倾角同时表示出来。赤平极射投影法改进了节理玫瑰图的缺点。随着计算机技术与数值模拟技术的发展,目前节理统计已实现了计算机统计与绘图,常用的软件有 DIPS,此外还发展出了利用计算机处理岩体的数码图像从而获得其裂隙数据的方法。

2.5.4.3　断层

断层是构造运动中广泛发育的构造形态。它大小不一、规模不等,小的不足一米,大的达数百米至上千千米。由于岩层发生强烈的断裂变动,致使岩体裂隙增多、岩石破碎、风化严重、地下水发育,从而降低了岩石的强度和稳定性,沿断层线常常发育为沟谷,有时出现泉或湖泊。而地壳断块沿断层的突然运动更是地震发生的主要原因。因此,场地所在区域及附近的断层研究是工程建设中的重要课题。

（1）断层要素

断层的基本组成部分称为断层要素,包括断层面及断层破碎带、断层线、断盘、断距等,如图 2.54 所示。

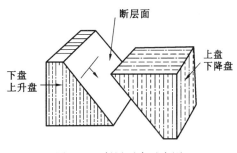

图 2.54　断层要素示意图

① 断层面及断层破碎带

断层面是岩层受力后发生相对位移的破裂面。断层面多数是倾斜的,也可以是直立的,具有一定的走向、倾向和倾角。断层面有的光滑,有的具有擦痕,有的呈波状起伏,有的较粗糙。大规模的断层往往沿着一个错动带发生,称为断层破碎带,断层破碎带中常形成糜棱岩、断层角砾和断层泥等。断层带宽度从几厘米到数十米不等。断层的规模越大,破碎带也就越宽、越复杂。断层破碎带力学强度低、压缩性大,易造成地基沉陷和建筑物、构筑物倾斜及开裂。

② 断层线

断层面与地面的交线称为断层线。断层线表示断层的延伸方向。

③ 断盘

断层面两侧发生相对位移的断块称为断盘。当断层面倾斜时,位于断层面上部的称为上盘,位于断层面下部的称为下盘。如以断盘位移的相对关系为依据,则将相对上升的一盘称为上升盘,相对下降的一盘称为下降盘。上升盘和上盘,下降盘和下盘,不能混淆。

④ 断距

断距是断层两盘沿断层面相对移动开的距离,分为总断距、水平断距和铅直断距等。总断距(真断距)指岩体中同一点被断层断开后的位移量。总断距的水平分量叫水平断距,垂直分量叫垂直断距。

（2）断层分类

根据断层两盘相对位移的方向,断层分为正断层、逆断层、平移断层(走滑断层)、走滑-正断层、走滑-逆断层。正断层是上盘相对下降或下盘相对上升的断层;逆断层是上盘相对上升或下盘相对下降的断层,按照断层面的倾角又可将逆断层分为逆冲断层(断层面倾角大于 45°)、逆掩断层(断层面倾角为 25°～45°)、碾掩断层(断层面倾角小于 25°);平移断层是两盘沿断层走向相对移动的断层,平移断层按对盘运动方向的不同可分为左行平移断层(左旋走滑断层)和右行平移断层(右旋走滑断层);走滑-正断层、走滑-逆断层是断层的组合类型。

根据断层走向与岩层走向的关系,分为走向断层、倾向断层、斜向断层和顺层断层。根据断层与褶皱轴或构造线的关系,分为纵断层、横断层和斜断层。根据形成断层的力学性质,分为压性断层、张性断层、扭性断层及其组合类型。

（3）断层的基本类型

断层的基本类型是指正断层、逆断层和平移断层。

① 正断层（图 2.55）

正断层一般是由于岩体受到水平张应力和重力作用，使上盘沿断层面向下错动而成，多垂直于张应力方向发生。正断层一般规模不大，断层线比较平直。由于受水平张力作用，断层面较粗糙，擦痕一般不太发育，产状较陡，常大于50°。断距从几厘米到数百米，破碎带中常形成棱角明显的断层角砾岩。

② 逆断层（图 2.56）

逆断层一般是由于岩体受到水平方向强烈挤压力的作用，使上盘沿断面向上错动而成，沿剪切破裂面形成。断层线的方向常和岩层走向或褶皱轴的方向几近一致，和压应力作用的方向垂直。断层破碎带中角砾岩常被压扁。断层面呈舒缓波状，断层擦痕较发育。断层面倾角大小不等，一般较小，倾角大于45°的为高角度逆断层，倾角小于45°的为低角度逆断层，倾角小于30°且相对推移距离很大（大于50 km）的低角度逆断层称为推覆构造。

③ 平移断层（图 2.57）

由于岩体受水平扭应力作用，使两盘沿断层面发生相对水平位移。平移断层的倾角很大，断层面近于直立，一般平直光滑，常具水平擦痕。断层线比较平直。破碎带中有剪裂破碎岩石，常被碾磨成粉状物质，称为断层泥。

在地质平面图上断层用红色或较粗的线条醒目地表示，符号"⊥"表示正断层，符号"Ｔ"表示逆断层，符号"⇌"表示平移断层。

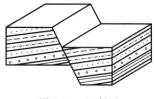 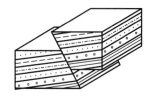 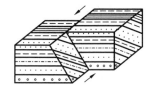

图 2.55　正断层　　　　　　　图 2.56　逆断层　　　　　　　图 2.57　平移断层

（4）断层的组合形式

断层的形成和分布受区域性或地区性地应力场的控制，并经常与相关构造相伴生，很少孤立出现。断层往往成组出现，形成各种形态的断层组合，如地垒、地堑、叠瓦式逆冲断层、对冲式逆断层、背冲式逆冲断层、楔冲式断层等。地垒、地堑及阶梯断层如图 2.58 所示，叠瓦式逆冲断层如图 2.59 所示。

图 2.58　地垒、地堑及阶梯断层示意图　　　图 2.59　叠瓦式逆冲断层示意图

（5）断层的野外识别

通常断层的存在对工程建筑是不利的,为了防止其对工程建筑的影响,保证工程建设的安全,规划设计前必须识别断层的存在。当岩层发生断裂并形成断层后,不仅会改变原有地层的分布规律,还常在断层面及附近形成各种伴生构造和地貌现象。根据下面这些标志来识别断层是极其重要的。

① 地貌及地下水特征

当断层的断距较大时,上升盘的前缘可能形成陡峭的断层崖;断层崖遭受水流侵蚀切割,则会形成一系列的三角形陡崖,称为断层三角面;断层破碎带岩石破碎,易于侵蚀下切,可能形成沟谷或峡谷地形,同时断层常常控制和影响水系的发育,引起山脊错断、错开;河谷跌水形成瀑布,河谷方向发生突然转折,沿着和断层线一致的方向分布断层湖、断层泉等,这些现象可能都是断裂错动在地貌上的反映。

② 地层特征

地层的不对称重复或缺失,岩层沿走向突然发生中断,与不同性质的岩层突然接触等地层方面的特征,说明断层存在的可能性很大。

③ 构造标志

断层会造成地质界线的不连续。断层错断褶皱构造可能造成其核部地层宽度的变化,当断层走向与褶皱枢纽斜交或垂直时,背斜核部地层相对变宽或较老的一侧为上升盘,另一侧为下降盘;向斜核部岩层相对变窄或较老的一侧为上升盘,另一侧为下降盘;核部岩层宽窄无变化,只是褶皱枢纽和岩层错开,则可能是平移断层构造。

断层的伴生构造是断层在发生、发展过程中遗留下来的形迹。常见的有岩层牵引构造、断层角砾、糜棱岩、断层泥、构造透镜体、断层擦痕和阶步等。

岩层的牵引构造是岩层因断层两盘发生相对错动受牵引而形成的弯曲弧形,弯曲凸出的方向大体指示本盘错动方向,多形成于页岩、片岩等柔性岩层和薄层岩层中。

当断层发生相对位移时,其两侧岩石因受强烈的挤压力被搓碎、研磨,有时还伴有重结晶作用而形成的岩石,称为断层构造岩。根据研磨程度和构造特征,断层构造岩可分为断层角砾岩、碎裂岩、糜棱岩等。断层角砾一般是胶结的,其成分与断层两盘的岩层基本一致。有时沿断层面岩石被研磨成细泥,称为断层泥。断层带中还常发育有规模不等并呈一定方向排列的透镜体状岩块,称为构造透镜体。

断层两盘相互错动时,因强烈摩擦而在断层面上产生的一条条彼此平行密集的细刻槽,称为断层擦痕。顺着擦痕方向抚摸,感到光滑的方向即为对盘错动的方向。断层面上与断层擦痕伴生并与之垂直的微小陡坎称为阶步。

综合地貌、水文、地层和构造标志等因素确定断层存在后,要进一步判断断层的运动方向和断层的性质。先依据断层产状确定上、下盘,再依据断层线附近地层的新老关系确定上、下盘的运动方向,最后依据上、下盘运动方向确定断层性质。

2.5.5 新构造运动与活断层

2.5.5.1 新构造运动

一般认为,新构造运动是相对于地质历史上的构造运动而言的,形成现代地势基本特点的构造作用。关于新构造运动出现的时间看法不一,主要有以下几种意见:①晚第三纪到第四纪初;②第四纪时期;③多数研究者认为是从晚第三纪以来的构造运动,其中有人类记载以来的构造运动称为现代构造运动;④不应给予时间限制,只要是形成现代地形基本特征的构造作用都应叫新构造运动。新构造运动出现最剧烈的时间是在晚第三纪末或第四纪初期。

新构造运动可以通过地貌学、考古学、大地测量学、地震学、地球物理学和遥感遥测技术等进行研究。新构造运动影响了沉积、地层、岩相的特征和组合,控制了夷平面、阶地、海岸线等地貌形态的变形和发展,以及地震、火山的活动和分布,因此新构造的研究直接关系到人类的生存环境和各项工程建设。新构造运动除了造成灾害和对工程建设带来不利外,也孕育了地热、温泉、矿泉等旅游资源。

2.5.5.2 活断层的含义

活断层是指目前正在活动着的断层,或是近期曾有过活动而不久的将来可能会重新活动的断层(潜在活断层)。据统计,世界上90%以上的地震是断层活动引起的。但活断层活动并不一定都表现为地震,因此有必要研究活断层的活动方式和活动特点。

各国学者对活断层的判定则有不同见解,即对活断层活动时限有不同的标准,如表2.8所示。

表2.8 各种活断层的定义比较表

国家	活断层定义	备注
中国	晚第四纪以来有过活动的断层	普遍观点
	中更新世(100万年)以来还在活动的断层	李坪院士
	晚更新世(10万年)以来,尤其是近1万年来有过活动、未来也可能活动的断层	邓起东院士
美国	在最近3.5万年(以C^{14}确定绝对年龄的可靠上限)之内有过一次或多次活动的断层	美国原子能委员会
日本	在3.5万年以来有过一次或多次活动,最近可能发生活动的断层	日本核电监管部门

从工程使用的时间尺度和断层活动资料的准确性考虑,断层活动时限不宜过长,我国工程勘察设计界与地质界经过不断研究与实践,对活断层的时限取得了一些共识,如表2.9所示。

表2.9 不同工程对活断层时限界定表

工程类别	活断层时限
工业与民用建筑工程	在全新地质时期(1万年)内有过地震活动或近期正在活动,在将来(今后100年)可能继续活动的断层
水利水电工程	10万年(晚更新世)以来活动过的断层
核动力工程	10万年(晚更新世)以来活动过的断层及50万年以来重复活动过的断层

2.5.5.3 活断层的基本特征

(1)活断层的类型

根据两盘错动方向可将活断层划分为倾滑型断层与走滑型断层。

(2)活断层的活动方式

活断层的活动方式基本有两种:一种是以地震方式产生间歇性的突然滑动,这种断层称为地震断层或黏滑型断层;一种是沿断层面两侧岩层连续缓慢地滑动,这种断层称为蠕变断层或蠕滑型断层。

活断层的活动往往具有继承性和反复性的特点,即继承老断层活动的历史而继续发展,现今发生地面断裂破坏的地段过去曾多次发生过同样的断层运动。

(3)活断层的规模

活断层的规模习惯上以地表断裂带长度和断层最大位移值这两个参数来表征。一般地震的震级愈大,震源深度愈浅,则地表断裂带长度愈长,断层最大位移值也愈大。

(4)活断层的活动速率和重复活动周期

活断层的活动速率是断层活动性强弱的重要标志,一般是通过精密地形测量和研究第四纪沉积物年代及其错位量而获得的。活断层的活动速率是不均匀的,在临震前往往加速,地震后又逐渐减缓。

活断层两次突然错动之间的时间间隔就是活断层的重复活动周期。由于活断层发生大地震的重复周期往往长达数百年甚至数千年,必须利用古地震时保存在近代沉积物中的地质证据以及地貌记录,来判定断层错动的次数和每次错动的时代。我国华北、华南、青藏高原北部活断层的强震重复周期为 300～400 年,新疆中部、青藏高原中部约为 100 年,台湾东部、青藏高原南部约为几十年。

2.5.5.4　活断层的识别标志

(1)活断层的地质、地形地貌及水文地质识别标志

① 地质识别标志

一般来说,只要见到第四纪中、晚期的沉积物被错断,无论是新断层或老断层的复活,均可判定该断层的活动性。活断层的断层带一般多由未胶结的松散破碎物质组成,断层崖壁上可见擦痕和岩粉,在强震过程中沿活断层断裂带常出现定向分布的地震断层陡坎和地裂缝。

② 地形地貌识别标志

活断层分布地段往往是两种截然不同的地貌单元直线相接的部位,且新的断层崖、三角面连续出现;陡坎山脚常有狭长洼地和沼泽。在活动断裂带上滑坡、崩塌和泥石流等地质现象和第四纪火山锥、熔岩常呈线形密集分布。

③ 水文地质识别标志

活动断裂带的岩土裂隙和孔隙发育,使得岩石透水性和导水性强,常形成脉状含水层,沿断裂带的泉水常呈串珠状分布,植被发育。还可根据地下水中氡、氦、硼、溴等微量元素的质量异常来探测活断层。

(2)活断层的地震识别标志

历史上有关强震和地表错断的文字记载也是鉴别活断层存在的证据。20 世纪 70 年代以来我国开始用密集的地震台网和精密的仪器监测中小地震和微震信息,较好地判定了断层两盘的相对活动性。

(3)活断层的其他识别标志

断裂带附近的建(构)筑物、公路等工程地基发生倾斜或错开,沿断裂带有植物突然干枯死亡或长出十分罕见的植物,沿断裂带地热、地磁及特殊气体数值异常升高等现象都可能是断层活动引起的。

2.5.5.5 活断层对工程建设的影响

活断层对工程的危害主要是错动变形和引起地震两方面。蠕滑型活断层相对滑移速率不大时对工程建设影响不大；相对滑移速率较大时可导致工程地基不均匀沉陷造成结构破坏。黏滑型活断层伴随地震产生的错距较大，其危害极为严重。

任何建筑原则上应避免跨越黏滑型活断层及其有构造联系的分支断层，应将工程建筑物场址选在无断层穿过的地区。铁路、渠道、桥隧等线性工程必须跨越活断层时应尽量使其高角度相交并避开土中的断层。重大工程必须在活断层发育区修建时应尽量将重大的建筑物布置在断层的下盘，并距离大断裂主断面数千米以外，同时采取适宜的建筑类型和结构措施。

2.6　第四纪地质与地貌

2.6.1　第四纪地质

第四纪是地质年代中距今最近的地质年代，其时间范围从上新世末至今(约 260 万年)。人类的出现和冰川作用是第四纪最重要的事件。在第四纪时期，冰川广布、火山活动频繁、地势高低显著，绝大部分沉积物因沉积历史相对较短而没有固结成岩，而是以一种松散的、软弱的、多孔的，并且与岩石性质不同的堆积物的形式存在。这种松散的堆积物称为"第四纪沉积物"，又笼统地称为"土"，它是地表岩石经长期地质作用后的产物，广泛分布于陆地和海洋之中。

2.6.2　地貌

由于内、外力地质作用的长期进行，在地壳表面形成的各种不同成因、不同类型、不同规模的起伏形态，称为地貌。地貌学是专门研究地壳表面各种起伏形态的形成、发展和空间分布规律的学科。

2.6.2.1　地貌的形成和发展

内力地质作用形成了地壳表面的基本起伏，对地貌的形成和发展起着决定性的作用。内力地质作用不仅形成了地壳表面的基本起伏，而且还对外力作用的条件、方式及过程产生较大的影响。外力地质作用的总趋势是削高补低，力图把地表夷平。地貌的形成和发展是内、外力地质作用共同作用的结果。

2.6.2.2　地貌的分级和分类

（1）地貌的分级

不同等级的地貌其成因不同，形成的主导因素也不同。地貌规模悬殊，按其相对大小，并考虑其地质构造条件和塑造地貌的地质营力进行分级，一般可划分为巨型地貌、大型地貌、中型地貌和小型地貌四级，如图 2.60 所示。

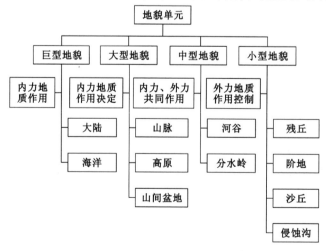

图 2.60　地貌单元的分级

（2）地貌的分类

地貌的形态分类，就是按地貌的绝对高度、相对高度以及地面的平均坡度等形态特征进行分类。此外，还有按成因进行地貌分类的方法，如表 2.10 所示。

表 2.10　地貌单元分类

成因	地貌单元			主导地质作用
	名称		2 km 距离内的相对高度（m）	
构造、剥蚀地貌	山地	高山	1000	构造作用为主，强烈的冰川刨蚀作用
		中山	500～1000	构造作用为主，强烈的剥蚀切割作用和部分的冰川刨蚀作用
		低山	200～500	构造作用为主，长期强烈的剥蚀切割作用
	丘陵		200	中等强度的构造作用，长期剥蚀切割作用
	剥蚀残丘			构造作用微弱，长期剥蚀切割作用
	剥蚀准平原			构造作用微弱，长期剥蚀夷平，低注处堆积
山麓斜坡堆积地貌	洪积扇			山谷洪流洪积作用
	坡积裙			山坡片流坡积作用
	山前平原			山谷洪流洪积作用为主，夹有山坡片流坡积作用
	山间凹地			周围的山谷洪流洪积作用和山坡片流坡积作用
河流侵蚀堆积地貌	河谷	河床		河流的侵蚀切割作用或冲积作用
		河漫滩		河流的冲积作用
		牛轭湖		河流的冲积作用或转变为沼泽堆积作用
		阶地		河流的侵蚀切割作用或冲积作用
	河间地块			河流的侵蚀作用
河流堆积地貌	冲积平原			河流的冲积作用
	河口三角洲			河流的冲积作用，间有滨海堆积或湖泊堆积
大陆停滞水堆积地貌	湖泊平原			湖泊堆积作用
	沼泽地			沼泽堆积作用
大陆构造-侵蚀地貌	构造平原			中等构造作用，长期堆积和侵蚀作用
	黄土塬、梁、峁			中等构造作用，长期黄土堆积和侵蚀作用
海成地貌	海岸、海岸阶地			海水冲蚀或堆积作用
	海岸平原			海水堆积作用

续表2.10

成因	地貌单元		主导地质作用
岩溶地貌	岩溶盆地、坡立谷		地表水、地下水强烈的溶蚀作用
	峰林地区、石芽残丘		地表水强烈的溶蚀作用
	溶蚀准平原		地表水长期的溶蚀作用及河流的堆积作用
冰川地貌	冰斗、幽谷、冰蚀凹地		冰川刨蚀作用
	冰碛丘陵、冰碛平原、终碛堤		冰川堆积作用
	冰前扇地		冰水堆积作用
	冰水阶地		冰水侵蚀作用
	蛇堤、冰碛阜		冰川接触堆积作用
风成地貌	沙漠	石漠	风的吹蚀作用
		沙漠	风的吹蚀和堆积作用
		泥漠	风的堆积作用和水的再次堆积作用
	风蚀盆地		风的吹蚀作用
	砂丘		风的堆积作用

注:选自《工程地质手册》(第五版)。

本 章 小 结

(1)固体地球内部层圈包括地核、地幔、地壳。引起地壳面貌发生演变的自然作用称地质作用。其中内力地质作用包括构造运动、岩浆作用、变质作用、地震作用;外力地质作用包括风化地质作用、陆地流水地质作用、湖泊与海洋地质作用、风的地质作用、冰川地质作用、成岩地质作用等。

(2)矿物是天然产出的单质或化合物。矿物的形态、颜色、光泽、条痕、硬度、解理、断口、密度及某些特殊性质等是鉴别矿物的主要标志。

(3)矿物的集合体组成岩石。矿物成分、结构和构造是鉴别岩石的重要依据。组成地壳的岩石分为岩浆岩、沉积岩和变质岩三大类。

(4)地质年代包括绝对地质年代和相对地质年代。注意理解两者的确定方法,区分地质年代单位及相对应的地层单位。

(5)地层接触关系反映了地质发展的历史。沉积岩的接触关系有整合、平行不整合及角度不整合;岩浆岩与其他岩类的接触关系有侵入接触和沉积接触。

(6)岩层产状三要素包括走向、倾向和倾角,注意其表示方法。

(7)褶皱构造的基本形态是背斜和向斜;节理包括构造节理及非构造节理;断层的基本类型有正断层、逆断层和平移断层。注意褶皱、断层的野外识别方法及其对工程建设的影响。

(8)了解地壳运动、构造运动和新构造运动的关系。

(9)掌握活断层、地震的有关概念、分类方法及其工程地质评价内容。

(10)第四纪时期,冰川广布、火山活动频繁,并出现了人类。绝大部分沉积物因沉积历史相对较短而没有固结成岩。

中国地质博物馆:http://www.gmc.org.cn/mineral.html.

思 考 题

2.1　最重要的造岩矿物有哪几种?其主要的鉴别特征是什么?

2.2　试对比沉积岩、岩浆岩、变质岩在成因、产状、矿物成分、结构构造等方面的不同特性。

2.3　简述沉积岩、岩浆岩、变质岩等代表性岩石的特征及其工程地质性质。

2.4　河流的地质作用有哪些?河流阶地是如何形成的?可分为哪些类型?

2.5　何谓地貌?

2.6　褶曲要素有哪些?

2.7　断层要素有哪些?断层有哪些野外识别标志?

2.8　列出地质年代表中代、纪的名称和符号。

2.9　外力地质作用分为哪几类?

2.10　活断层研究具有什么意义?

3　土的工程地质性质

章节序号	知识点	能力要求
3.1	①残积土 ②坡积土 ③洪积土 ④冲积土 ⑤海相沉积土 ⑥湖泊相沉积土 ⑦冰碛土 ⑧风积土	了解土的成因
3.2	①土的物质组成、结构与构造 ②土的工程分类	①了解土的物质组成、物理性质、水理性质及力学性质 ②理解土的工程分类
3.3	①软土的主要工程地质性质 ②湿陷性黄土的主要工程地质性质 ③膨胀土的主要工程地质性质 ④红黏土的主要工程地质性质 ⑤冻土的主要工程地质性质	掌握常见特殊土的工程地质特性

第四纪沉积物——土是地表岩石经长期地质作用后的产物,广泛分布于陆地和海洋中。在第四纪时期,绝大部分沉积物因沉积历史相对较短而没有固结成岩,而是以一种松散的、软弱的、多孔的,并且与岩石性质不同的堆积物的形式存在。工程上遇到的大多数土都是在第四纪地质历史时期内所形成的,而处于相似地质环境中形成的第四纪沉积物,在工程地质特征上也具有很大的一致性。因此,土是人类工程建设研究的对象之一。

3.1　土的成因类型

地表岩石在漫长的地质年代里经过风化、剥蚀等外力作用破碎成大小不等的岩石碎块或矿物颗粒,这些岩石碎块在重力作用、流水作用、风力作用、冰川作用以及其他外力作用下被搬运到适当的环境下沉积形成各种类型的土体。按照风化作用类型和沉积条件,土体可分为若干成因类型,如残积土、坡积土、洪积土、冲积土、海相沉积土、湖泊相沉积土、冰碛土、风积土等。这些土具有相同的形成和演变过程,在工程性质上同样具有一定的相似性。

3.1.1　残积土

岩石经过长期风化作用后,改变了其形态和结构,形成和原来岩石性质不同的风化产物[图 3.1(a)]。这些风化产物除一部分易溶物质被水溶解流失外,大部分物质残留在原地,这种残留下的物质称为残积土[图 3.1(b)],相应的风化层称为残积层。残积土处于岩石风化壳的上部,向下则逐渐变为半风化的半坚硬岩石,与新鲜岩石之间没有明显的界限,是渐变的过渡关系。

残积土自地表向深处逐渐由细变粗,其成分与母岩有关,一般不具层理,碎块多呈棱角状,土质不均匀,具有较大孔隙,透水性高。其厚度在山丘顶部因受到侵蚀较薄,低洼处较厚,而且厚度变化较大。残积土表层孔隙率大、强度低、压缩性高,且其下部常常是夹杂碎石或砂粒的黏性土,或是孔隙中被黏性土充填的碎石土、砂砾土等,强度较高。如以残积土作为建筑物地基,应注意不均匀沉降和土坡稳定性问题。

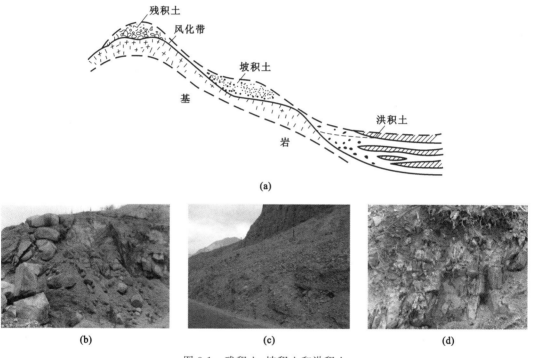

图 3.1　残积土、坡积土和洪积土

(a)土体类型;(b)残积土;(c)坡积土;(d)洪积土

3.1.2　坡积土

地表的风化碎屑物被雨水或融化的雪水从高处冲洗或因本身的重力作用而向下搬运,在缓坡或坡脚处堆积下来,形成坡积土,如图 3.1(c)所示。坡积土搬运距离不远,物质来源于当地山上,颗粒由坡上向坡下逐渐变细,分选性差。坡积土层理不明显,坡度也越来越平缓,厚度变化较大,厚度在斜坡较陡处较薄,在坡脚地段较厚。坡积土结构松散,孔隙率高,压缩性大,强度较低,在其上进行工程建设需注意不均匀沉降和地基稳定性问题。当黏土质成分较多时,透水性弱;含粗碎屑石块较多时,透水性大。当坡积层下伏基岩表面倾角较陡、表面覆盖黏土而又有地下水沿基岩面渗透时,则易发生滑坡。在坡积土广泛分布的山区河谷谷坡或山坡附近进行工程建设时,应注意边坡稳定问题。

3.1.3 洪积土

由暴雨或融雪形成的暂时性山洪急流带来的碎屑物质在山沟的出口处或山前倾斜平原堆积而形成洪积土,如图 3.1(d)所示。山洪携带的大量碎屑物质流出沟谷口后,因水流流速骤减而形成扇形沉积,称为洪积扇。洪积土的特征是具有一定的分选性,即搬运距离近的沉积颗粒较粗,力学性质较好;远的则颗粒较细,力学性质较差。洪积土从山口至平原颗粒逐渐变细,层厚逐渐减小。洪积扇顶部颗粒较粗,层理紊乱呈交错状,透镜体及夹层较多,边缘处颗粒较细,层理清楚。洪积土近山口处的粗碎屑土强度较高,压缩性小,可作为工程建设的良好地基,但应注意其孔隙大、透水性强的特点;远山口处一般为砂土分布地区,在修建建筑物时应特别注意基坑开挖时流砂的防治。

3.1.4 冲积土

河流的沉积作用所形成的堆积物称为冲积土。它是由碎屑物质在长期的地表水流搬运作用下,在河谷坡降平缓的地段堆积而成的,发育于河谷内及山区外的冲积平原中。按照沉积环境不同,冲积土分为河床相、河漫滩相、牛轭湖相和河口三角洲相(图 3.2)。

图 3.2 冲积土

(a)河床相冲积土;(b)河漫滩相冲积土;(c)牛轭湖相冲积土;(d)河口三角洲相冲积土

(1)河床相冲积土

河床相冲积土是在河床范围内形成的沉积物。河床相冲积土在山区河流或河流上游大多是粗大的石块、砾石和粗砂,中下游或平原地区沉积物逐渐变细。冲积物由于经过水流的长途搬运,相互磨蚀,所以颗粒磨圆度较好,没有巨大的漂砾,与洪积土的砾石层有较大差别。冲积土在山区厚度不大,一般不超过 10 m,而平原地区河床沉积土厚度较大,一般为几十米至数百米,甚至数千米。

（2）河漫滩相冲积土

河漫滩相冲积土是在洪水期河水漫溢河床两侧,携带碎屑物质堆积而成。其主要特征是上部的细砂和黏性土与下部河床相沉积物组成二元结构,具有斜层理与交错层理构造。河漫滩相冲积土一般为细碎屑土和黏性土,结构较为紧密,大多分布在冲积平原的表层,成为各种建筑物的地基,但需要注意其中的软弱夹层问题。我国上海、武汉、天津等城市均位于河漫滩相沉积物上。

（3）牛轭湖相冲积土

牛轭湖相冲积土是在废河道形成的牛轭湖中沉积成的松软土,颗粒很细,常含有大量有机质,有时形成泥炭。其含水率高,抗压、抗剪强度低,容易发生压缩变形,不宜作为建筑物的天然地基。

（4）河口三角洲相冲积土

河口三角洲相冲积土是在河流入海口范围内形成的沉积物,面积广、厚度大,常常是淤泥质土或典型淤泥。其承载力低、压缩性高,若作为建筑物地基应慎重对待。三角洲相冲积层的最上层,由于长期的压实和干燥,所形成的硬壳层承载力比下层土高,有时可用作低层建筑物的地基。

3.1.5 海相沉积土

河流带入海洋的物质和海岸破坏后的物质在搬运过程中,随着流速的逐渐降低,沉积下来成为海相沉积土(图 3.3)。靠近海岸一带的沉积土多是比较粗大的碎屑物,离海岸越远,沉积土越细小。按照海水深度和海底地形,海相沉积土可分为滨海沉积土、浅海沉积土、陆坡沉积土和深海沉积土四种,其工程性质也有所不同。滨海沉积土主要由卵石、圆砾和砂组成,具有基本水平的层理构造,承载力高,但透水性大,而且滨海沉积土在垂直方向和水平方向性质变化较大,所以要求工程勘察时应布置较密的勘探点及沿深度多取试样进行研究,才能获得可靠资料。浅海沉积土主要由细粒砂土、黏性土、淤泥和生物化学沉积土组成,有层理构造,较滨海沉积土疏松,含水率高,压缩性大而强度低。陆坡和深海沉积土主要是有机质淤泥,成分均一。

图 3.3 海相沉积土

3.1.6 湖泊相沉积土

湖泊在沉积作用下的沉积物称为湖泊相沉积土,湖泊相沉积土分为湖边沉积土和湖心沉积土。湖边沉积土是湖水侵蚀湖岸形成的碎屑物质在湖边沉积而成的,近岸带的是粗颗粒的卵石、圆砾和砂土,远岸带的则为细颗粒的砂土和黏性土。湖边沉积土具有明显的斜层理构造,近岸带土承载力高,远岸带稍差。湖心沉积土是水流携带的细小悬浮颗粒到达湖心后沉积形成的,主要为黏土和淤泥,常夹有细砂、粉砂薄层,土的压缩性高,强度低,是建筑物的不良地基。此外,在一些盐水湖中还有石膏、岩盐及碳酸盐等盐类沉积土,它们不同程度地溶解于水,对建筑物地基有害。

若湖泊逐渐淤塞,则可演变为沼泽,沼泽沉积土称为沼泽土,主要由半腐烂的植物残体(泥炭)组成,其含水率极高,承载力极低,一般不宜用作天然地基。

3.1.7 冰碛土

图 3.4　冰碛土

由冰川的搬运作用形成的堆积物称为冰碛土或冰碛层(图 3.4)。其主要特征是无层次、无分选,以块石、砾石、砂及黏性土杂乱堆积,分布也不均匀,其中颗粒呈棱角状,块石表面具有冰川擦痕。

在冰碛土上进行工程建设时,必须进行详细的勘察,同时应注意冰川堆积物的极大不均匀性。冰碛层中有时含有大量岩末,这些岩末黏结力很小,透水性弱,在开挖基坑时,如遇到地下水水头压力较大,则坑壁容易坍塌。

3.1.8 风积土

风积土(图 3.5)是指在干旱的气候条件下,岩石的风化碎屑物被风吹扬,搬运一定的距离后,在风力减弱时发生沉积,在有利的条件下堆积起来的一类土。常见的风积土有两类,即风成沙和风成黄土。风成沙由细粒或中粒砂组成,分选性好、磨圆度高,但质地比较疏松,受到振动后能发生较大沉降,因此作为建筑物地基时必须事先进行处理。风成黄土是随着风的停息而沉积成黄色粉土沉积物,在我国分布较广,一般位于北纬 $30°\sim48°$,其中以黄河中游地区最为发育,几乎遍及西北、华北各地区。风成黄土一般具有垂直节理,均匀、无层理,孔隙大,同时具有湿陷性。

(a)　　　　　　　　　(b)　　　　　　　　　(c)

图 3.5　风积土

3.2　土的物质组成及工程分类

土是连续、坚固的岩石在风化作用下形成的大小悬殊的颗粒,经过不同的搬运方式,在各种自然环境中生成的沉积物。地壳表层岩石经过风化、搬运后的矿物颗粒堆积在一起,中间贯穿着孔隙,而孔隙中则存在水和空气。因此,土是由固相(固体颗粒)、液相(孔隙水)和气相(孔隙气)所组成的三相体系。土的三相组成物质的性质、相对含量以及土的结构构造等各种因素,必然在土的轻重、松密、干湿、软硬等一系列物理性质上有不同反映,而土的物理性质又在一定程度上决定了它的力学性质。

3.2.1 土的物质组成及结构与构造

在一般情况下,土是由三相组成的:固相——矿物颗粒和有机质;液相——水;气相——空气。矿物颗粒和有机质构成土的骨架,也是土中最主要的物质成分,空气和水则填充骨架间的孔隙。土的性质取决于各相的特征以及其相对含量和相互作用。

3.2.1.1 土的固体颗粒

土的固体颗粒是土的三相组成中的主体,是决定土的工程性质的主要成分。

(1)土粒的矿物成分

土粒中的矿物成分分为三类,即原生矿物、次生矿物和有机质。

① 原生矿物

原生矿物是岩石经物理风化破碎但成分没有发生变化的矿物碎屑,如石英、长石、云母、漂石、卵石和砾石等。原生矿物颗粒一般都较粗大,其成分性质较稳定,由其组成的土具有无黏性、透水性较大、压缩性较低的特点。

② 次生矿物

次生矿物是原生矿物在一定气候条件下经化学风化作用,使其进一步分解而形成一些颗粒更细小的新矿物,主要为黏土矿物,它也是组成黏粒的主要矿物成分。黏土矿物的微观结构由两种原子层(晶体)构成:一种是由硅氧四面体构成的硅氧晶片;另一种是由铝氧八面体构成的铝氧晶片,如图 3.6 所示。根据黏土矿物晶体间键力的不同,黏土矿物分为以下三种:

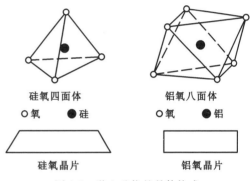

图 3.6 黏土矿物的晶体构成

a.蒙脱石

结构单元间没有氢键,相互联结弱,水分子可以进入晶胞间。因此,蒙脱石的亲水性最大,具有强烈的吸水膨胀、失水收缩的特性。

b.伊利石

又称水云母,部分硅氧四面体中的硅被铝、铁所取代,损失的原子价由阳离子钾补偿。因此,晶格间具有结合力,亲水性低于蒙脱石。

c.高岭石

晶胞间由氢键连接,相互联结力较强,晶胞间的距离不易改变,水分子不能进入。因此,高岭石的亲水性最弱。

次生矿物除了上述黏土矿物外,还有无定形氧化物胶体和盐类等。

③ 有机质

作为土粒的矿物成分之一,如果土中有机质含量过高,将会增大土的压缩性,降低其工程性质。

(2)土颗粒的大小与形状

自然界中的土颗粒大小悬殊,土的粒径由粗到细逐渐变化时,土的工程性质相应地发生变化。通常将土粒的大小称为粒度,以粒径表示;将一定粒度范围内的土粒称为粒组。如《土的工程分类标准》(GB/T 50145—2007)中将土按照粒径大小在总体上分为粗粒组和细粒组,见

表 3.1。每个粒组之内土的工程性质相似,一般情况下,土颗粒粒径越大,压缩性越低、强度越高、渗透性越大。在土颗粒的形状方面,颗粒带棱角且表面粗糙时,不易滑动,因而其抗剪强度比表面光滑的高。

表 3.1　土颗粒的粒组划分[《土的工程分类标准》(GB/T 50145—2007)]

粒组	颗粒名称		粒径 d 的范围(mm)
巨粒	漂石(块石)		$d>200$
	卵石(碎石)		$60<d\leqslant200$
粗粒	砾粒	粗砾	$20<d\leqslant60$
		中砾	$5<d\leqslant20$
		细砾	$2<d\leqslant5$
	砂粒	粗砂	$0.5<d\leqslant2$
		中砂	$0.25<d\leqslant0.5$
		细砂	$0.075<d\leqslant0.25$
细粒	粉粒		$0.005<d\leqslant0.075$
	黏粒		$d\leqslant0.005$

(3) 土的颗粒粒径级配

土粒的大小及其组成情况通常用土中各粒组的相对含量来表示,即土样中各粒组的质量占土粒总质量的百分数来表示,也称为土的颗粒粒径级配,它是粗粒土分类定名的标准。土的颗粒粒径级配是通过土的粒径分析试验测定的,常用的有筛析法(图 3.7)和密度计法(图 3.8)。

① 筛析法

筛析法适用于土粒直径大于 0.075 mm 的土。其主要设备为一套标准分析筛,筛孔直径为 20 mm、10 mm、5 mm、2.0 mm、1.0 mm、0.5 mm、0.25 mm、0.15 mm、0.075 mm 等。将土样放入标准筛中,盖严上盖,置于筛析机上振筛 10～15 min,按由上而下的顺序称各级筛上及底盘内试样的质量。

② 密度计法

密度计法适用于土粒直径小于 0.075 mm 的土。其仪器主要为土壤密度计和容积为 1000 mL 的量筒。主要原理是根据土粒直径大小不同,在水中沉降的速度也不同的特点,测记不同时间密度计的读数,计算而得。

图 3.7　筛析法

图 3.8　密度计法

根据粒径分析试验结果,常采用土的粒径级配曲线直观地表示土的级配情况,如图3.9所示。由粒径级配曲线的坡度可大致判断土的均匀程度或级配是否良好。如曲线较陡,表示粒径相差不大,土粒较均匀,级配不良;反之,曲线平缓,则表示粒径大小悬殊,土粒不均匀,级配良好。

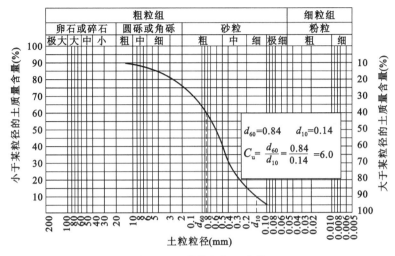

图 3.9 土的粒径级配曲线

粒径级配曲线上纵坐标为10%所对应的粒径 d_{10} 称为有效粒径;纵坐标为60%所对应的粒径 d_{60} 称为限定粒径;纵坐标为30%所对应的粒径 d_{30} 称为中值粒径。d_{60} 与 d_{10} 的比值称为不均匀系数 C_u,即

$$C_u = \frac{d_{60}}{d_{10}} \tag{3.1}$$

不均匀系数 C_u 越小时曲线越陡,表示土较均匀;当 C_u 很大时,曲线平缓,表示土的级配良好。不均匀系数 C_u 是表示土颗粒组成的重要特征。

曲率系数 C_c 为表示土颗粒组成的又一特征指标,它描述的是粒径级配曲线分布的整体形态,反映了限定粒径与有效粒径之间各粒组含量的分布情况,即

$$C_c = \frac{(d_{30})^2}{d_{10} \times d_{60}} \tag{3.2}$$

在 C_u 相同的情况下,C_c 过大或过小均表明土中缺少中间粒组,各粒组间空隙的连锁充填效应低,级配不良。如砾石和砂土级配 $C_u \geq 5$ 且 $C_c = 1 \sim 3$ 为级配良好,若不能同时满足 $C_u > 5$ 和 $1 \leq C_c \leq 3$ 这两个条件,则为级配不良。

3.2.1.2 土中的水

土中的水在不同的作用力下处于不同的状态,可呈液相、气相或固相。有些矿物还具有结晶水,只能在较高的温度下脱离晶格。土体孔隙中的液态水与土的性质关系较为密切,土中液态水分为结合水和自由水两大类。

(1)结合水

水分子属于一种极性分子,由带正电荷的氢离子 H^+ 和带负电荷的氧离子 O^{2-} 组成。一般认为黏土表面颗粒带有负电荷,在土粒周围形成电场,吸引水分子带正电荷的氢离子一端,

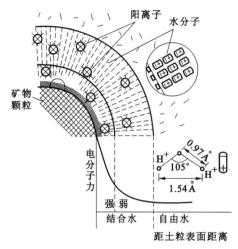

图 3.10 黏土矿物与水的相互作用

使其定向排列,形成结合水膜,如图 3.10 所示。

① 强结合水(吸着水)

强结合水是指紧靠土粒表面的结合水膜,也称吸着水。由黏土表面的分子引力牢固地吸引水分子紧靠土粒表面,其厚度只等同于几个水分子的厚度,小于 0.003 μm。它的特征是没有溶解盐类的能力,不能传递静水压力,只有吸热变成蒸汽时才能移动,性质接近固体,具有极大的黏滞性、弹性及抗剪强度。

② 弱结合水(薄膜水)

弱结合水是紧靠于强结合水的外围而形成的结合水膜,也称薄膜水。它仍然受到分子引力影响,不能传递静水压力,但较厚的弱结合水膜能向邻近较薄的水膜缓慢转移。当土中含有较多的弱结合水时,则土具有一定的可塑性,其厚度对黏性土的黏性特征及工程性质有很大影响。弱结合水离土粒表面越远,其受到的分子引力越弱,并逐渐过渡到自由水。

(2)自由水

自由水指存在于土粒表面电场影响范围以外的水。它的性质和正常水一样,能传递静水压力,有溶解能力。其种类有重力水和毛细水。

① 重力水

重力水是存在于地下水位以下的透水土层中的地下水,它是在重力或水头压力作用下运动的自由水,对土粒有浮力作用。重力水的渗流特征,是地下工程和防洪工程的主要控制因素之一,对土中的应力状态、开挖基坑和修筑地下构筑物有重要影响。

② 毛细水

毛细水是存在于地下水位以上,受到水与空气交界面处表面张力作用而上升的自由水。在砂土、粉土和粉质黏土中含量较大。在工程中,毛细水的上升高度和速度对于建筑物地下部分的防潮措施和地基土的浸湿、冻胀等有重要影响。

3.2.1.3 土中的气体

土中的气体存在于土孔隙中未被水所占据的部位。在粗颗粒沉积物中,常见到与大气相连通的气体。在外力作用下,连通气体极易排出,它对土的性质影响不大。在细粒土中,则常存在与大气隔绝的封闭气泡。在外力作用下,土中封闭气体易溶解于水,外力卸除后,溶解的气体又重新释放出来,使得土的弹性增加,透水性减小。

土中的气体成分与大气成分相比较,其含有更多的 CO_2、较少的 O_2 和较多的 N_2。土中气体与大气的交换愈困难,两者的差别愈大。在与大气连通不畅的地下工程施工中,尤其应注意氧气的补给,以保证施工人员的安全。

对于淤泥和泥炭等有机质土,由于微生物的分解作用,在土中蓄积了某种可燃气体(如硫化氢、甲烷等),使土层在自重作用下长期得不到压密而形成高压缩性土层。

3.2.1.4 土的结构与构造

很多试验表明,同一种土的原状土样与重塑土样的力学性质有很大差别。这就是说,土的组成不是决定土的性质的全部因素,土的结构与构造对土的性质也有很大的影响。

（1）土的结构

土的结构是指土粒或土粒集合体的大小、形状、表面特征、相互排列及粒间联结关系。一般分为单粒结构、蜂窝结构和絮状结构三种典型类型。

① 单粒结构

单粒结构是由粗大土粒在水或空气中下沉而形成的,土颗粒相互间有稳定的空间位置,是碎石土和砂土的结构特征,如图3.11(a)所示。因颗粒较大,土粒间的分子引力相对较小,颗粒间几乎没有联结,只是在浸润的条件下,粒间会有微弱的毛细压力联结。

单粒结构可以是疏松的,也可以是紧密的。呈紧密状态的单粒结构的土,由于其土粒排列紧密,在动、静荷载作用下都不会产生较大的沉降,所以强度较大,压缩性较小,一般是良好的天然地基。但是,具有疏松单粒结构的土,其骨架是不稳定的,当受到震动及其他外力作用时,土粒易发生移动,土中孔隙急剧减少,从而引起土体发生很大变形。因此,这种土未经处理不宜作为建筑物的地基或路基。

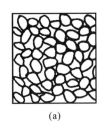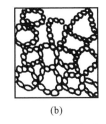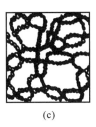

(a)　　　　　　　　(b)　　　　　　　　(c)

图 3.11　土的结构

(a)单粒结构;(b)蜂窝结构;(c)絮状结构

② 蜂窝结构

蜂窝结构主要是由粉粒或细砂组成的土的结构形式。当粒径为 0.075～0.005 mm 的土颗粒在水中单个沉积时,碰到已沉积的土粒,因土粒间的分子引力大于土粒自重,则下沉的土粒被吸引不再下沉,形成具有很大孔隙的蜂窝状结构,如图3.11(b)所示。具有蜂窝结构的土具有很大孔隙,但由于弓架作用和一定程度的粒间联结,使得其可以承担一般水平的静荷载。但当承受高应力水平荷载时,其结构将被破坏,并导致严重的地基沉降。

③ 絮状结构

对细小的黏粒(粒径小于 0.005 mm)或胶粒(粒径小于 0.002 mm),其重力作用很小,能够在水中长期悬浮,不因自重而下沉,如图3.11(c)所示。在这种情况下,黏土矿物颗粒与水的作用产生的粒间作用力就凸显出来。粒间作用力有吸力和斥力,且随着粒间的距离减小而增大。在这种作用力下,黏土颗粒絮凝成集合体下沉,形成海绵状的多孔结构,孔隙较大。

絮凝沉积形成的土,在结构上是极不稳定的,随着溶液性质的改变或受到震荡后可重新分散。例如,在很小的施工扰动下,土粒之间的联结脱落,造成结构破坏,强度迅速降低。而土粒间的联结强度(结构强度)往往由于长期的固结作用和胶结作用而得到加强。因此,粒间的联结特征是影响这一类土工程性质的主要因素之一。

（2）土的构造

在同一土层中物质成分和颗粒大小等都相近的各部分之间的相互关系的特性称为土的构

造。土的构造是指土层的层理、裂隙和大小孔隙等宏观特征,也称为宏观结构。

① 层理构造

层理构造是土体最主要的构造类型。它是在土的形成过程中,由于不同阶段沉积物质的物质成分、颗粒大小或颜色不同,而沿竖向呈现的成层特征,常见的有水平层理和交错层理构造。

② 分散构造

土层中各部分的土粒组合物无明显差别,分布均匀,各部分的性质也接近。各种经过分选的砂、砾石、卵石形成较大的埋藏厚度,无明显层次,都属于分散构造。分散构造比较接近各向同性体。

③ 裂隙状构造

土的构造的另一特征是土的裂隙性,如黄土的柱状裂隙。裂隙的存在大大降低了土体的强度和稳定性,增大了透水性,对工程不利。

此外,还应注意到土中有无包裹物(如腐殖质、贝壳和结核体等)以及天然或人为的孔洞存在,这些构造特征都会造成土的不均匀性。

3.2.2 土的工程分类

自然界中土的类型很多,其工程性质也各不相同。为便于研究和工程应用,需要采用一定的方法进行分类。但当前国内外对土的分类定名方法并不统一,主要是各种土的性质复杂多变,差别很大,而且这些差别均是渐变的,要用一个简单的特征指标进行区分,很难确定一个合理的指标分界值。此外,不同部门对土的某些工程性质的重视程度和要求不完全相同,制定分类标准时的侧重点也不相同,如有些部门侧重于利用土作为建筑场地地基,有些部门侧重于利用土作为修筑土工建筑物的材料,另一些部门又侧重于利用土作为周围介质在土中修建地下构筑物等。

3.2.2.1 土的工程分类目的与原则

(1)土的工程分类目的

土的工程分类是从事土的工程性质研究的重要基础理论课题,制定一个既反映我国土质条件又切实可行的工程分类方法是很重要的。土的工程分类的目的主要在于:

① 根据划分的土类可以基本判断土的基本工程特性,用于指导工程建设;

② 根据划分的土类能合理确定不同土的研究内容与方法,用于指导土的工程特性研究;

③ 当土的工程性质不能满足工程要求时,可以根据土类确定相应的土体改良和处理方法。

(2)土的工程分类原则

① 分类要简明,即采用的分类指标既要综合反映土的主要工程性质,又要测定方法简单,使用方便;

② 分类要能反映土的工程特性的差异,即土的分类体系所采用的指标要在一定程度上反映土的各种主要工程特性,用影响土的工程特性的主要因素作为分类的依据,从而使土体在各主要工程特性方面具有一定的显著差别。

3.2.2.2 土的工程分类方案

在国内应用较广的土的工程分类依据主要有《土的工程分类标准》(GB/T 50145—2007)、《建筑地基基础设计规范》(GB 50007—2011)和《岩土工程勘察规范》(GB 50021—2001)。

（1）《土的工程分类标准》（GB/T 50145—2007）

该分类体系基本上采用与国际上土的统一分类系统（材料工程系统分类）相似的分类原则，采用简便易测的定量分类指标，能较好地反映土的基本属性和工程性质。其主要特点是首先按照粒组将土粒分为巨粒土、粗粒土和细粒土。粗粒土分为砾类土和砂类土，并根据细粒含量和级配情况进一步细分；细粒土则主要根据塑性图进行分类。

（2）《建筑地基基础设计规范》（GB 50007—2011）

《建筑地基基础设计规范》（GB 50007—2011）将地基岩土分为岩石、碎石土、砂土、粉土、黏性土和人工填土等。

（3）《岩土工程勘察规范》（GB 50021—2001）

《岩土工程勘察规范》（GB 50021—2001）根据地质成因，将土划分为残积土、坡积土、洪积土、冲积土、淤积土、冰碛土和风积土等。

3.3 特殊土的工程地质性质

特殊土是指某些具有特殊物质成分和结构，且工程地质性质也比较特殊的土体。特殊土一般是在一定的条件下形成的，或是由于目前的自然环境而逐渐变化形成的。将特殊土作为建筑场地、地基及建筑环境时，如果不注意其特点，并采取相应的治理措施，很容易导致工程事故的发生。

由于我国地理环境、地形高差、气温、雨量、地质成因和地质历史的不同，形成了若干性质特殊的土类，包括软土、湿陷性黄土、膨胀土、红黏土和冻土等，这些土体的分布具有一定的区域性。

3.3.1 软土

3.3.1.1 定义、分布及特征

（1）定义

软土是天然含水率大、压缩性高、承载力和抗剪强度很低的呈软塑-流塑状态的黏性土。它是软黏性土、淤泥质土、淤泥、泥炭质土和泥炭的总称。

（2）分布

软土是在第四纪后期于沿海地区的滨海相、泻湖相、三角洲相和溺谷相，内陆平原或山区的湖相和冲积洪积沼泽相等静水或非常缓慢的流水环境中沉积，并经生物化学作用所形成的。我国软土主要分布于沿海平原地带、内陆湖盆、洼地及河流两岸地区。

（3）特征

我国软土具有以下特征：

① 软土的颜色多为灰绿色、灰黑色，用手摸有滑腻感，能染指，有机质含量高时有腥臭味。

② 软土的颗粒成分主要为黏粒和粉粒，黏粒含量高达60％～70％。

③ 软土的矿物成分，除粉粒中的石英、长石、云母外，黏土矿物主要是伊利石，高岭石次之。此外，软土中常含有一定量的有机质，含量可达8％～9％。

④ 软土具有典型的海绵状或蜂窝状结构，其孔隙比大，含水率高，透水性小，压缩性大，这是其强度低的重要原因。

⑤ 软土具有层理构造，软土、薄层粉砂、泥炭层等相互交替沉积，或呈透镜体相间沉积，形

成性质复杂的土体。

3.3.1.2 主要工程地质性质

(1) 高含水率和高孔隙性

软土的天然含水率总是大于液限。据统计,软土的天然含水率一般为 50%～70%,最大甚至超过 200%。天然孔隙比多为 1～2,最大可达 3～4。其饱和度一般大于 95%,因而软土的天然含水率与其天然孔隙比呈线性变化关系。软土的高含水率和高孔隙性特征是决定其压缩性和抗剪强度的重要因素。

(2) 渗透性弱

软土的渗透系数一般为 10^{-6}～10^{-8} cm/s。因此,土层在自重或荷载作用下达到完全固结所需的时间很长。

(3) 压缩性高

软土均属高压缩性土,其压缩系数一般为 0.7～1.5 MPa^{-1},而且压缩系数随着土的液限和天然含水率的增大而增高。

(4) 抗剪强度低

软土的天然不排水抗剪强度一般小于 30 kPa。

(5) 具有显著的结构性和流变性

尤其是滨海相软土,一旦受到扰动,其絮状结构受到破坏,土的强度显著降低,甚至呈流动状态。

(6) 具有流变性

软土在不变的剪应力作用下,将连续产生缓慢的剪切变形,并可能导致抗剪强度的衰减。

3.3.1.3 主要危害

因软土具有上述工程地质性质,所以在软土地基上修建建筑物必须重视地基的变形和稳定问题。软土地基如果不做任何处理,一般不能承受较大的建筑物荷载,并会出现地基的剪切破坏乃至滑动(图 3.12)。此外,软土地基上建筑物的沉降比较大,且因软土沉降稳定时间比较长,建筑物基础的沉降往往会持续数年,甚至数十年以上。例如,上海展览馆中央大厅建成后 11 年的累积沉降量达 1.6 m,沉降影响范围超过 30 m,引起邻近建筑物严重开裂。

(a)

(b)

图 3.12 软土危害

在软土地区修筑路基时,由于软土抗剪强度低、抗滑稳定性差,路堤高度受限,易产生侧向滑移。例如,成昆铁路拉普路堤下覆 9～13 m 厚的软土,地下水埋深 1～2 m,当路堤中心填高 12 m 后,外侧填方坡脚隆起开裂,随后整个路堤破坏。

3.3.1.4 加固措施

在软土地区进行工程建设,可采取加固措施(图 3.13)来改善地基土的性质以增加其稳定性。

(1)土质改良法

一般采用砂井、砂垫层、真空预压法、强夯法、电渗法等机械或电化学手段排出地基土中的水分,增大软土密度。也可采用石灰桩、拌和法、旋喷注浆法等使软土固结以改善软土的工程地质性质。在道路建设中常用此类处理方法。

(2)换填法

清除浅层软土,利用强度较高的土换填。

(3)补强法

采用薄膜、绳网、板桩等约束地基土变形。

图 3.13　加固措施

(a)真空预压法;(b)振冲碎石桩法;(c)水泥土搅拌法;(d)土工格栅加固法

3.3.2　湿陷性黄土

3.3.2.1　定义、分布及特征

(1)定义

凡天然黄土在一定压力作用下,受水浸湿后,土的结构迅速破坏并发生显著的湿陷变形,强度也随之降低的,称为湿陷性黄土。湿陷性黄土分为自重湿陷性和非自重湿陷性两种。黄

土受水浸湿后,在上覆土层自重应力作用下发生湿陷的称自重湿陷性黄土;在自重应力作用下不发生湿陷,在自重和外荷载共同作用下才发生湿陷的称为非自重湿陷性黄土。

（2）分布

在我国,湿陷性黄土占黄土地区总面积的60%以上,约为40万平方千米,而且又多出现在地表浅层,如晚更新世(Q_3)及全新世(Q_4)。新黄土或新堆积黄土是湿陷性黄土的主要土层,主要分布在黄河中游的山西、陕西、甘肃等大部分地区以及河南西部,其次是宁夏、青海、河北的一部分地区,新疆、山东、辽宁等地局部也有发现。

（3）特征

我国湿陷性黄土的固有特征有:

① 颜色以黄色、褐黄色、灰黄色为主;

② 粒度成分以粉土颗粒（0.075～0.005 mm）为主,约占60%;

③ 结构疏松,孔隙多而大,孔隙比一般在1.0左右,或更大;

④ 含有较多的可溶性盐类,如重碳酸盐、硫酸盐、氯化物等;

⑤ 无层理,具有垂直和柱状节理;

⑥ 具有湿陷性。

3.3.2.2　主要工程地质性质

（1）塑性较弱,液限一般为23～33,塑性指数为8～13;

（2）含水率较低,天然含水率为10%～25%,常处于坚硬或硬塑状态;

（3）抗水性弱,遇水强烈崩解,湿陷明显;

（4）密实度差,孔隙比较大,孔隙大;

（5）强度较高,天然状态的黄土虽然孔隙较多,但颗粒间联结较强,抗剪强度较高,压缩性中等,因此可形成高的陡坎或能在其中开挖窑洞。

湿陷性黄土的湿陷性以及湿陷性的强弱程度是黄土地区工程地质条件评价的主要内容。黄土湿陷性的判别与评价可用定量指标湿陷系数δ_s和自重湿陷系数δ_{zs}衡量。湿陷系数δ_s是经室内浸水压缩试验测得的黄土样在某种规定压力下由于浸水而产生的湿陷量与土样原始高度的比值;自重湿陷系数δ_{zs}是黄土样在其饱和自重压力作用下测得的湿陷系数。当黄土的$\delta_s<0.015$时,应定为非湿陷性黄土;当$\delta_s \geqslant 0.015$时,则定为湿陷性黄土。判定为湿陷性黄土后,再根据自重湿陷性系数判断是否属于自重湿陷性黄土（$\delta_{zs}<0.015$为非自重湿陷性黄土,$\delta_{zs} \geqslant 0.015$为自重湿陷性黄土）。

湿陷性黄土的湿陷一般总是在一定的压力下才能发生,低于这个压力时,黄土浸水不会发生显著湿陷,这个开始出现明显湿陷的压力称为湿陷起始压力。这是一个很重要的指标,在工程设计中,若能控制黄土所受的各种荷载不超过起始压力,则可避免湿陷。

3.3.2.3　主要危害

湿陷性黄土作为建筑物地基时,往往由于地表积水、管道或水池漏水而发生湿陷变形。在建筑物荷载作用下,使建筑物发生不均匀沉陷,破坏上部结构的稳定性和完整性。在湿陷性黄土分布区还经常出现黄土陷穴,使建筑物地基和铁路路基下沉,造成房屋开裂、路基坍塌（图3.14）。此外,黄土分布区往往气候干燥,修建引水工程较多,而水渠渗漏又会引起严重的湿陷变形,导致渠道破坏。

(a)   (b)

(c)   (d)

图 3.14　湿陷性黄土地基病害

3.3.2.4　防治措施

（1）防水措施

水的渗入是黄土湿陷的基本条件,因此严格防水可以避免湿陷事故发生。例如,施工过程中做好地面的有组织排水;建筑物室内做好防水措施;管道、渠道做好防渗漏措施等(图 3.15)。

（2）地基处理措施

对湿陷性黄土层进行换填和加固,以消除湿陷性,提高承载力(图 3.16)。其具体措施包括强夯、打挤密桩、做灰土垫层、预浸水和化学加固等。在可能产生黄土陷穴的地带,应通过地面调查和探测,查明其分布规律,再设置排水沟、截水沟,夯实表土,平整坡面,对小陷穴进行灌砂处理或明挖回填,对大陷穴开挖导洞或竖井并进行回填。

图 3.15　湿陷性黄土地基防水

图 3.16　湿陷性黄土地基处理

3.3.3　膨胀土

3.3.3.1　定义、分布及特征

（1）定义

膨胀土是指含有大量的强亲水性黏土矿物成分,具有显著的吸水膨胀和失水收缩,且胀缩

81

图 3.17 膨胀土

变形往复可逆的高塑性黏土(图 3.17)。

（2）分布

膨胀土一般分布在盆地内岗、山前丘陵地带和二三级阶地上。大多数是上更新世及以前的残积物、坡积物、冲积物、洪积物，也有晚第三纪至第四纪的湖泊沉积物及其风化层。我国是世界上膨胀土分布最广、面积最大的国家之一，据现有资料可知，在广西、云南、湖北、河南、安徽、四川、河北、山东、陕西、浙江、江苏、贵州和广东等地均有不同范围的分布。

（3）特征

膨胀土具有下列特征：

① 颗粒成分以黏土为主，颜色有灰白色、棕黄色、棕红色、褐色等，黏土矿物多为蒙脱石和伊利石，这些颗粒比表面积大，呈现强亲水性。

② 天然状态下，膨胀土结构紧密、孔隙比小，干密度达 $1.6 \sim 1.8 \ \text{g/cm}^3$，塑性指数为 $18 \sim 23$，天然含水率接近塑限，处于硬塑状态。

③ 膨胀土裂隙发育是不同于其他土的典型特征。膨胀土裂隙有原生裂隙和次生裂隙，原生裂隙多闭合，裂面光滑，呈蜡状光泽；次生裂隙以风化裂隙为主，在水的淋滤作用下，裂面附近蒙脱石含量增高，呈白色，构成膨胀土中的软弱面，易引发膨胀土边坡失稳滑动。

3.3.3.2 主要工程地质性质

① 低含水率，呈坚硬或硬塑状；

② 孔隙比小，密度大；

③ 高塑性，其液限、塑限和塑性指数均较高；

④ 具有膨胀力，其自由膨胀量一般超过 40%，甚至超过 100%；

⑤ 作为地基土，其承载能力较强；作为土坡，随着应力松弛，水的渗入，其长期强度很低，具有较小的稳定坡度。

反映膨胀土的工程特性的指标有自由膨胀率 δ_{ef}、膨胀率 δ_{ep} 与膨胀力 p_e、线缩率 δ_{sr} 与收缩系数 λ_s。

（1）自由膨胀率 δ_{ef}

将人工制备的磨细烘干土样经无颈漏斗注入量杯，量其体积，然后倒入盛水的量筒中，经充分吸水膨胀稳定后，再测其体积。增加的体积与原体积的比值 δ_{ef} 称为自由膨胀率，即

$$\delta_{ef} = \frac{V_w - V_0}{V_0} \times 100\% \tag{3.3}$$

式中　V_0——干土样原有体积(mL)；

　　　V_w——土样在水中膨胀稳定后的体积(mL)。

自由膨胀率表示膨胀土在无结构力影响下和无压力作用下的膨胀特性，可用来初步判断是否是膨胀土。

（2）膨胀率 δ_{ep} 与膨胀力 p_e

膨胀率表示原状土样在侧限压缩仪中，在一定压力下，浸水膨胀稳定后，土样增加的高度

与原高度之比,即

$$\delta_{ep} = \frac{h_w - h_0}{h_0} \times 100\%$$ (3.4)

式中 h_w——土样浸水膨胀稳定后的高度(mm);

  h_0——土样的原始高度(mm)。

膨胀率可用来评价地基的膨胀等级,计算膨胀地基的变形量。同时,以各级压力下的膨胀率 δ_{ep} 为纵坐标,以压力 p 为横坐标,可将试验结果绘制成 p-δ_{ep} 关系曲线。该曲线与横坐标的交点 p_e 称为试样的膨胀力,膨胀力表示原状土样在体积不变时,由于浸水膨胀产生的最大内应力。

(3) 线缩率 δ_{sr} 与收缩系数 λ_s

膨胀土失水收缩,其收缩性可用线缩率与收缩系数表示。线缩率 δ_{sr} 是指土的竖向收缩变形量与原状土样高度之比,即

$$\delta_{sr} = \frac{h_0 - h_i}{h_0} \times 100\%$$ (3.5)

式中 h_0——土样的原始高度(mm);

  h_i——某含水率为 w_i 的土样的高度(mm)。

根据含水率和线缩率可以绘制收缩曲线,利用直线收缩段可求得收缩系数 λ_s,即原状土样在直线收缩阶段内,含水率每减少1%时所对应的线缩率的改变值,即

$$\lambda_s = \frac{\Delta\delta_{sr}}{\Delta w} \times 100\%$$ (3.6)

式中 Δw——收缩过程中直线变化阶段两点含水率之差(%);

  $\Delta\delta_{sr}$——两点含水率之差对应的竖向线缩率之差(%)。

3.3.3.3 主要危害

我国膨胀土分布广泛,主要在云南、贵州、广西、四川、湖南、湖北、江苏、安徽、山东、河南、河北、山西、陕西和内蒙古等地区发育,每年造成的经济损失达数亿元。

膨胀土一般强度较高,压缩性低,易被误认为工程性能较好的土,但由于具有膨胀和收缩特性,在膨胀土地区进行工程建筑,如果不采取必要的设计和施工措施,会导致大批建筑物的开裂和损坏,甚至造成坡地建筑场地崩塌、滑坡、地裂等(图3.18)。膨胀土厚度越大,危害越严重,尤其是对三层以下建筑的破坏最为严重。膨胀土分布区铁路的安全也受到威胁,常常导致路基严重变形、滑坡、坍塌等。在膨胀土分布区开挖地下洞室易发生围岩底鼓、坍塌等现象。

(a)   (b)

图3.18 膨胀土的危害

3.3.3.4　防治措施

（1）防水保湿措施

主要是防止地表水下渗和地下水蒸发，保持地基土的湿度，控制膨胀土的胀缩变形。例如，在建筑物周边设置散水，加强水管防渗漏措施，合理绿化，防止植物根系吸水造成地基土不均匀收缩；在施工过程中应分段快速作业，防止基坑被暴晒或浸泡。

（2）地基改良措施

通常采用换土法或石灰加固法。

3.3.4　红黏土

3.3.4.1　定义、分布及特征

（1）定义

红黏土是指碳酸盐类岩石（石灰岩、白云岩、泥质泥岩等）在亚热带温湿气候条件下，经红土化作用形成的高塑性黏土。

（2）分布

红黏土广泛分布于我国的云贵高原和四川东部，以及广西、粤北、鄂西、湘西等地区的低山、丘陵地带顶部和山间盆地、洼地、缓坡及坡角地段。黔、桂、滇等地古溶蚀地面上堆积的红黏土层，由于基岩起伏变化及风化深度的不同，造成其厚度变化极不均匀，常见厚度为 5～8 m，最薄为 0.5 m，最厚为 20 m。在水平方向近距离厚度相差可达 10 m。

（3）特征

① 红黏土的黏粒组分含量高，一般可达 60%～70%，粒度较均匀，分散性高；

② 红黏土的矿物成分除含有一定数量的石英颗粒外，大量的黏土颗粒主要由多水高岭石、水云母类、胶体二氧化硅、赤铁矿和三水铝土矿等组成，不含或极少含有机质；

③ 红黏土颗粒周围的吸附阳离子成分以水化程度很弱的三价铁、铝为主；

④ 常呈蜂窝状结构，常有很多裂隙（网状裂隙）、结核和土洞等。

3.3.4.2　主要工程地质性质

（1）高塑性和分散性

红黏土的液限一般为 50%～80%，塑限为 30%～60%，塑性指数一般为 20～50。

（2）高含水率、低密度

红黏土的天然含水率一般为 30%～60%，饱和度大于 85%，密实度低，大孔隙明显，孔隙比大于 1.0，液性指数一般都小于 0.4，呈坚硬和硬塑状态。

（3）强度较高，压缩性较低

红黏土的内摩擦角 8°～18°，黏聚力可达 0.04～0.09 MPa，压缩模量 5～15 MPa，多属中压缩性土或低压缩性土。

（4）不具湿陷性，但收缩性明显，失水后强烈收缩，原状土体积收缩率可达 25%。

3.3.5　冻土

3.3.5.1　定义、分布及特征

（1）定义

温度为 0 ℃或负温，含有冰且与土颗粒呈胶结状态的土称为冻土。根据冻土冻结延续时间可分为季节性冻土和多年冻土两大类。土层冬季冻结，夏季全

部融化,冻结延续时间一般不超过一个季节的,称为季节性冻土,其下边界线称为冻深线或冻结线;土层冻结延续时间在三年或三年以上的称为多年冻土。

（2）分布

季节性冻土在我国分布很广,东北、华北、西北是季节性冻结层厚 0.5 m 以上的主要分布地区。多年冻土在中国有两个主要分布区:一个在纬度较高的内蒙古和黑龙江的大、小兴安岭一带;一个在地势较高的青藏高原与甘肃、新疆的高山区。多年冻土的厚度范围可从不足一米到几十米。

（3）特征

① 组成特征

冻土由矿物颗粒、冰、未冻结的水和空气组成。其中矿物颗粒是主体,它的大小、形态、成分等对冻土性质有很大影响。冻土中的冰是冻土存在的基本条件,也是冻土各种工程性质的形成基础。

② 结构特征

冻土具有整体结构、网状结构和层状结构三种结构形式。

a.整体结构　温度降低得很快,冻结时水分来不及迁移和集中,冰晶在土中均匀分布,构成整体结构。

b.网状结构　在冻结的过程中,由于水分转移和集中,在土中形成网状交错冰晶,这种结构对土原状结构有破坏作用,冻融后土呈软塑和流塑状态,对建筑物稳定性有不良影响。

c.层状结构　在冻结速度较慢的单向冻结条件下,伴随水分转移和外界水的充分补给,形成土层、冰透镜体和薄冰层相间的结构,原有土的结构完全被分割破坏,融化时产生强烈融沉。

③ 构造特征

多年冻土的构造是指多年冻土层与季节冻土层之间的接触关系,有衔接型和非衔接型两种构造,如图 3.19 所示。衔接型构造是指季节冻土的下限,达到或超过了多年冻土层的上限的构造,这是稳定的和发展的多年冻土区的构造;非衔接型构造是季节冻土的下限与多年冻土上限之间有一层不冻土(融土层),这种构造属于退化的多年冻土区。

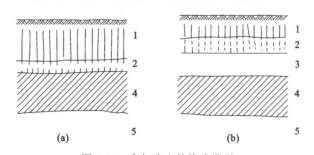

图 3.19　多年冻土的构造类型

(a)衔接型构造;(b)非衔接型构造

1—季节冻土层;2—季节冻土最大冻结深度变化范围;3—融土层;4—多年冻土层;5—不冻层

3.3.5.2　主要工程地质性质

冻土中水分因温度降低而结冰或冰由于温度升高而融化,土的工程性质都将受到不利的影响。土冻结时,由于水分结冰膨胀,土的体积增大,地基隆起,称为冻胀;融化时,土体积缩小,地基沉降,称为融沉。冻胀和融沉都会对建筑物带来危害,因此,冻胀和融沉是冻土工程性质的两个重要方面。

（1）冻胀性

冻土作为建筑物地基,若长期处于稳定冻结状态,具有较高的强度和较小的压缩性。但在冻结过程中,却表现出明显的冻胀性,基础可能会因土的冻胀而被抬起、开裂和变形,土的冻胀越明显,对建筑物危害越大。一般以冻胀率来评价冻土地基的冻胀程度,它表示冻结后土体膨胀的体积与未冻结土体体积的百分比,其值越大,则土的冻胀性越明显。

（2）融沉性

与冻胀相反,冻土在融化后强度大为下降,压缩性急剧增大,土的强度比冻结前更差。因为在冻结过程中还伴随着下部未冻结土层中的水分向冻结土层迁移再冻结的过程,融化后实际土体的含水率增大,使融化后的土体工程性质更差。

一般来讲,对于季节性冻土,冻胀作用的危害是主要的;对于多年冻土,融沉作用的危害是主要的。

3.3.5.3　主要危害

在多年冻土地区,路堑开挖将引起多年冻土上限下降,融沉作用可引起基底下沉、边坡滑塌等病害。路堤填筑则会引起多年冻土上限的升高,从而在路堤内部形成冻土结核,易发生冻胀变形且冻土融化后路堤将容易发生沿冻土上限的局部滑塌。对于桥梁、房屋等建筑物的地基,冻土的存在则易使地基发生冻胀、融沉及长期荷载作用下的流变,以及人为活动引起的热融下沉等问题。

在季节性冻土广泛分布地区,冻土的反复冻胀、融沉将引起房屋、桥梁等建筑物发生沉陷、开裂、倾倒等病害;公路和铁路则出现路基凹凸不平,局部陷落等病害。

此外,和季节性冻土地区相比,多年冻土区的冰丘和冰锥规模更大,且可能延续数年不融,对工程建筑的危害更严重,故应尽量绕避。

3.3.5.4　防治措施

土、水和温度是冻土地基产生冻害的三个主要构成要素,这三者的不利组合便会导致地基、路基等工程结构产生严重冻害,因此,只要提高或改善三要素中的任一要素,即可避免或减轻工程结构的冻害。

目前常见的防治冻土地区地基、路基等工程结构冻害的主要措施如下:

（1）保温法:在建筑物基础或路基等底部或周围设置隔热层。

（2）换填法:用粗砂、砾砂、砂卵石等非冻胀性的土置换天然地基的冻胀性土。

（3）物理化学法:在土体中加入某些物质,以改变土粒与水之间的相互作用,使土体中的水分迁移强度及其冰点发生变化,从而削弱土的冻胀性。常见的有人工盐渍化法和憎水性物质改良地基土法。

（4）排水隔水法:通过降低地下水位,减少季节融冰层范围内的土体含水率,隔断水的补给来源和排除地表水等来防治地基冻害。

本 章 小 结

（1）作为第四纪的沉积物,土是岩石经过长期的地质作用以后的产物。根据成因类型,土可分为残积土、坡积土、洪积土、冲积土、海相沉积土、湖泊相沉积土、冰碛土和风积土等,其工程地质性质各异。为便于对不同土体进行分析、计算和评价,土可以根据其主要特征进行工程分类,分类的方法并不统一。

（2）土是由固相（固体颗粒）、液相（孔隙水）和气相（孔隙气）所组成的三相体系。

（3）特殊土包括软土、湿陷性黄土、膨胀土、红黏土和冻土等。特殊土由于组成的物质成分和结构特殊,其工程地质性质也比较特殊。研究其性质对于特殊土所在区域的工程建设具有重要的指导意义。

思 考 题

3.1 土根据地质成因分为哪些类型?

3.2 土的工程分类目的是什么?《建筑地基基础设计规范》(GB 50007—2011)是如何进行土的工程分类的?

3.3 土的物质组成是什么? 土中水分为哪几类? 对土的工程性质有何影响?

3.4 何谓土的结构? 土的结构有哪几种? 其工程性质如何?

3.5 软土的主要工程地质性质是什么?

3.6 如何评价黄土湿陷性大小?

3.7 冻土对于工程建设的影响体现在什么方面?

4 岩体的工程地质性质

章节序号	知识点	能力要求
4.1	①岩体结构概念 ②岩体结构类型 ③结构面 ④结构体 ⑤岩体的地质特征	掌握岩体结构特征
4.2	①岩块的物理性质 ②岩块的水理性质 ③岩块的力学性质 ④影响岩块工程地质性质的因素	①掌握岩块的物理、水理和力学性质测定 ②了解影响岩块工程地质性质的因素
4.3	①结构面特征 ②软弱夹层 ③结构面的力学性质	①掌握结构面特征 ②了解结构面的力学性质
4.4	①岩体的力学性质 ②岩体强度的确定 ③岩体的工程分类 ④岩体稳定性分析	①了解岩体力学性质 ②了解岩体工程分类 ③理解岩体稳定性分析方法

我国是一个多山的国家,山区经常发生各种地质灾害。如巫山以峰奇秀、水奇清、石奇美闻名于世,但因地少人多,居民只能居住在半山腰,大量的房屋修建、山地开垦打破了原本就不稳定的山体平衡。2008 年 11 月 22 日下午,长江北岸的巫峡口 5 万 m^3 的山体直倾长江,停泊在 2 km 外的船只发生剧烈摇晃;2008 年 11 月 29 日中午,大宁河与长江交汇口北岸一长 120 m、高 60 m 的峭壁,伴随着"隆隆"的巨大声响,转眼间化作一堆庞大的土石堆堵在长江航道上;2003 年至 2009 年,巫山共发生了 3000 余次滑坡。

为什么由岩石构成的山体常常威胁人民的生命和财产安全呢?什么样的山体会产生地质灾害呢?人们能够预报或防止这些灾害的发生吗?要探索这些问题的答案,就必须了解地表岩石性质的变化。

在漫长的地质历史时期内,岩石经受了构造变动、风化作用和卸荷作用等各种内外力地质作用的破坏和改造,被各种地质界面(如层面、层理、节理、断层、软弱夹层等)切割,形成不连续的非均匀各向异性地质体,在工程建设中称为岩体。因此,岩体是指场地中经过变形和破坏后的岩石组合,是一种或多种岩石中的各种地质界面(结构面)和大小不同、形状不一的岩块(结构体)的总体。岩体与岩石是两个不同的概念,不能以小型完整的单块岩石来代表岩体。岩体中结构面的发育程度、性质、充填情况与连通程度等对岩体的工程地质特性有很大的影响。

作为工业与民用建筑地基、道路与桥梁地基、地下洞室围岩、水工建筑地基的岩体,作为道路工程边坡、港口岸坡、桥梁岸坡、库岸边坡的岩体等,都属于工程岩体。工程实践中遇到的岩体工程地质问题实质上就是岩(土)体的稳定问题。

岩体稳定是指在一定的时间内,在一定的自然条件和人为因素的影响下,岩体不产生破坏性的剪切滑动、塑性变形和张裂破坏。岩体的稳定性及岩体的变形与破坏,主要取决于岩体内各种结构面的性质及其对岩体的切割程度。工程实践表明,边坡岩体的破坏、地基岩体的滑移和隧道岩体的塌落等,大多都是沿着岩体中的软弱结构面发生的。岩体结构在岩体的变形与破坏中起到了主导作用。

岩体稳定性分析有多种方法,但岩体结构分析是基础。通过对岩体结构的分析,可以为其他方法的分析提供边界条件。要从岩体结构的观点分析岩体的稳定性,首先要研究岩体的结构特征。

4.1 岩体的结构特征

如图 4.1 所示,结构面是指岩体内开裂的和易开裂的面,又称不连续面,包括各种破裂面(如劈理、断层面、节理等),物质分异面(如层理、层面、不整合面、片理等),软弱夹层和泥化夹层等。结构体是由结构面切割后形成的岩石块体。结构面和结构体的排列与组合特征便形成了岩体结构。

图 4.1 野外岩体形态

4.1.1 岩体结构概念

岩体结构是指岩体中不同成因、形态、规模、性质的结构面和结构体在空间的排列分布和组合状态,它既表达了岩体中结构面的发育程度与组合,又反映了结构体的大小、几何形状及排列方式。

这个定义内有三个因素:第一个因素是"岩体结构单元",结构面和结构体统称为结构单元或结构要素,结构单元在岩体内组合、排列的方式不同,则构成的岩体结构类型不同;第二个因素是"组合","组合"是指不同类型的岩体结构单元在岩体内的搭配,如坚硬结构面与块状结构体组合构成碎裂结构,软弱结构面与块状结构体组合构成块裂结构,而软弱结构面与板状结构体组合构成板裂结构等;第三个因素是"排列",岩体结构单元是有序的还是无序的,是贯通的还是断续的,都是排列的表现形式。这三个因素限定了岩体结构的差别。以此为依据,便形成多种多样的岩体结构类型。

4.1.2　岩体结构类型

为了研究岩体的力学性质、评价岩体稳定性,需要根据结构面对岩体的切割程度及结构体的组合形式,将岩体结构划分为不同类型,且各类型的岩体工程特征不同。《岩土工程勘察规范》(GB 50021—2001)(2009 年版)规定:岩体结构类型分为整体状结构、块状结构、层状结构、碎裂状结构与散体状结构等。各岩体结构类型的工程特征详见表 4.1。

表 4.1　岩体结构类型表(GB 50021—2001)(2009 年版)

岩体结构类型	岩体地质类型	主要结构形状	结构面发育情况	岩体工程特征	潜在的岩体工程问题
整体状结构	巨块状岩浆岩和变质岩,巨厚层沉积岩	巨块状	以层面和原生、构造节理为主,多呈闭合型,裂隙结构面间距大于 1.5 m,一般不超过 1~2 组,无危险结构	岩体稳定,可视为均质弹性各向同性体	局部滑动或坍塌,深埋洞室的岩爆
块状结构	厚层状沉积岩、块状岩浆岩和变质岩	块状、柱状	有少量贯穿性节理裂隙,结构面间距 0.7~1.5 m。一般为 2~3 组,有少量分离体	结构面互相牵制,岩体基本稳定,接近弹性各向同性体	
层状结构	多韵律的薄层、中厚层状沉积岩,副变质岩	层状、板状	有层理、片理、节理,常有层间错动	变形及强度受层面控制,可视为各向异性弹性体,稳定性较差	可沿结构面滑塌,软岩可产生塑性变形
碎裂状结构	构造影响严重的破碎岩层	碎块状	断层、节理、片理、层理发育,结构面间距 0.25~0.5 m,一般在 3 组以上,由许多分离体形成	整体强度很低,并受软弱结构面控制,呈弹塑性体,稳定性差	易发生规模较大的岩体失稳,地下水加剧失稳

岩体结构类型	岩体地质类型	主要结构形状	结构面发育情况	岩体工程特征	潜在的岩体工程问题
散体状结构	断层破碎带,强风化带及全风化带	碎屑状、颗粒状	构造及风化裂隙密集,结构面错综复杂,多充填黏性土,形成无序小块和碎屑	完整性遭极大破坏,稳定性极差,接近松散体介质	易发生规模较大的岩体失稳,地下水加剧失稳

总之,不同结构类型的岩体工程地质性质差异很大。岩体结构类型对岩体变形与破坏机制、应力分布、岩体的含水率和渗透性质、弹性波传播速度等都具有控制作用。在工程实践中,还应结合不同的工程类型,详细调查岩体的变形和强度特性,对岩体质量做出定量化的综合评价,并进行岩体工程分类。

4.1.3 结构面

由于结构面是在建造和改造过程中形成的,其空间性状和界面特征与其成因和演变历史关系密切,故而其基本分类可按地质成因分为原生结构面、构造结构面和次生结构面三大类,其主要特征如表 4.2 所示。

表 4.2 岩体结构面的类型及其特征

成因类型	地质类型	主要特征			工程地质评价
		产状	分布	性质	
原生结构面	沉积结构面	(1)层理、层面;(2)软弱夹层;(3)不整合面、假整合面、沉积间断面	一般与岩层产状一致,为层间结构面	海相岩层中此类结构面分布稳定,陆相岩层中呈交错状,易尖灭	层面、软弱夹层等结构面较为平整;不整合面及沉积间断面多由碎屑泥质物构成,且不平整	国内外较大的坝基滑动及滑坡很多是此类结构面所造成的,如奥斯汀坝、圣佛兰西斯坝、马尔巴赛坝的破坏,瓦依昂坝附近的巨大滑坡等
	火成结构面	(1)侵入体与围岩接触面;(2)岩脉与岩墙接触面;(3)原生冷凝节理	岩脉受构造结构面控制,而原生节理受岩体接触面控制	接触面延伸较远,比较稳定,而原生节理往往短小密集	与围岩的接触面,可具熔合及破坏两种不同的特征。原生节理一般为张裂面,较粗糙不平	一般不造成大规模的岩体破坏,但有时与构造断裂配合,也可形成岩体的滑移,如有的坝肩局部滑移
	变质结构面	(1)片理;(2)片岩软弱夹层	产状与岩层或构造方向一致	片理短小,分布极密,片岩软弱夹层延展较远,具固定层次	结构面光滑平直,片理在岩层深部往往闭合成隐蔽结构面,片岩、软弱夹层、片状矿物呈鳞片状	在变质较浅的沉积岩区,如千枚岩等路堑边坡常见塌方。片岩夹层有时对工程及地下洞体稳定也有影响

成因类型	地质类型	主要特征			工程地质评价
		产状	分布	性质	
构造结构面	（1）节理（X形节理、张节理）； （2）断层（冲断层、张性断层、横断层）； （3）层间错动； （4）羽状裂隙劈理	产状与构造线有一定关系，层间错动与岩层一致	张性断裂较短小，剪切断裂延展较远，压性断裂规模巨大，但有时为横断层切割成不连续状	张性断裂不平整，常具次生充填，呈锯齿状；剪切断裂较平直，具羽状裂隙，压性断层具多种构造岩，呈带状分布，往往含断层泥、糜棱岩	对岩体稳定影响很大，在上述许多岩体破坏过程中，大都有构造结构面的配合作用。此外常造成边坡及地下工程的塌方、冒顶
次生结构面	（1）卸荷裂隙； （2）风化裂隙； （3）风化夹层； （4）泥化夹层； （5）次生夹泥层	受地形及原始结构面控制	分布上往往呈不连续状透镜体，延展性差，且主要在地表风化带内发育	一般为泥质物充填，水理性质很差	在天然或人工边坡上造成危害，有时对坝基、坝肩及浅埋隧洞等工程亦有影响，但一般在施工中予以清基处理

4.1.3.1　原生结构面

原生结构面是在成岩过程中形成的，分为沉积结构面、火成结构面和变质结构面三种类型。

图 4.2　沉积结构面

（1）沉积结构面

沉积结构面是指沉积岩层在沉积、成岩过程中形成的结构面，包括层理、层面、假整合面（沉积间断层）、不整合面和原生软弱夹层等（图 4.2）。陆相沉积岩层在沉积过程中往往发生沉积间断。在沉积间断期，由于岩层遭受风化剥蚀，其后又为新的沉积物所覆盖，因而在不整合面上下两套岩层之间形成软弱夹层。在火山岩流或喷发间歇期，也会形成古风化夹层。它们一般含泥质物质较多，胶结松散，且多为地下水的通道，易软化或泥化，强度较低。原生软弱夹层，一般有碎屑岩类中的各类页岩夹层，碳酸盐岩体中的泥质灰岩、钙质页岩夹层，陆相碎屑岩与泻湖相岩层中的石膏等可溶盐类夹层，以及火山碎屑岩系中的凝灰质页岩夹层等。它们当中多数强度较低，水稳性差。

（2）火成结构面

火成结构面是指岩浆在侵入和冷凝过程中所形成的结构面，包括岩浆岩体与围岩的接触面、冷凝原生节理、流纹面、凝灰岩夹层及侵入挤压破碎结构面等。冷凝原生节理具有张性破裂面的特征，一般粗糙不平。岩浆岩体与围岩接触面往往胶结不良，或形成小型破碎带。

（3）变质结构面

变质结构面是指变质作用过程中矿物定向排列形成的结构面，包括片理、片麻理、片岩软弱夹层等。片理在岩体深部往往闭合成隐蔽结构面,沿片理面一般片状矿物富集,对岩体强度起控制作用,如薄层云母片岩、绿泥石片岩、滑石片岩等。由于片理极为发育,岩性软弱,矿物易受风化,所以也会形成相对的软弱夹层。

4.1.3.2 构造结构面

构造结构面是指岩体中受构造应力作用所产生的破裂面、错动面或破碎带,包括构造节理、劈理、断层面及层间错动面等。构造结构面的特点是延展性较强、规模较大,分布有一定规律,对岩体的稳定性影响很大。其工程地质性质与力学成因、规模、次生变化等有密切关系。它们的产状和分布情况主要受当地构造应力场的控制。

4.1.3.3 次生结构面

次生结构面是指岩体受卸荷、风化、地下水等次生作用所形成的结构面,包括卸荷节理、风化节理、风化夹层、泥化夹层和次生夹泥层等。卸荷节理在块状脆性岩体中较为常见;风化节理一般仅限于表层风化带内,产状无规律,短小密集;风化夹层则可能延至岩体较深部位,如断层风化、岩脉风化、夹层风化等;泥化夹层是指受风化或构造破坏,原状结构发生显著变异,并在地下水长期作用下形成含水量在塑限和流限之间的泥状软弱夹层;次生夹泥层是由地下水携带细粒黏土物质沿层面、节理、断层面重新沉积充填而成的,在地下水活动带内、河槽两侧常见。次生结构面的产状及分布受地形影响较大,对河谷及岸坡岩体稳定影响较为显著。

4.1.4 结构体

结构体特征可以用结构体形状、块度及产状描述。结构体与结构面是相互依存的,表现在以下三方面:

① 结构体形状与结构面组数密切相关,岩体内结构面组数越多,结构体形状越复杂;

② 结构体块度或尺寸与结构面间距密切相关,结构面间距越大,结构体块度或尺寸越大;

③ 结构体级序与结构面级序亦具有相互依存关系。

4.1.4.1 结构体的类型

岩体受结构面切割而产生的单元块体的几何形状,称为结构体的类型。如图 4.3 所示,常见的结构体类型有柱状、块状、板状、楔形、菱形和锥形等形态。当岩体强烈变形破碎时,还可形成片状、鳞片状、碎块状和碎屑状等形态的结构体。

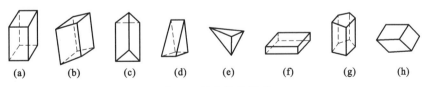

图 4.3 结构体的类型

(a)方柱(块)体;(b)菱形柱体;(c)三棱柱体;(d)楔形体;
(e)锥形体;(f)板形体;(g)多角柱体;(h)菱形块体

结构体形状对岩体稳定性的影响很大,形状不同,其稳定程度各不相同。仅考虑结构体的形态,板状结构体较块状、柱状的稳定性差,楔形的比菱形、锥形的差;在地基岩体中,竖立的结构体比平卧的稳定性高,而在边坡岩体中,平卧、竖立的比倾斜的稳定性高。

结构体的形态与岩层产状有一定关系,如平缓的层状岩体中层面与平面"X"形断裂组合,将岩体切割成三角形柱体和立方体;陡峭岩层中层面与剖面"X"形断裂组合,将岩体切割成块体、锥形体和各种柱体。

4.1.4.2 结构体块度

结构体块度受结构面密度控制,结构面密度越小,结构体块度越大。一般在轻微构造作用区节理密度小,形成的结构体块度大;在剧烈构造运动地区,结构面密度大,结构体块度小。除了构造作用外,结构体块度还与岩相特征有关,深海相的灰岩岩层厚度大,形成的结构体块度也大。浅海相和海陆交互相的沉积岩层薄,形成的结构体块度也小。结构体块度可以用岩体体积节理数 J_v(即 $1\ m^3$ 岩体内含有的总节理数)表示,亦可用单个结构体尺寸表示,这对研究岩体结构的力学效应十分有用。

4.1.4.3 结构体的产状

结构体产状可以用结构体表面上最大结构面的长轴方向表示,它对岩体稳定性的影响需结合临空面及工程荷载来分析。

4.1.5 岩体的地质特征

岩体的工程性质首先取决于这些结构面的性质,其次才是组成岩体的岩石性质。因此,在工程实践中,研究岩体的特征比研究单一岩石的特征更为重要。而从工程地质观点出发,可以把岩体的主要特征概括为以下几点:

(1)由于岩体是地质体的一部分,因此,岩石、地质构造、地下水和岩体中的天然应力状态对岩体稳定有很大的影响。因此,在研究岩体时,不仅要研究它的现状,而且还要研究它的历史。

(2)岩体中的结构面是岩体力学强度相对薄弱的部位,它导致了岩体力学性能的不连续性、不均一性和各向异性。岩体中的软弱结构面常常成为岩体稳定性的控制面。

(3)岩体在工程荷载作用下的变形与破坏,主要受各种结构面的性质及其组合形式的控制。在自然界,由于各种结构面对岩体切割程度的不同,岩体有时表现为整体状,有时表现为层状、块状或散体状。岩体结构特征不同,岩体的变形与破坏机制也不同。

(4)岩体中存在着复杂的天然应力场。在多数情况下,岩体中不仅存在自重应力,而且还有构造应力。由于这些应力的存在,使岩体的工程地质性质较为复杂。

4.2 岩块的工程地质性质

岩块的工程地质性质包括物理性质、水理性质和力学性质。影响岩块工程地质性质的因素主要是组成岩块的矿物成分、岩块的结构构造和岩块的风化程度。

4.2.1 岩块的物理性质

岩块的物理性质是岩块的基本工程性质,主要是指岩块的重力性质和孔隙性。

4.2.1.1　岩块的重力性质

（1）岩块的相对密度（D）

岩块的相对密度是指岩块固体部分（不含孔隙）的重力与同体积水在 4 ℃时重力的比值，即

$$D = \frac{W_S}{V_S \cdot \gamma_w} \tag{4.1}$$

式中　W_S——岩块固体颗粒重力；

　　　V_S——岩块固体颗粒体积；

　　　γ_w——4 ℃时水的密度。

岩块相对密度的大小，取决于组成岩块的矿物相对密度及其在岩块中的相对含量。组成岩块的矿物相对密度大、含量多，则岩块的相对密度大。一般岩块的相对密度约在 2.65，相对密度大的可达 3.3。

（2）岩块的重度（γ）

岩块的重度是指岩块单位体积的重力，在数值上，它等于岩块试件的总重力（含孔隙中水的重力）与其总体积（含孔隙体积）之比，即

$$\gamma = \frac{W}{V} \tag{4.2}$$

式中　W——岩块样本总重力；

　　　V——岩块样本总体积。

岩块的重度大小，取决于岩块中的矿物相对密度、岩块的孔隙性及其含水情况。岩块孔隙中完全没有水存在时的重度，称为干重度。岩块中的孔隙全部被水充满时的重度，称为岩块的饱和重度。组成岩块的矿物相对密度大，或岩块中的孔隙性小，则岩块的重度大。对于同一种岩块，若重度有差异，则重度大的结构致密、孔隙性小，强度和稳定性相对较高。

（3）岩块的密度（ρ）

岩块单位体积的质量称为岩块的密度。

岩块孔隙中完全没有水存在时的密度，称为干密度。岩块中孔隙全部被水充满时的密度，称为岩块的饱和密度。常见岩块的密度为 2.3～2.8 g/cm³。

4.2.1.2　岩块的孔隙性

岩块中的空隙包括孔隙和裂隙。岩块的空隙性是岩块的孔隙性和裂隙性的总称，可用空隙率、孔隙率、裂隙率来表示其发育程度。但人们已习惯用孔隙性来代替空隙性，即用岩块的孔隙性反映岩块中孔隙、裂隙的发育程度。

岩块的孔隙率（或称孔隙度）是指岩块中孔隙（含裂隙）的体积与岩块总体积的比值，常以百分数表示，即

$$n = \frac{V_n}{V} \times 100\% \tag{4.3}$$

式中　n——岩块的孔隙率；

　　　V_n——岩块中孔隙（含裂隙）的体积（cm³）；

　　　V——岩块的总体积（cm³）。

岩块孔隙率的大小主要取决于岩块的结构构造,同时也受风化作用、岩浆作用、构造运动和变质作用的影响。由于岩块中孔隙、裂隙发育程度变化很大,其孔隙率的变化也很大。例如,三叠纪砂岩的孔隙率为 0.6%～27.7%。碎屑沉积岩的时代愈新,其胶结愈差,则孔隙率愈高。结晶岩类的孔隙率较低,很少高于 3%。

常见岩块的物理性质指标见表 4.3。

表 4.3　常见岩块的物理性质指标

岩块名称	相对密度 D	重度 γ（kN/m³）	孔隙率 n（%）
花岗岩	2.50～2.84	23.0～28.0	0.04～2.80
正长岩	2.50～2.90	24.0～28.5	—
闪长岩	2.60～3.10	25.2～29.6	0.18～5.00
辉长岩	2.70～3.20	25.5～29.8	0.29～4.00
斑岩	2.60～2.80	27.0～27.4	0.29～2.75
玢岩	2.60～2.90	24.0～28.6	2.10～5.00
辉绿岩	2.60～3.10	25.3～29.7	0.29～5.00
玄武岩	2.50～3.30	25.0～31.0	0.30～7.20
安山岩	2.40～2.80	23.0～27.0	1.10～4.50
凝灰岩	2.50～2.70	22.9～25.0	1.50～7.50
砾岩	2.67～2.71	24.0～26.6	0.80～10.00
砂岩	2.60～2.75	22.0～27.1	1.60～28.30
页岩	2.57～2.77	23.0～27.0	0.40～10.00
石灰岩	2.40～2.80	23.0～27.7	0.50～27.00
泥灰岩	2.70～2.80	23.0～25.0	1.00～10.00
白云岩	2.70～2.90	21.0～27.0	0.30～25.00
片麻岩	2.60～3.10	23.0～30.0	0.70～2.20
花岗片麻岩	2.60～2.80	23.0～33.0	0.30～2.40
片岩	2.60～2.90	23.0～26.0	0.02～1.85
板岩	2.70～2.90	23.1～27.5	0.10～0.45
大理岩	2.70～2.90	26.0～27.0	0.10～6.00
石英岩	2.53～2.84	28.0～33.0	0.10～8.70
蛇纹岩	2.40～2.80	26.0	0.10～2.50
石英片岩	2.60～2.80	28.0～29.0	0.70～3.00

4.2.2 岩块的水理性质

岩块的水理性质是指岩块与水作用时所表现的性质,主要有岩块的吸水性、透水性、溶解性、软化性、抗冻性等。

4.2.2.1 岩块的吸水性

岩块吸收水分的性能称为岩块的吸水性,常以吸水率和饱水率两个指标来表示。

(1) 岩块的吸水率(w_1)

岩块的吸水率是指在常压下岩块的吸水能力,以岩块所吸水分的重力与干燥岩块重力之比的百分数表示,即

$$w_1 = \frac{W_{w_1}}{W_s} \times 100\%　　　　　　　　　　(4.4)$$

式中　w_1——岩块吸水率;

　　　W_{w_1}——岩块常压下所吸水分的重力(kN);

　　　W_s——干燥岩块的重力(kN)。

岩块的吸水率与岩块的孔隙数量、大小、开闭程度和空间分布等因素有关。岩块的吸水率愈大,则水对岩块的侵蚀、软化作用就愈强,岩块强度和稳定性受水作用的影响也就愈显著。

(2) 岩块的饱水率(w_2)

岩块的饱水率是指在高压(15 MPa)或真空条件下岩块的吸水能力,仍以岩块所吸水分的重力与干燥岩块重力之比的百分数表示,即

$$w_2 = \frac{W_{w_2}}{W_s} \times 100\%　　　　　　　　　　(4.5)$$

式中　w_2——岩块饱水率;

　　　W_{w_2}——岩块在高压(15 MPa)或真空条件下所吸水分的重力(kN);

　　　W_s——干燥岩块的重力(kN)。

岩块的吸水率与饱水率的比值,称为岩块的饱水因数(k_s),其大小与岩块的抗冻性有关,一般认为饱水因数小于 0.8 的岩块是抗冻的。

4.2.2.2 岩块的透水性

岩块的透水性是指岩块允许水通过的能力。岩块的透水性大小,主要取决于岩块中孔隙、裂隙的大小和连通情况。岩块的透水性用渗透系数(K)来表示。

4.2.2.3 岩块的溶解性

岩块的溶解性是指岩块溶解于水的性质,常用溶解度或溶解速度来表示。常见的可溶性岩块有石灰岩、白云岩、石膏、岩盐等。岩块的溶解性主要取决于岩块的化学成分,但和水的性质有密切关系,如富含 CO_2 的水,则具有较大的溶解能力。

4.2.2.4 岩块的软化性

岩块的软化性是指岩块在水的作用下,强度和稳定性降低的性质。岩块的软化性主要取决于岩块的矿物成分和结构构造特征。岩块中黏土矿物含量高、孔隙率大、吸水率高,则易与水作用而软化,使其强度和稳定性大大降低,甚至丧失。

岩块的软化性常以软化因数(K_d)来表示。软化因数等于岩块在饱水状态下的极限抗压

强度与岩石风干状态下的极限抗压强度的比值,用小数表示。其值愈小,表示岩块在水的作用下的强度和稳定性愈差。未受风化影响的岩浆岩和某些变质岩、沉积岩,它们的软化因数接近于1,被认为是弱软化或不软化的岩块,其抗水性、抗风化性和抗冻性强;软化因数小于0.75的岩块,被认为是强软化的岩块,工程性质较差,如黏土岩类。

4.2.2.5 岩块的抗冻性

岩块的孔隙、裂隙中有水存在时,水一旦结冰,体积就会膨胀,从而产生较大的压力,使岩块的构造等遭到破坏。岩块抵抗冰冻作用的能力,称为岩块的抗冻性。在高寒冰冻地区,抗冻性是评价岩块工程地质性质的一个重要指标。

岩块的抗冻性与岩块的饱水因数、软化因数有着密切关系。一般是饱水因数愈小,岩块的抗冻性愈强;易于软化的岩块,其抗冻性也低。温度变化剧烈,岩块反复冻融,会降低岩块的抗冻能力。

岩块的抗冻性有不同的表示方法,一般用岩块在抗冻试验前后抗压强度的降低率表示。抗压强度降低率小于20%～25%的岩块,被认为是抗冻的;大于25%的岩块,被认为是非抗冻的。

常见岩块的水理性质的主要指标,见表4.4至表4.6。

表4.4 常见岩块的吸水性

岩块名称	吸水率 w_1(%)	饱水率 w_2(%)	饱水因数 k_s
花岗岩	0.46	0.84	0.55
石英闪长岩	0.32	0.54	0.59
玄武岩	0.27	0.39	0.69
基性斑岩	0.35	0.42	0.83
云母片岩	0.13	1.31	0.10
砂岩	7.01	11.99	0.60
石灰岩	0.09	0.25	0.36
白云质石灰岩	0.74	0.92	0.80

表4.5 常见岩块的渗透系数

岩块名称	岩块的渗透系数 K(m/d)	
	室内试验	野外试验
花岗岩	$10^{-11} \sim 10^{-7}$	$10^{-9} \sim 10^{-4}$
玄武岩	10^{-12}	$10^{-7} \sim 10^{-2}$
砂岩	$8 \times 10^{-8} \sim 3 \times 10^{-3}$	$3 \times 10^{-8} \sim 10^{-3}$
页岩	$5 \times 10^{-13} \sim 10^{-9}$	$10^{-11} \sim 10^{-8}$
石灰岩	$10^{-13} \sim 10^{-5}$	$10^{-7} \sim 10^{-3}$
白云岩	$10^{-13} \sim 10^{-5}$	$10^{-7} \sim 10^{-3}$
片岩	10^{-8}	2×10^{-7}

表 4.6　常见岩块的软化因数

岩块名称	软化因数 K_d	岩块名称	软化因数 K_d
花岗岩	0.72～0.97	泥岩	0.40～0.60
闪长岩	0.60～0.80	页岩	0.24～0.74
流纹岩	0.75～0.95	泥灰岩	0.44～0.54
安山岩	0.81～0.91	片麻岩	0.75～0.97
玄武岩	0.30～0.95	千枚岩	0.67～0.96
砾岩	0.50～0.96	泥质板岩	0.39～0.52
砂岩	0.93	石英岩	0.94～0.96

4.2.2.6　岩块的膨胀性

岩块的膨胀性是指岩石遇水体积发生膨胀的性质,由岩石膨胀性试验按下列公式计算岩块自由膨胀率(V_H)、侧向约束膨胀率(V_D)、膨胀压力(P_S),即

$$V_H = \frac{\Delta H}{H} \times 100\% \qquad (4.6)$$

$$V_D = \frac{\Delta D}{D} \times 100\% \qquad (4.7)$$

$$P_S = \frac{F}{A} \qquad (4.8)$$

式中　ΔH——试件轴向变形值(mm);

　　　H——试件高度(mm);

　　　ΔD——试件径向平均变形值(mm);

　　　D——试件直径或边长(mm);

　　　F——轴向荷载(N);

　　　A——试件截面面积(m^2)。

4.2.3　岩块的力学性质

4.2.3.1　岩块的变形指标

岩块的变形指标主要有弹性模量、变形模量和泊松比。

(1)弹性模量

弹性模量是指应力与弹性应变的比值,即

$$E = \frac{\sigma}{\varepsilon_e} \qquad (4.9)$$

式中　E——弹性模量(kPa);

　　　σ——应力(kPa);

　　　ε_e——弹性应变。

(2)变形模量

变形模量是指应力与总应变的比值,即

$$E_0 = \frac{\sigma}{\varepsilon_e + \varepsilon_p} \tag{4.10}$$

式中　E_0——变形模量(Pa);

　　　ε_p——塑性应变;

　　　σ,ε_e——符号意义同式(4.9)。

(3) 泊松比

岩块在轴向压力的作用下,除产生纵向压缩外,还会产生横向膨胀。由均匀分布的纵向应力所引起的横向应变与相应的纵向应变之比的绝对值称为泊松比,即

$$\mu = \frac{\varepsilon_1}{\varepsilon} \tag{4.11}$$

式中　μ——泊松比;

　　　ε_1——横向应变;

　　　ε——纵向应变。

泊松比越大,表示岩块受力作用后的横向变形越大。岩块的泊松比一般为 0.2~0.4。

4.2.3.2　岩块的强度指标

岩块受力作用破坏有压碎、拉断和剪断等形式,故岩块的强度可分为抗压强度、抗拉强度和抗剪强度。

(1) 抗压强度

抗压强度是指岩块在单向压力作用下,抵抗压碎破坏的能力,即

$$\sigma_n = \frac{P}{A} \tag{4.12}$$

式中　σ_n——岩块抗压强度(Pa);

　　　P——岩块破坏时的压力(N);

　　　A——岩块受压面面积(m^2)。

各种岩块抗压强度值差别很大,主要取决于岩块的结构和构造,同时受矿物成分和岩块生成条件的影响。《岩土工程勘察规范》(GB 50021—2001)(2009 年版)中按饱和单轴抗压强度,将岩石分为坚硬岩(大于 60 MPa)、较坚硬岩(60~30 MPa)、较软岩(30~15 MPa)、软岩(15~5 MPa)、极软岩(小于 5 MPa)等。

(2) 抗剪强度

抗剪强度是指岩块抵抗剪切破坏的能力,以岩块被剪破时的极限应力表示。根据试验形式不同,岩块抗剪强度可分为以下几种。

① 抗剪断强度

抗剪断强度是指在垂直压力作用下的岩块抗剪断强度,即

$$\tau_b = \sigma \tan\varphi + c \tag{4.13}$$

式中　τ_b——岩块抗剪断强度(Pa);

　　　σ——破裂面上的法向应力(Pa);

　　　φ——岩块的内摩擦角(°);

　　　$\tan\varphi$——岩块摩擦因数;

c——岩块的黏聚力(Pa)。

坚硬岩块因有牢固的结晶联结或胶结联结,故其抗剪断强度一般都比较高。

② 抗剪强度

抗剪强度是沿已有的破裂面发生剪切滑动时的指标,即

$$\tau_c = \sigma \tan\varphi \tag{4.14}$$

式中　τ_c——岩块抗剪强度(Pá);

　　　$\sigma, \tan\varphi$——符号意义同式(4.13)。

显然,抗剪强度大大低于抗剪断强度。

③ 抗切强度

抗切强度是指压应力等于零时的抗剪断强度,即:

$$\tau_y = c \tag{4.15}$$

式中　τ_y——岩块抗切强度(Pa);

　　　c——符号意义同式(4.13)。

(3) 抗拉强度

抗拉强度是指岩块单向拉伸时抵抗拉断破坏的能力,以拉断破坏时的最大张应力表示。岩块的抗压强度最高,抗剪强度居中,抗拉强度最小。岩块越坚硬,其值相差越大,软弱的岩块差别较小。岩块的抗剪强度和抗压强度是评价岩块(岩体)稳定性的指标,是对岩块(岩体)的稳定性进行定量分析的依据。由于岩块的抗拉强度很小,所以当岩层受到挤压形成褶皱时,常在弯曲变形较大的部位受拉破坏,产生张性裂隙。

常见岩块的力学性质指标及部分强度对比值见表4.7。

表 4.7　常见岩块力学性质的经验数据

岩类	岩石名称	抗压强度(MPa)	抗拉强度(MPa)	弹性模量(10^4 MPa)	泊松比
岩浆岩	花岗岩	75～110 120～180 180～200	2.1～2.3 3.4～5.1 5.1～5.7	1.4～5.6 5.43～6.9	0.36～0.16 0.16～0.10 0.10～0.02
	正长岩	80～100 120～180 180～250	2.3～2.8 3.4～5.1 5.1～5.7	1.5～11.4	0.36～0.16 0.16～0.10 0.10～0.02
	闪长岩	120～200 200～250	3.4～5.7 5.7～7.1	2.2～11.4	0.25～0.10 0.10～0.02
	斑岩	160	5.4	6.6～7.0	0.16
	安山岩 玄武岩	120～160 160～250	3.4～4.5 4.5～7.1	4.3～10.6	0.20～0.16 0.16～0.02
	辉绿岩	160～180 200～250	4.5～5.1 5.7～7.1	6.9～7.9	0.16～0.10 0.10～0.02
	流纹岩	120～250	3.4～7.1	2.2～11.4	0.16～0.02

岩类	岩石名称	抗压强度（MPa）	抗拉强度（MPa）	弹性模量（10⁴ MPa）	泊松比
变质岩	花岗片麻岩	180～200	5.1～5.7	7.3～9.4	0.20～0.05
	片麻岩	84～100 140～180	2.2～2.8 4.0～5.1	1.5～7.0	0.30～0.20 0.20～0.05
	石英岩	87 200～360	2.5 5.7～10.2	4.5～14.2	0.20～0.16 0.15～0.10
	大理岩	70～140	2.0～4.0	1.0～3.4	0.36～0.16
	千枚岩 板岩	120～140	3.4～4.0	2.2～3.4	0.16
沉积岩	凝灰岩	120～250	3.4～7.1	2.2～11.4	0.16～0.02
	火山角砾岩 火山集块岩	120～250	3.4～7.1	1.0～11.4	0.16～0.05
	砾岩	40～100 120～160 160～250	1.1～2.8 3.4～4.5 4.5～7.1	1.0～11.4	0.36～0.20 0.20～0.16 0.16～0.15
	石英砂岩	68～102.5	1.9～3.0	0.39～1.25	0.25～0.05
	砂岩	4.5～10 47～180	0.2～0.3 1.4～5.2	2.78～5.4	0.30～0.25 0.20～0.05
	片状砂岩 碳质砂岩 碳质页岩 黑页岩 带状页岩	80～130 50～140 25～80 66～130 6～8	2.3～3.8 1.5～4.1 1.8～5.6 4.7～9.1 0.4～0.6	6.1 0.6～2.2 2.6～5.5 2.6～5.5	0.25～0.05 0.25～0.08 0.20～0.16 0.20～0.16 0.30～0.25
	砂质页岩 云母页岩	60～120	4.3～8.6	2.0～3.6	0.30～0.16
	软页岩	20	1.4	1.3～2.1	0.30～0.25
	页岩	20～40	1.4～2.8	1.3～2.1	0.25～0.16
	泥灰岩	3.5～20 40～60	0.3～1.4 2.8～4.2	0.38～2.1	0.40～0.30 0.30～0.20
	黑泥灰岩	2.5～30	1.8～2.1	1.3～2.1	0.30～0.25
	石灰岩	10～17 25～55 70～128 180～200	0.6～1.0 1.5～3.3 4.3～7.6 10.7～11.8	2.1～8.4	0.50～0.31 0.31～0.25 0.25～0.16 0.16～0.04
	白云岩	40～120 120～140	1.1～3.4 3.2～4.0	1.3～3.4	0.36～0.16 0.16

4.2.4 影响岩块工程地质性质的因素

影响岩块工程地质性质的因素主要有岩石的矿物成分、结构、构造及成因,水的作用与风化作用等。

4.2.4.1 矿物成分

岩块是由矿物组成的,岩块的矿物成分对岩块的物理力学性质产生直接的影响。例如辉长岩的相对密度比花岗岩的相对密度大,这是因为辉长岩的主要矿物成分辉石和角闪石的相对密度比花岗岩的主要矿物成分石英和正长石的相对密度大;又如石英岩的抗压强度比大理岩的抗压强度要高得多,这是因为石英的强度比方解石的强度高。但也不能简单地认为含有高强度矿物的岩块,其强度一定就高。因为岩块受力的作用后,内部应力是通过矿物颗粒的直接接触来传递的,如果强度较高的矿物在岩块中互不接触,则应力的传递必然会受中间低强度矿物的影响,岩块不一定就能显示出高的强度。所以,在对岩块的工程地质性质进行分析和评价时,更应该注意那些可能降低岩块强度的因素,如花岗岩中的黑云母含量是否过高,石灰岩、砂岩中黏土类矿物的含量是否过高等。黑云母是硅酸盐类矿物中硬度低、解理最发育的矿物之一,它容易遭受风化而剥落,也易于发生次生变化,最后成为强度较低的铁的氧化物和黏土类矿物。在石灰岩和砂岩中,当黏土类矿物的含量大于20%时,就会直接降低岩块的强度和稳定性。

4.2.4.2 结构

岩块的结构特征是影响岩块物理力学性质的一个重要因素。根据岩块的结构特征,可将岩块分为两类:一类是结晶联结岩块,如大部分的岩浆岩、变质岩和一部分沉积岩;另一类是由胶结物联结的岩块,如沉积岩中的碎屑岩等。

结晶联结是由岩浆或溶液结晶或重结晶形成的。矿物的结晶颗粒靠直接接触产生的力牢固地联结在一起,结合力强,孔隙率小,比胶结联结的岩块具有更高的强度和稳定性。对于结晶联结的岩块来说,其结晶颗粒的大小对岩块的强度有明显影响,如粗粒花岗岩的抗压强度一般为120~140 MPa,而细粒花岗岩有的则可达200~250 MPa;又如大理岩的抗压强度一般为100~120 MPa,而最坚固的石灰岩则可达250 MPa。这说明,矿物成分和结构类型相同的岩块,其矿物结晶颗粒的大小对强度的影响是显著的。

胶结联结是指矿物碎屑由胶结物联结在一起。胶结联结的岩块,其强度和稳定性主要取决于胶结物的成分和胶结的形式,同时也受碎屑成分的影响,变化很大。就胶结物的成分来说,硅质胶结的强度和稳定性高,泥质胶结的强度和稳定性低,铁质胶结和钙质胶结的强度和稳定性介于两者之间。如泥质胶结的砂岩,其抗压强度一般只有60~80 MPa,钙质胶结的抗压强度可达120 MPa,而硅质胶结的抗压强度则可高达170 MPa。

4.2.4.3 构造及成因

构造对岩块物理力学性质的影响,主要是由矿物成分在岩块中分布的不均匀性和岩块结构的不连续性所决定的。不均匀性是指某些岩块所具有的片状构造、板状构造、千枚状构造、片麻构造和流纹构造等。岩块的这些构造,往往使矿物成分在岩块中的分布极不均匀。一些强度低、易风化的矿物,多沿一定方向富集,或呈条带状分布,或成局部的聚集体,从而使岩块的物理力学性质在局部发生很大变化。经观察和试验证明,岩块受力破坏和岩块遭受风化,首先都是从岩块的这些缺陷中开始发生的。不连续性是指不同的矿物成分虽然在岩块中的分布是均匀的,但由于存在着层理、裂隙和各种成因的孔隙,致使岩块结构的连续性与整体性受到一定程度的影响,从而使岩块的强度和透水性在不同的方向上发生明显的差异。一般来说,垂直层面的抗压强度大于平行层面的抗压强度,平行层面的透水性大于垂直层面的透水性。假如上述两种情况同时存在,则岩块的强度和稳定性将会明显降低。

4.2.4.4 水的作用

岩块饱水后强度降低,已为大量的试验资料所证实。当岩块受到水的作用时,水就沿着岩块中可见和不可见的孔隙、裂隙浸入,浸湿岩块自由表面上的矿物颗粒,并继续沿着矿物颗粒间的接触面向深部浸入,削弱矿物颗粒间的联结,使岩块的强度受到影响。如石灰岩和砂岩被水饱和后,其极限抗压强度会降低 25％～45％。像花岗岩、闪长岩和石英岩等一类的岩块,被水饱和后,其强度也均有一定程度的降低。降低程度在很大程度上取决于岩块的孔隙度。当其他条件相同时,孔隙度大的岩块,被水饱和后其强度降低的幅度也大。

4.2.4.5 风化作用

风化作用促使岩块矿物颗粒间的联结松散,并使矿物颗粒沿解理面崩解。风化作用的这种物理过程能促使岩块的结构、构造和整体性遭到破坏,孔隙率增大,实际密度减小,吸水性和透水性显著增高,强度和稳定性大为降低。随着风化作用的加强,则会引起岩块中的某些矿物发生次生变化,从根本上改变岩块原有的工程地质性质。

4.3 结构面特征及力学性质

4.3.1 结构面特征

各类结构面的规模、形态、连通性、充填物的性质、分布规律、发育密度以及它们的空间组合形式等对结构面的物理力学性质有很大的影响。

4.3.1.1 结构面的规模

实践证明,结构面对岩体力学性质及岩体稳定的影响程度,首先取决于结构面的延展性及其规模。中国科学院地质研究所将结构面的规模分为五级,如表 4.8 所示。

(1) Ⅰ级结构面

区域性的断裂破碎带,延展可达数十千米,宽度在数米至数十米之间。它直接关系到工程所在区域的稳定性。

(2) Ⅱ级结构面

Ⅱ级结构面一般指延展性较强,贯穿整个工程地区或在一定工程范围内切断整个岩体的结构面,其长度在数百米至数千米之间,宽度在几厘米至数米之间。它控制了山体及工程岩体的破坏方式及滑动边界。

(3) Ⅲ级结构面

Ⅲ级结构面一般在数米至几十米范围内的小断层、大型节理、风化夹层和卸荷裂隙中。这些结构面控制着岩体的破坏和滑移机理,常常是工程岩体稳定的控制性因素及边界条件。

(4) Ⅳ级结构面

Ⅳ级结构面延展性差,一般在数米至数十米范围内的节理、片理等中,它们仅在小范围内将岩体切割成块状。这些结构面的不同组合,可以将岩体切割成各种形状和大小的结构体,它是岩体结构研究的重点问题之一。

（5）Ⅴ级结构面

Ⅴ级结构面是延展性极差的一些微小裂隙，它主要影响岩块的力学性质。岩块的破坏由于微裂隙的存在而具有随机性。

表 4.8　结构面分级及其特征

级序	分级依据	力学效应	力学属性	地质构造特征
Ⅰ级	结构面延展长,从几千米至几十千米,破碎带宽度达数十米	1.形成岩体力学作用边界; 2.是岩体变形和破坏的控制条件; 3.构成独立的力学介质单元; 4.属于软弱结构面	构成独立的力学模型——软弱夹层	较大的断层
Ⅱ级	延展规模与研究的岩体相当,破碎带宽度比较窄,从几厘米至数米	1.形成块裂岩体边界; 2.控制岩体变形和破坏方式; 3.构成次级地应力场边界	属于软弱结构面	小断层、层间错动面
Ⅲ级	延展长度短,从数米至几十米,无破碎带,面内不夹泥,有的具有泥膜	1.参与块裂岩体切割; 2.构成次级地应力场边界	少数属于软弱结构面	不夹泥,大节理或小断层、开裂的层面
Ⅳ级	延展短,未错动、不夹泥,有的呈弱结合状态	1.影响岩体力学性质,是结构效应的基础; 2.有的为次级地应力场边界		节理、劈理、层面、次生裂隙
Ⅴ级	结构面小,且连续性差	1.岩体内形成应力集中; 2.影响岩体力学性质,是结构效应的基础		不连续的小节理、隐节理、层面、片理面

注:选自:孙广忠.岩体结构力学[M].北京:科学出版社,1988.

4.3.1.2　结构面的形态

结构面的几何形状非常复杂,大体上可分为四种类型:

（1）平直型,包括大多数层理、层面、片理和剪切破裂面等;

（2）波状起伏型,如波痕的层面、轻度揉曲的片理、呈舒缓波状的压性和压扭性结构面等;

（3）锯齿状型,如多数张性和张扭性结构面;

（4）不规则型,其结构面曲折不平,如沉积间断面、交错层理和沿原有裂隙发育的次生结构面等。

结构面的形态对结构面抗剪强度有很大的影响,一般平直光滑的结构面抗剪强度较低,粗糙起伏的结构面则有较高的抗剪强度。

结构面的形态特征一般用起伏差(h)及起伏角(i)表示,如图 4.4 所示。起伏差是指结构面的最大起伏高度。起伏角

图 4.4　结构面起伏程度的表示

i 是指迎着受力方向结构面的仰角,又称为爬坡角。内摩擦角(φ_i)是重要的抗剪强度指标,定义为竖向力作用下结构面发生剪切破坏时错动面的倾角。当结构面具有爬坡角为 i 的起伏时,其内摩擦角 φ_i 将增加 i,即

$$\varphi_i = \varphi_j + i \tag{4.16}$$

式中 φ_j——平直结构面的基本摩擦角(°)。

4.3.1.3 结构面的物质构成

有些结构面上物质软弱松散,含泥质物和水理性质不良的黏土矿物,抗剪强度很低,对岩体稳定的影响较大,如黏土岩或页岩夹层,假整合面(包括古风化夹层)和不整合面,断层夹泥、层间破碎夹层、风化夹层、泥化夹层与次生夹泥层等。对于这些结构面,除进行一般物理力学性质的试验研究外,还应对其矿物成分及微观结构进行分析,预测结构面可能发生的变化(如泥化作用是否会发展等),比较可靠地确定其抗剪强度参数。

4.3.1.4 结构面的延展性

结构面的延展性也称连续性,有些结构面延展性较强,在一定工程范围内可切割整个岩体,对稳定性影响较大。但也有一些结构面比较短小或不连续,岩体强度一部分仍为岩石(岩块)强度所控制,稳定性较好。因此,在研究结构面时,应注意调查研究其延展长度及规模。结构面的延展性可用线连续性系数或面连续性系数表示。

4.3.1.5 结构面的密集程度

结构面的密集程度反映了岩体的完整性,它决定了岩体变形和破坏的力学机制。有时在岩体中,虽然结构面的规模及延展长度均较小,但平行密集,或是互相交织切割,使岩体稳定性大为降低,且不易处理。试验表明,岩体内结构面愈密集,岩体变形愈大,强度愈低,则渗透性愈高。通常用结构面间距(d)和线密度(k)来表示结构面的密集程度。结构面间距是指沿测线方向的结构面之间的距离。线密度是指沿测线方向单位长度上的节理数量,若沿测线方向仅发育了1组节理,则线密度表示为:

$$k = \frac{n}{l} \tag{4.17}$$

式中 n——沿测线方向的结构面数量(条);
l——测线长度(m)。

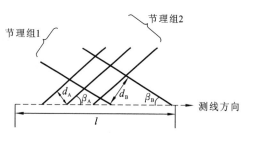

图 4.5 结构面密集程度的确定

如图 4.5 所示,沿测线方向发育了两组不同方向的节理。节理组 1 的结构面间距为 d_A,倾角为 β_A;节理组 2 的结构面间距为 d_B,倾角为 β_B。则线密度表示为:

$$k = \frac{1}{\frac{d_A}{\cos\beta_A}} + \frac{1}{\frac{d_B}{\cos\beta_B}} \tag{4.18}$$

k 值越大,则说明结构面越密集。不同测线上的 k 值差异越大,说明岩体各向异性越明显。

4.3.1.6 结构面的连通性

结构面的连通性是指一定范围的岩体中各结构面的连通程度,如图 4.6 所示。结构面的抗剪强度与其连通性有关,连通的结构面抗剪强度小,非连通的短小结构面抗剪强度大。岩体强度仍受岩块强度控制。

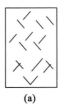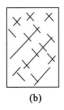

图 4.6 岩体内结构面的连通性

(a)非连通的;(b)半连通的;(c)连通的

4.3.1.7 结构面的张开度和胶结填充特征

结构面的张开度是指结构面的两壁离开的距离,分为密闭(小于 0.2 mm)、微张(0.2~1 mm)、张开(1~5 mm)和宽张(大于 5 mm)四级。有些张性断裂面,它为次生充填和地下水活动提供了条件,不仅显著地降低其抗剪强度,而且会产生静水压力、动水压力,造成大量涌水和增加山岩压力,对斜坡岩体稳定和隧道围岩稳定影响很大。

充填物质及其胶结情况对岩体稳定影响也很显著。结构面经胶结后力学性质有所改善,改善的程度因胶结物成分不同而异,如表 4.9 所示。

表 4.9 结构面胶结物质类型及性质

胶结类型	力学性质	潜在问题
硅质胶结	强度高,力学性能稳定	—
钙质胶结	强度较高,不受水的影响	遇酸性水则强度降低
铁质胶结	强度较高,力学性能不稳定	易风化
泥质胶结	强度最低,在脱水情况下有一定的强度	遇水发生泥化、软化,强度明显降低
可溶盐类胶结	干燥时有一定的强度	遇水发生溶解,强度降低

未胶结且具有一定张开度的结构面往往被外来物质所充填,其力学性质取决于充填物成分、厚度、含水性及壁岩性质等,如表 4.10 所示。

表 4.10 充填物对结构面的影响

充填类型		充填物成分	充填物厚度	影响
无充填物		—	—	无影响。结构面强度主要取决于结构面两侧岩块的力学性质及结构面粗糙度
有充填物	薄膜充填	黏土质、砂质、角砾质	多在 1 mm 以下	使结构面强度稍有降低
	断续充填		充填物不连续,厚度多小于结构面的起伏差	使结构面强度降低
	连续充填		充填物厚度一般大于起伏差	结构面强度主要受充填物强度控制,常构成岩体的主要滑动面
	厚层充填		充填物厚度较大,一般几十厘米至数米	充填物构成软弱夹层,有时表现为岩体沿接触面滑移,有时为软弱充填物本身塑性流动,常导致重大工程事故

4.3.2 软弱夹层

软弱夹层是具有一定厚度的特殊的岩体软弱结构面。它与周围岩体相比,具有显著低的强度和显著高的压缩性,或具有一些特有的软弱特性。它是岩体中最薄弱的部位,常构成工程中的隐患,应特别注意。从成因上看,软弱夹层可划分为原生的、构造的和次生的软弱夹层。

原生软弱夹层是与周围岩体同期形成,但性质软弱的夹层;构造软弱夹层主要是沿原有的软弱面或软弱夹层经构造错动而形成,也有的是沿断裂面错动或多次错动而成,如断裂破碎带等;次生软弱夹层是沿薄层状岩石、岩体间接触面、原有软弱面或软弱夹层,由次生作用(主要是风化作用和地下水作用)参与形成的。各种软弱夹层的成因类型及其基本特征如表4.11所示。

表 4.11　软弱夹层类型及其特征

成因类型	地质类型		基本特征	实例
原生软弱夹层	沉积软弱夹层		产状与岩层相同,厚度较小,延续性较好,也有尖灭者。含黏土矿物多,细薄层理发育,易风化、泥化、软化,抗剪强度低	板溪的板溪群中泥质板岩夹层;新安江志留、泥盆、石炭系中页岩夹层;贵州某工程寒武系中泥质灰岩和页岩夹层;山西某坝奥陶系灰岩中石膏夹层;四川某坝陆相碎屑岩中黏土页岩夹层;辽宁浑河某坝凝灰集块岩中凝灰质岩
	火成软弱夹层		成层或透镜体,厚度小,易软化,抗剪强度低	浙江某工程火山岩中的凝灰质岩
	变质软弱夹层		产状与层理一致,层薄,延续性较差,片状矿物多,呈鳞片状,抗剪强度低	甘肃某工程、佛子岭工程的变质岩中云母片岩夹层
构造软弱夹层	多为层间破碎软弱夹层		产状与岩层相同,延续性强,在层状岩体中沿软弱夹层发育。物质破碎,呈鳞片状,往往总呈条带状分布的泥质	沅水某坝板溪群中板岩破碎层上;犹江泥盆系板岩破碎泥化夹层;四川某坝侏罗系砂页岩中层间错动破碎夹层
次生软弱夹层	风化夹层	夹层风化	产状与岩层一致,或受岩体产状制约,风化带内延续性好,深部风化减弱,破碎,含泥,抗剪强度低	磨子潭工程黑云母角闪石片岩风化夹层;安徽弋江某工程砂页岩中风化煌斑;福建某工程石英脉与花岗岩接触风化面
		断裂风化	沿节理、断层发育,产状受其控制,延续性不强,一般仅限于地表附近,物质松散,破碎含泥,抗剪强度低	许多工程的风化断层带及节理
	泥化夹层	夹层泥化	产状与岩层相同,沿软弱层表部发育,延续性强,但各段泥化程度不一。软弱面泥化,呈塑性,面光滑,抗剪强度低	沅水某坝板溪群泥化泥质板岩夹层;四川某电站泥化黏土页岩
		次生夹层　层面	产状受岩层制约,延续性差。近地表发育,常呈透镜体,物质细腻,呈塑性,甚至呈流态,强度甚低	四川某坝砂页岩层面夹泥;安徽某坝不整合面上斑脱土夹层
		次生夹层　断裂面	产状受原岩结构面制约,常较陡,延续性差,物质细腻,结构单一,物理力学性质差	福建某坝花岗岩裂隙夹泥;四川某坝砂岩岸坡裂隙夹泥;四川某坝砂岩反倾向裂隙夹泥

软弱夹层危害很大,常是工程的关键部位。研究软弱夹层最为重要的是那些黏粒和黏土矿物含量较高,或浸水后黏性土特性表现较强的岩层、裂隙充填的泥化夹层等。这些泥质的软弱夹层分为:松软的,如次生充填的夹泥层、泥化夹层、风化夹层;固结的,如页岩、黏土岩、泥灰岩;浅变质的,如泥质板岩、千枚岩等。岩石的状态不同,其软弱的程度也不同,这主要取决于它们与水作用的程度,这是黏性土最突出的特征。

地下水对于泥质软弱夹层的作用主要表现在泥化和软化两个方面。软化是指泥岩夹层在水的作用下失去干黏土坚硬的状态而成为软黏土状态。泥化是软化的继续,使软弱夹层的含水率增大到大于塑限的程度,表现为塑态,原生结构发生改变,强度很低,c、φ 值很小,摩擦因数 f 值一般在 0.3 以下。

软弱夹层的泥化是有条件的:黏土质岩石是物质基础,构造作用使其破坏形成透水通道,水的活动使其泥化,三者必不可少。

泥化夹层的力学强度比原岩大为降低,特别是抗剪强度降低得很多,压缩性增大。压缩系数为 0.5~1.0 MPa^{-1},属高压缩性。

4.3.3 结构面的力学性质

(1) 结构面的变形特性

结构面的变形分为法向变形和切向变形,其中法向变形又包括弹性变形和闭合变形。当压力不大时,结构面会产生弹性压缩变形,其压缩量 δ 可按弹性理论中的布辛涅斯克解求得:

$$\delta = \frac{mQ(1-\mu^2)}{E\sqrt{A}} \tag{4.19}$$

式中　m——与荷载面积形状有关的系数;

　　　Q——作用于结构面上的压缩荷载(N);

　　　μ——泊松比;

　　　E——弹性模量(kPa);

　　　A——接触面的面积(m^2)。

Goodman 于 1974 年通过试验,得出法向应力 σ 与结构面闭合量 ΔV 有如下关系:

$$\frac{\sigma - \xi}{\xi} = A\left(\frac{\Delta V}{V_{mc} - \Delta V}\right)^t \tag{4.20}$$

式中　ξ——原位压力(N);

　　　V_{mc}——最大可能的闭合量;

　　　A——结构面几何特征参数;

　　　t——岩石力学性质参数。

一般由试验确定曲线方程式(4.20),步骤如下:

① 取完整岩石试件,测其轴向 σ-ΔV 曲线[如图 4.7(a)中的 A 线]。

② 将试件沿横向切开,使切缝成为一条平行于试件底面且呈波状起伏的裂缝,以模拟节理。

③ 将切缝上、下两块试块重合装上"配称切缝试件",加载测其轴向 σ-ΔV 曲线[如图 4.7(a)中的 B 线]。

④ 将切缝上、下两块试块旋转某一角度装上"非配称切缝试件",加载测其轴向 σ-ΔV 曲线[如图 4.7(a)中的 C 线]。

⑤ 利用曲线的差值求切缝的压缩量,如图 4.7(b)所示。

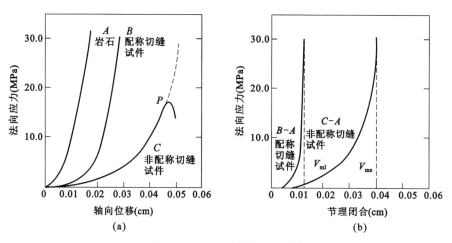

图 4.7　结构面的压缩变形曲线

如图 4.8(a)所示,结构面在剪切作用下产生切向变形,其变形特征用试验时施加的剪应力 τ 与相应的剪切位移 δ 的关系来描述。τ-δ 曲线特征取决于结构面的粗糙度、起伏度、充填物性质与厚度等。

若结构面粗糙,无充填物,随着剪切变形发生,剪应力相对上升较快,当达到剪应力峰值后,结构面抗剪能力出现较大的下降,并产生不规则的峰后变形或滞滑现象,如图 4.8(b)中的 A 线。

若结构面有充填物,初始阶段的剪切变形曲线呈下凹形,随着剪切变形的发展,剪切应力逐渐升高但无明显的峰值出现,最终达到恒定值,如图 4.8(b)中的 B 线。

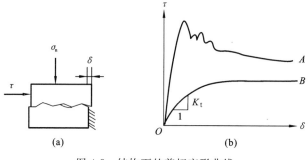

图 4.8　结构面的剪切变形曲线

(2)结构面的强度特征

结构面的抗拉强度很低,没有充填物的结构面可认为没有抗拉强度,主要表现为抗剪强度。大量试验结果表明,结构面抗剪强度一般符合摩尔-库仑准则。

结构面呈平直状时,没有波状起伏的剪切变形曲线如图 4.9 所示,τ 很小时,τ-δ 呈线性;τ 增大到足以克服摩擦阻力之后,τ-δ 呈非线性;τ 达到峰值 τ_P 后,δ 突然增大,表明试件已沿结构面破坏,此后 τ 迅速下降,并趋于一常量 τ_R(残余强度)。

如图 4.10 所示,结构面呈锯齿状时的剪切变形曲线近似于双直线。结构面受剪初期,剪切力上升较快,产生剪切位移和剪胀现象;随着剪切力和剪切变形增加,结构面上部分凸台被剪断,此后剪切力上升梯度变小,直至达到峰值抗剪强度,凸台剪断,结构面抗剪强度最终变成残余抗剪强度。在剪切过程中,凸台起伏形成的粗糙度与岩石强度对结构面的抗剪强度起着重要作用。

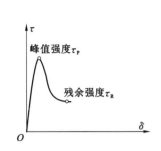

图 4.9　平直状结构面的抗剪强度曲线

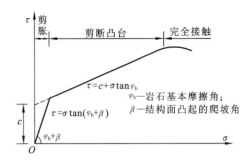

图 4.10　锯齿状结构面的抗剪强度曲线

Barton(1977 年)考虑到结构面法向力 σ、粗糙度 JRC、结构面抗压强度 JCS 的影响,提出了不规则粗糙结构面抗剪强度公式:

$$\tau = \sigma \tan\left[\mathrm{JRC}\ \lg\left(\frac{\mathrm{JCS}}{\sigma}\right) + \varphi_b\right] \tag{4.21}$$

式中　φ_b——岩石基本摩擦角;

　　　JRC——结构面粗糙度系数,Barton 将其分为 10 级,取值范围为 0～20,如图 4.11 所示;

　　　JCS——裂隙面面壁岩石抗压强度。

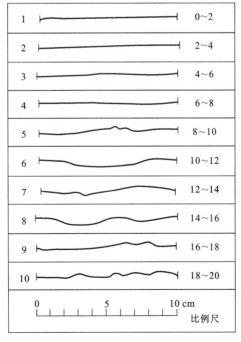

图 4.11　标准粗糙程度剖面 JRC 排列

各类结构面的抗剪强度指标参考值如表 4.12 所示。

表 4.12　各类结构面抗剪强度指标参考值

结构面类型	摩擦角(°)	黏聚力(MPa)	结构面类型	摩擦角(°)	黏聚力(MPa)
泥化结构面	10~20	0~0.05	云母片岩片理面	10~20	0~0.05
黏土岩层面	20~30	0.05~0.10	页岩节理面(平直)	18~29	0.10~0.19
泥灰岩层面	20~30	0.05~0.10	砂岩节理面(平直)	32~38	0.05~1.0
凝灰岩层面	20~30	0.05~0.10	灰岩节理面(平直)	35	0.2
页岩层面	20~30	0.05~0.10	石英正长闪长岩节理面(平直)	32~35	0.02~0.08
砂岩层面	30~40	0.05~0.10	粗糙结构面	40~48	0.08~0.30
砾岩层面	30~40	0.05~0.10	辉长岩、花岗岩节理面	30~38	0.20~0.40
石灰岩层面	30~40	0.05~0.10	花岗岩节理面(粗糙)	42	0.4
千板岩千枚理面	28	0.12	石灰岩卸荷节理面(粗糙)	37	0.04
滑石片岩片理面	10~20	0~0.05	(砂岩、花岗岩)岩石/混凝土接触面	55~60	0~0.48

4.4　岩体力学性质与工程分类

4.4.1　岩体的力学性质

结构面和软弱夹层的存在影响了岩体的工程性质,使岩体发生显著的不均匀、各向异性和不连续的现象,岩体强度明显低于岩块强度,导致应力集中,应力集中轨迹转折、弯曲和应力分布的不连续现象。

岩体变形是结构体变形和结构面变形叠加的结果,如图 4.12 所示。在长期静荷载作用下岩体应力(应变)随时间发生变化,表现出流变特性。当应力一定时,岩体变形随时间的持续而发生增长的现象称为蠕变,如图 4.13 所示。初始蠕变阶段岩体变形速度逐渐减小,平缓变形阶段变形速度接近常量,加速变形阶段变形速度加快直至岩体破坏。岩体发生蠕变破坏时的最低应力值称为长期强度。当岩体变形一定时,岩体应力随时间的持续而减小,称为松弛。

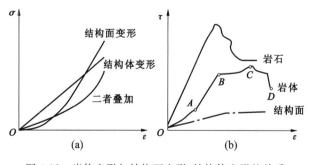

图 4.12　岩体变形与结构面变形、结构体变形的关系

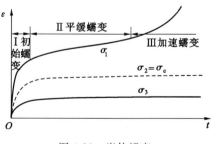

图 4.13　岩体蠕变

岩体的破坏方式受岩体结构类型控制,如图 4.14 所示。其中,块状岩体主要发生脆性破裂和块体滑移,属于重剪破坏;碎裂岩体发生追踪破裂,属于复合剪切破坏;层状岩体发生弯折,散体结构岩体破坏以塑性流动为主,属于剪断破坏。

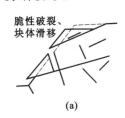 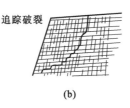 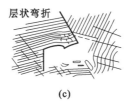 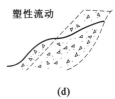

| (a) | (b) | (c) | (d) |

图 4.14　岩体破坏方式

如图 4.15 所示,按剪切破坏类型划分,坚硬完整岩体发生脆性破坏,峰值破坏前剪切位移小,破坏后应力显著降低;半坚硬或软弱破碎岩体发生塑性破坏,峰值破坏前剪切位移大,破坏后剪应力不变,岩体沿剪切面发生滑移。图中点 0 和 1 之间应力与应变成正比,点 2 处为岩体屈服极限,点 3 处为岩体破坏极限,点 4 处为岩体残余强度。

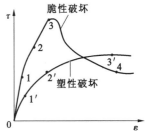

图 4.15　岩体剪切破坏类型

4.4.2　岩体强度的确定

岩体强度是各向异性的,在垂直于结构面的方向上,岩体抗剪强度接近于岩块的抗剪强度;在平行于结构面的方向上,岩体的抗剪强度取决于结构面的抗剪强度;在与结构面斜交的方向上,岩体的抗剪强度随剪切面与结构面的夹角而变化。

目前,岩体强度的确定方法主要有现场试验法和经验估计法两种。

4.4.2.1　现场试验法

(1)应力恢复法

如图 4.16 所示,当岩体应力被解除后,通过施加压力,使其恢复到原来的状态,以求得岩体在应力解除前的应力值。应力恢复法的优点是在确定岩体的应力时,无须测定岩体的应力-应变关系。

(2)应力解除法

如图 4.17 所示,在拟测点附近的一个小岩石单元周围切割出一个环状"槽子",使得这一部分岩体处于卸荷状态。从刻槽前装置好的仪器测出由于这种应力解除而引起的应变反应。

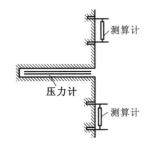 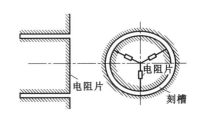

图 4.16　应力恢复法示意图　　　　图 4.17　应力解除法示意图

并根据有关岩石已知的应力-应变关系,精确换算出应力解除前岩体内三维主应力的大小和方向。该方法以其精度高、测值稳定可靠等优点,被广泛应用于岩土工程设计、矿产开采、地震研究等方面。

（3）水压致裂法

通过钻孔向地下某深度处的测点段压液,用高压将孔壁压裂,然后根据破坏压力、关闭压力及破裂面的方位,计算和确定岩体内各主应力的大小和方向。该方法能有效地利用已有钻孔进行深部地应力测试,且具有操作简便、无须知道岩体力学参数等优点,已被广泛应用于水电工程设计、铁路（公路）的隧道选线、场地稳定性评价、核废料处理以及地学研究等领域。应用该测试方法,可以得到垂直于钻孔平面的最大和最小应力的大小和方向。对于垂直钻孔,由不同深度的测试数据,可得到最大和最小水平主应力随深度的变化规律。对三个或三个以上的交汇钻孔进行测试,经过数据处理计算可得到测点附近的三维应力状态。

（4）岩体抗压和抗剪试验

如图 4.18、图 4.19 所示,在现场通过千斤顶对岩体施加轴向压力或剪力,利用压力表测量岩体的单轴抗压强度或抗剪强度。在大型及特大型工程中,则采用三轴压缩试验,通过液压枕施加围压、千斤顶施加轴向压力来测定岩体强度指标。

图 4.18 现场单轴抗压试验

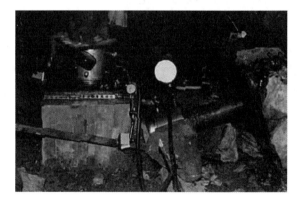
图 4.19 现场岩体抗剪试验

4.4.2.2 经验估计法

现场岩体试验费用高、耗时长,一般利用室内试验及地质资料对岩体强度指标进行估算。实际工程中常运用弹性波来确定准岩体抗压强度 R_{mc} 和准岩体抗拉强度 R_{mt},即

$$R_{mc} = KR_c = \left(\frac{v_{ml}}{v_{cl}}\right)^2 R_c \tag{4.22}$$

式中　K——岩体完整性系数;

　　　v_{ml}——岩体中的纵波波速;

　　　v_{cl}——岩块中的纵波波速;

　　　R_c——岩块饱和单轴抗压强度。

114

$$R_{mt} = KR_t \tag{4.23}$$

式中,R_t 为岩块的抗拉强度,其他符号意义同前。

岩体抗剪强度则通常根据 Hoek-Brown 经验公式进行估算。

4.4.3 岩体的工程分类

岩体工程分类的目的是从工程实际需要出发,对工程建筑物基础或者围岩的岩体进行分类,并根据其好坏,进行相应的试验,并赋予它必不可少的计算指标参数,以便于合理地设计和采用相应的工程措施。它为岩石工程建设的勘察、设计、施工和编制定额提供了必要的基本依据,达到了经济、合理、安全的目的。

岩体的工程分类是以岩体稳定性或岩体质量评价为基础的分类,主要考虑岩体力学性质指标、与岩体后期改造有关的指标(岩体结构)和岩体赋存条件方面的指标(地下水或地应力)等。

4.4.3.1 单因素指标分类

(1)岩体质量指标(RQD)分类

用直径为 75 mm 的金刚石钻头和双层岩芯管在岩层中钻进,连续取芯,如图 4.20 所示,将长度大于或等于 10 cm 的完整岩芯段长度之和与统计段钻孔总进尺的比值定义为 RQD(Rock Quality Designation),以去掉百分号的百分比值来表示。《岩土工程勘察规范》(GB 50021—2001)(2009 年版)根据 RQD 值将岩体分为好(100~90)、较好(90~75)、较差(75~50)、差(50~25)和极差(25~0)5 类。

图 4.20　岩芯样品

(2)岩体弹性波速度(v_p)分类

根据弹性波在坚硬完整岩体中传播速度高、在软弱破碎岩体中传播速度低的特点对工程岩体进行分类,如表 4.13 所示。

表 4.13　隧道围岩分类

围岩类别	Ⅵ	Ⅴ	Ⅳ	Ⅲ	Ⅱ
围岩弹性波速度 v_p (km/s)	>4.5	3.5~4.5	2.5~4.0	1.5~3.0	1.0~2.0

(3)岩体完整性系数(k_v)分类

岩体完整性系数(k_v)定义为岩体纵波波速与同类完整岩块纵波波速的比值的平方,根据 k_v 值对岩体进行分类,如表 4.14 所示。当岩体中不止一个岩性组时,应选择有代表性的点、段分别评价。当无法实测岩体完整性系数时可用单位体积内岩体的节理数(J_v)与 k_v 对照取值,已被硅质、钙质、铁质胶结的节理不应统计在内。

表 4.14　岩体完整性系数分类

岩体完整程度	完整	较完整	较破碎	破碎	极破碎
k_v	1.0~0.75	0.75~0.55	0.55~0.35	0.35~0.15	<0.15
J_v(条·m^{-3})	<3	3~10	10~20	20~35	>35

注:据铁道部科学研究院西南分院。

4.4.3.2　多因素综合指标分类

国内外岩体分类方法有数十种之多,其中应用最广、最具代表性的是岩体结构质量分类(RSR)、节理化岩体地质力学分类(RMR)、岩体质量 Q 值系统分类和岩体质量系数 Z 分类法,详见表 4.15。

表 4.15　多因素综合分类代表性方法

分类方法	岩体质量指标 计算公式及方法	参　　数	等级划分
RMR 系统	$RMR = A + B + C + D + E + F$ 和差综合法 (并联系统) (T.Bieniawski,1973)	A—岩石强度[点荷载(MPa)、单轴压],分数15~0; B—RQD(岩石质量指标),分数 20~3; C—不连续面间距(大于 2 m 且小于 6 m),分数20~5; D—不连续面性状(粗糙→夹泥),分数 30~0; E—地下水(干燥→流动),分数15~0; F—不连续面产状条件(很好→很差),分数 0~ −12	Ⅰ 很好 RMR 100~81 Ⅱ 好 RMR 80~61 Ⅲ 中等 RMR 60~41 Ⅳ 差 RMR 40~21 Ⅴ 很差 RMR≤20
RSR 系统	$RSR = A + B + C$ 和差综合法 (并联系统) (G.E.Wickham,1974)	A—地质(岩石类型:按三大岩类由硬质→破碎,划为四个等级。按构造由整体→强烈断裂褶皱,分为四等),分数 30~6; B—节理裂隙特征(按整体→极密集分为六个等级,按走向倾角与掘进方向关系折减),分数45~7; C—地下水(无→大量),分数25~6	RSR 变化范围 25~100
Q 系统	$Q = \dfrac{RQD}{J_n} \cdot \dfrac{J_r}{J_a} \cdot \dfrac{J_m}{SRF}$ 乘积法 (串联系统) (Barton,1974)	RQD—岩石质量指标,0~100; J_n—裂隙组数,无裂→碎裂,0.5~20; J_r—裂隙粗糙度,粗糙→镜面,4~0.5; J_a—裂隙蚀变程度数,新鲜→蚀变夹泥,0.75~20; J_m—裂隙水折减系数,干燥→特大水流,1~0.05; SRF—应力折减系数,表示洞室开挖中岩性及地应力对围岩抗变能力的折减,高者可达 20(高应力状态岩石趋于流动),低者 2.5(接近地表的坚固岩)	特好 Q 400~1000 极好 Q 100~400 很好 Q 40~100 好　 Q 10~40 一般 Q 4~10 坏　 Q 1~4 很坏 Q 0.1~1 极坏 Q 0.01~0.1 特坏 Q 0.001~0.01
Z 系统	$Z = l \cdot f \cdot R$ 乘积法 (串联系统) (谷德振,1979)	l—完整性系数,$l = v_m^2/v_r^2$; v_m—岩体中的纵波波速; v_r—岩石中的纵波波速; f—结构面抗剪强度系数; R—岩石坚固系数,$R = [\delta]_湿/100$,$[\delta]_湿$ 为岩石单轴抗压强度	Z 变化范围为 0.01~20

4.4.3.3 我国岩体基本质量指标(BQ)

根据《工程岩体分级标准》(GB/T 50218—2014),岩体基本质量指标(BQ)按下式计算:

$$BQ = 90 + 3R_c + 250k_v \qquad (4.24)$$

式中 k_v——岩体的完整性系数;

R_c——岩石饱和单轴抗压强度(MPa),当 $R_c > 90k_v + 30$ 时,应以 $R_c = 90k_v + 30$ 代入式(4.24)计算;当 $k_v > 0.04R_c + 0.4$ 时,应以 $k_v = 0.04R_c + 0.4$ 代入式(4.24)计算。

由 BQ 值将岩体基本质量分为五级,如表 4.16 所示。

表 4.16 岩体基本质量分级

基本质量级别	岩体基本质量的定性特征	岩体基本质量指标(BQ)
I	坚硬岩,岩体完整	>550
II	坚硬岩,岩体较完整; 较坚硬岩,岩体完整	451~550
III	坚硬岩,岩体较破碎; 较坚硬岩或软硬岩互层,岩体较完整; 较软岩,岩体完整	351~450
IV	坚硬岩,岩体破碎; 较坚硬岩,岩体较破碎至破碎; 较软岩或软硬岩互层,且以软岩为主,岩体较完整至较破碎; 较软岩,岩体完整至较完整	251~350
V	较软岩,岩体破碎; 软岩,岩体较破碎至破碎; 全部极软岩及全部破碎岩	≤250

4.4.4 岩体稳定性分析

4.4.4.1 岩体稳定性的影响因素

岩体的稳定性主要受到地质环境、岩体特征、地下水作用、初始应力状态、工程荷载、施工及运营管理水平等因素的影响。

地貌条件决定了边坡形态。坡度愈陡,坡高愈大,则稳定性愈差,平面呈凹形的边坡较呈凸形的边坡稳定。岩性是影响边坡稳定的基本因素,不同的岩层组合有不同的变形破坏形式。例如,坚硬完整的块状或厚层状岩组,易形成高达数百米的陡立斜坡,而在软弱地层的岩石中形成的边坡在坡高一定时,其坡度较缓。泥岩、页岩等一经水浸强度就大大降低。

岩体结构类型、结构面性状和其与坡面的关系是岩体稳定的控制因素。同向缓倾边坡的稳定性较反向坡要差;同向缓倾坡中,结构面的倾角愈陡,稳定性愈好;水平岩层组成的边坡稳定性亦较好。结构面走向与坡面走向之间的关系,决定了失稳边坡岩体运动的临空程度。当倾向不利的结构面走向和坡面平行时,整个坡面都具有临空自由滑动的条件。岩体受多组结构面切割时,切割面、临空面和滑动面就多些,整个边坡的变形破坏自由度就大些,组成滑动块体的机会较大。

地质构造是影响岩质边坡稳定性的重要因素,包括:区域构造特点、斜坡地段的褶皱形态、岩层产状、断层与节理裂隙的发育程度及分布规律、区域新构造运动等。在区域构造较复杂、褶皱较强烈、新构造运动较活跃区域,斜坡岩体的稳定性较差。斜坡地段的褶皱形态、岩层产状、断层及节理等本身就是软弱结构面,经常构成滑动面或滑坡周界,直接控制斜坡岩体变形破坏的形式和规模。

地下水对岩体稳定性的影响也是十分显著的,大多数岩体的变形和破坏与地下水活动有关。一般情况下,地下水位线以下的透水岩层受到浮力的作用,而不透水岩层的坡面受到静水压力的作用;充水的张开裂隙承受裂隙水静水压力的作用;地下水的运动,对岩坡产生动水压力。另外,地下水对岩体还具有软化、冻胀、溶解等作用,地表水对斜坡坡面具有冲刷作用等。

地震作用、爆破震动、气候条件、岩石的风化程度、工程力的作用以及施工程序和方法等都会对岩体的稳定性起到重要作用。

4.4.4.2 岩体稳定性分析方法

岩体稳定性分析方法可分为定性分析、定量分析和试验分析等。其中定性分析主要有工程地质类比法和工程地质分析法,定量分析主要有极限平衡法、力学解析法和数值计算法。

(1) 工程地质类比法

工程地质类比法是生产实践中最常用、最实用的岩体稳定性分析方法。它主要是应用自然历史分析法认识和了解已有边坡岩体的工程地质条件,并与将要设计的边坡岩体工程地质条件相对比,把已有边坡的研究或设计经验用到条件相似的新边坡的研究或设计中去。一般情况下,在工程地质比拟所要考虑的因素中,岩石性质、地质构造、岩体结构、水的作用和风化作用是主要的,其他如坡面方位、气候条件等是次要的。

(2) 工程地质分析法

工程地质分析法主要是通过岩体结构分析,对岩体抗滑稳定性的定性分析。岩体的破坏,往往是一部分不稳定的结构体沿着某些结构面拉开,并沿着另一些结构面向着一定的临空面滑移的结果。这就揭示了岩体稳定性破坏所必须具备的边界条件(切割面、滑动面和临空面)。所以,通过对岩体结构要素(结构面和结构体)的分析,明确岩体滑移的边界条件是否具备,就可以对岩体的稳定性做出判断。其分析步骤为:

① 对岩体结构面的类型、产状和特征进行调整、统计、研究;

② 对各种结构面及其空间组合关系、结构体的立体形式采用赤平极射投影并结合实体比例投影来进行分析;

③ 对岩体的稳定性做出评价。

(3) 极限平衡法

极限平衡理论一般都遵循一些基本假设:将滑体作为均质刚性体,不考虑其本身变形;遵循摩尔-库仑定律准则;认为下滑力等于抗滑力时,边坡处于极限(临界)稳定状态。岩体稳定性分析步骤为:

① 根据边坡的地质条件,分析边坡破坏的类型与特点,确定可能失稳的边界条件(切割面、滑动面、临空面),以确定失稳体(滑体)的形态、规模和范围。

② 进行失稳体的受力分析。除自重外,应根据失稳体的具体工程地质条件和工程荷载特点,确定失稳体各部分受力状态和大小。

③ 根据可能构成滑移的结构面特性、边坡工程地质条件及有关的试验资料,选择结构面

的内摩擦角(φ)、黏聚力(c)、岩体的重度(γ)、地下水位标高与失稳体几何形态等参数。

④ 稳定性判别,一般常用剩余下滑力(亦称推力)或安全系数两种指标。剩余下滑力是指沿滑移面的下滑力与抗滑力的代数和。当剩余下滑力为正值时,说明岩体处于不稳定状态;沿最危险滑动面上的总抗滑力与该面上的实际下滑力的比值,称为安全系数(K)。当计算得到的 K 值等于 1 时,岩体处于极限状态;当 K 值大于 1 时,岩体稳定。

(4)其他方法

块体力学分析是假定岩体的滑移体都是刚性体的前提条件下,用刚体极限平衡法计算岩体抗滑稳定系数的一种方法。该法简单实用,便于工程上应用。但它不能完全反映岩体滑移的机制、岩体内和滑移面上应力和变形的真正分布情况,因而所得的稳定性指标不可能完全反映实际情况。

数值计算法是将岩体地质模型概化为数学模型,并计算分析结构内力及岩体中不同部位的应力状态和变形情况。由于地质体是一种复杂的介质,参数和边界条件确定等问题都有待进一步研究。

模型试验法可以直接观察滑移面的破坏过程,并对其他计算方法提供参考。它的基本要求是模型与原型的线性尺寸成比例,材料、荷载条件和边界条件都相似。如何准确地反映和模拟岩体复杂地质条件及其力学特征,提高模型精度和确定应用范围,还有待进一步研究。

本 章 小 结

(1)岩石和岩体是不同的概念,岩石的工程特性与岩体的工程特性也存在很多差异。

(2)岩块的工程地质性质包括物理性质、水理性质和力学性质。常见的物理性质指标有重度和孔隙率。常见的水理性质指标有吸水率、饱水率、饱水因数、渗透系数和软化因数等。常见的力学性质指标有抗剪强度、抗切强度和抗剪断强度。影响岩块工程地质性质的主要因素有矿物成分、结构、构造、水的作用与风化作用。

(3)岩体结构包括结构面和结构体两个要素。结构面是指存在于岩体中的各种不同成因、不同特征的地质界面,如断层、节理、层理、软弱夹层和不整合面等。结构体是由结构面切割后形成的岩石块体。结构面和结构体的排列与组合特征便形成了岩体结构。常见的岩体结构类型可划分为整体状结构、块状结构、层状结构、碎裂状结构和散体状结构等。

(4)结构面的规模、形态、物质构成、延展性、密集程度、连通性、张开度和胶结填充特征对其力学性质影响很大。结构面在法向力作用下发生压缩变形,在切向力作用下发生剪切变形和剪胀作用。软弱夹层常形成工程隐患。

(5)岩体的强度和变形特征受到岩块强度、变形和结构面强度、变形两方面的影响,坚硬完整岩体发生脆性破坏,半坚硬或软弱破碎岩体发生塑性破坏。应当注意,岩体的变形和破坏是一个极为复杂的过程,目前存在多种岩体强度理论,各自都有特定的适用条件,将来在工作中可根据实际情况选用。本章还介绍了岩体强度的确定方法。

(6)岩体的工程分类方法多,规范类别也多,既有国家规范,也有行业规范,实际工作中应根据工程特点恰当选用。本章介绍了岩体工程分类最具代表性的单因素指标分类、多因素综合指标分类及我国岩体基本质量指标(BQ)。

(7)岩体稳定性的影响因素包括地质环境、岩体结构特征、地下水作用、初始应力状态、工程荷载、施工及运营管理水平等。

思 考 题

4.1 岩石和岩体有何区别与联系?

4.2 岩块的物理、力学、水理指标有哪些?其含义是什么?

4.3 什么是岩体结构?有哪些类型?

4.4 何谓结构面?它有哪些类型?

4.5 结构面的特征指标有哪些?

4.6 试说明结构面对岩体力学性质的影响。

4.7 岩体强度有什么特点?

4.8 为什么要进行岩体的工程分类?

4.9 岩体稳定性受哪些因素影响?

4.10 何谓工程岩体?它有哪些分类方法?

4.11 试解释 RQD 的含义。

4.12 在某高应力地区开挖隧道,无岩体声波测速资料,基本不受地下水影响,但通过节理调查可知岩体单位体积内结构面为 6 条。岩石单轴抗压强度为 45 MPa,结构面走向与洞轴线夹角为 28°,倾角 80°。试运用岩体 BQ 分类确定岩体质量等级。

5 地 下 水

章节序号	知识点	能力要求
5.1	①地下水的基本概念 ②岩石中的空隙与水分 ③含水层与隔水层	①掌握地下水的概念 ②理解岩石空隙类型,了解地下水的存在形式 ③掌握含水层与隔水层的含义
5.2	①地下水的物理性质 ②地下水的化学成分 ③地下水化学成分的形成及影响因素	①了解地下水的物理性质 ②理解地下水的化学成分,掌握其主要化学性质 ③了解影响地下水化学成分形成的因素
5.3	①按埋藏条件分类 ②按照含水层的空隙性质分类	①掌握上层滞水的概念以及性质 ②掌握潜水和承压水的概念,以及分布特征 ③理解孔隙水、裂隙水和岩溶水的性质
5.4	①地下水的补给 ②地下水的径流 ③地下水的排泄	①理解地下水的补给来源 ②了解地下水的径流强度、径流方向、径流条件以及径流量等内容 ③理解地下水的排泄方式
5.5	①地下水运动的基本形式 ②集水建筑物类型与稳定井流公式 ③其他井流公式	①掌握地下水运动的基本形式,了解地下水运动的基本规律 ②理解集水井建筑物的类型,了解稳定井流公式 ③了解非稳定井流以及有越流的承压井流公式
5.6	①地下水位变化的影响 ②地下水对地基或基坑的渗流破坏	理解地下水对工程建设的影响

在自然界中水的分布极为广泛,分布于大气圈的称为大气水,分布于地表面的称为地表水,分布于地壳中的称为地下水。这三种水都处于不断运动且互相转化的过程中,对建筑工程有直接影响。其中,既有有利作用,也有危害作用的主要是地下水。地下水是埋置于地表水以下岩土体空隙(孔隙、裂隙、溶隙)中各种状态的水,它是水资源的重要组成部分,是人们赖以生存和从事生产、生活不可缺少的宝贵资源,往往是更为可贵的供水水源。但它也给工程建设带来一定的困难和危害,因此,研究地下水对国民经济建设具有重要意义。本章主要论述地下水的基本概念,地下水的物理性质与化学成分,地下水的分类,地下水的补给、径流、排泄,地下水的运动规律,地下水与工程建设等。

5.1 地下水的基本概念

5.1.1 参与自然界水循环的地下水

5.1.1.1 自然界中的水循环

地球上的水广泛存在于大气圈、水圈、岩石圈与生物圈中。地球上的水总量约为 1338×10^{15} m^3,在海洋中分布有 1300×10^{15} m^3,埋置在地面以下 17 km 以内的地下水总量为 8.4×10^{15} m^3,其中 50% 的地下水埋置在地面以下 1 km 范围内。由此可见,地下水只是自然界中水的极少一部分,然而它却与大气水、地表水成为相互转化的一个整体。自然界中的水循环就反映了大气水、地表水、地下水三者之间的相互联系。

在太阳热的作用下,从水面、岩(土)表面和植物叶面蒸发的水,以水蒸气的形式上升到大气圈中,又能在适宜的条件下凝结成雨、雪、霜、雹等形式降到地面或水面上。降到地面上的水,一部分形成地表水,一部分渗入地下形成地下水,还有一部分再度蒸发返回到大气圈中。而地下水在地下渗流一段距离后,又可能溢出地表,形成地表水,如图 5.1 所示。按照水循环的范围不同,分为大循环和小循环。大循环是指在海洋与陆地之间整个范围内的循环,而小循环则指陆地或海洋本身内部的循环。海洋表面蒸发是构成大陆上大气降水的主要来源,因此近海地区往往降水量大,气候潮湿。但陆地上河湖表面、地面的蒸发和植物叶面的蒸腾作用同样是大陆范围内降水的来源。一个地区降水量的多少,既取决于大循环的频率,又取决于小循环的频率。因此,在干旱和半干旱地区,大修水库、大面积植树造林、人为地加强水循环,可以改变当地降水情况。

5.1.1.2 我国水循环概况

我国全境几乎均属季风气候,一年中有明显的旱季与雨季之分。我国东南部受太平洋副热带高压影响,大约每年四五月份最南部开始进入雨季,随着时间的推移,降水带逐渐北移,六七月份位于江淮地区,七八月份到达华北、东北以及内陆某些地区。我国西南、云南到西藏一带,受印度洋季风的影响,大致从六月到九月为雨季。这种分明的雨季与旱季,使我国水资源在时间分配上相当不均衡。水量随时间变化的根本原因是水循环过程的不均匀性,这也就给

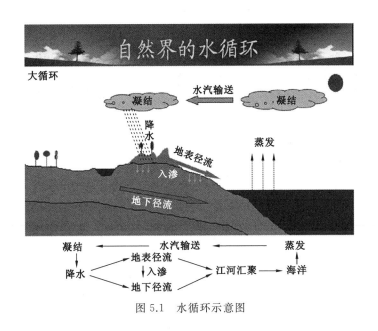

图 5.1　水循环示意图

用水带来了不利影响。

我国幅员辽阔,不同地区距海洋的远近也不相同。东南沿海降水量最高可达 2000～3000 mm,向西北内陆逐渐减少,直到接近于零。降水量随地区的位置不同而变化,使各地区水循环强度与频率很不相同,各地区水资源条件以及对于水需求的满足程度也不相同。一般说来,长江流域及其以南地区降水较为丰沛,水循环的总量可以满足生产、生活的需要。但由于水量季节分配不均,某些地区在干旱季节仍然感到缺水,一些地区水循环的总量虽能满足要求,但也存在某些季节水分过剩、某些季节水分不足的问题。对于具有季风气候、干湿季节分明的我国来说,这个问题尤为突出。即使是水资源丰富的长江流域及其以南地区,在干旱年份的某些季节也受到缺水困扰,这种地方也需要对水资源进行季节性调节。为此,必须根据不同地区的条件,采取促进或滞缓地表水或地下水的措施。

5.1.2　岩石中的空隙与水分

5.1.2.1　岩石中的空隙

地下水存在于岩土空隙(图 5.2)之中,岩土空隙既是地下水的储容场所,又是地下水的运动通路。空隙的大小、多少及其分布规律,决定着地下水分布与运动的特点。

将空隙作为地下水储容场所与运动通路研究时,可将空隙分为三种,即松散岩石中的孔隙、坚硬岩石中的裂隙和可溶性岩石中的溶隙,如图 5.3 所示。

(1) 孔隙

松散岩石是由大大小小的颗粒组成的,在颗粒或颗粒的集合体之间普遍存在空隙。空隙相互连通,呈小孔状,故称作孔隙。孔隙的多少用孔隙度表示。孔隙度指某一体积岩石(包括孔隙在内)中孔隙体积所占的比例。如以 P 表示孔隙度,V_p 表示孔隙体积,V 表示岩石体积,则有:

(a) (b)

图 5.2　岩土空隙

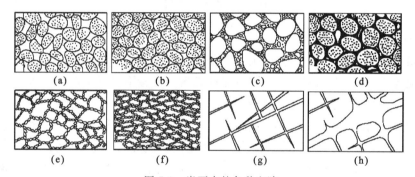

图 5.3　岩石中的各种空隙

(a)分选良好,排列疏松的砂;(b)分选良好,排列紧密的砂;(c)分选不良,含泥、砂的砾石;
(d)经过部分胶结的砂岩;(e)具有结构性孔隙的黏土;(f)经过压缩的黏土;
(g)具有裂隙的基岩;(h)具有溶隙及溶穴的可溶岩

$$P = V_p/V \text{ 或 } P = (V_p/V) \times 100\% \tag{5.1}$$

孔隙度可以用百分数或小数表示。孔隙度的大小主要取决于颗粒排列情况及分选程度,其次是颗粒形状及胶结情况。自然界中松散岩石的孔隙度大约为 37%。分选程度愈差,颗粒大小愈不相等,孔隙度便愈小。颗粒形状愈不接近球状,孔隙度愈小,因为这时突出部分相互接触,会使颗粒架空。颗粒表面常带有电荷,颗粒接触时便连接形成颗粒集合体,因此,黏土的孔隙度可以超过理论上的最大孔隙度。松散岩石受到不同程度胶结时,由于胶结物的充填,孔隙度有所降低。

(2)裂隙

固结的坚硬岩石,包括沉积岩、岩浆岩与变质岩,它们不存在或很少存在颗粒之间的孔隙;岩石中的空隙主要是各种成因的裂隙,即成岩裂隙、构造裂隙与风化裂隙。

成岩裂隙是岩石形成过程中由于冷却收缩(岩浆岩)或固结干缩(沉积岩)而产生的。成岩裂隙在岩浆岩中较为发育,如玄武岩的柱状节理。构造裂隙是岩石在构造运动过程中受外力作用产生的,各种构造节理断面即属于这种裂隙。风化裂隙是在各种物理与化学的因素作用下,岩石遭到破坏而产生的裂隙,这类裂隙主要分布于地表附近。裂隙的多少用裂隙率表示。裂隙率 K_r 即裂隙体积 V_f 在包括裂隙在内的岩石体积 V 中所占的比例,即

$$K_r = (V_f/V) \times 100\% \tag{5.2}$$

裂隙率可在野外、坑道或钻孔岩芯中测定。测定时应测其方向、延伸长度、宽度充填情况等。裂隙发育一般不均匀,其裂隙率差别较大,测量时应注意选择有代表性的部位,并且结果只能代表其一定范围。

（3）溶隙

易溶沉积岩,如岩盐、石膏、石灰岩、白云岩等,由于地下水的溶蚀会产生空洞,这种空洞就是溶隙。溶隙体积 V_k 在包括溶隙在内的岩石体积 V 中所占的比例数则为岩溶率 K_k,即

$$K_k = (V_k/V) \times 100\% \tag{5.3}$$

岩溶发育极不均匀,大的可宽达数百米,高达数十米,长达数十千米;小的则只有几毫米直径。并且,往往在相距极近处岩溶率相差极大。

5.1.2.2　水在岩石中的存在形式

岩石中存在着各种形式的水,可分为气态水、液态水(吸着水、薄膜水、毛细水和重力水)和固态水,其中以液态水为主(图 5.4)。吸着水和薄膜水又称结合水。

(a)　　　　　　　　**(b)**

图 5.4　岩石中的液态水

（1）气态水

以水蒸气形式存在于未被水饱和的岩土体空隙中,它可以从水蒸气气压大的地方向气压小的地方运移。当温度降低到 0 ℃时,气态水凝结成液态水。气态水在一定温度、压力条件下,与液态水相互转化,两者之间保持平衡。

（2）液态水

① 吸着水

土壤颗粒表面和岩石溶隙壁面均带有电荷,水是偶极体,因此,在静电引力作用下,土颗粒或岩体裂隙壁表面可吸附水分子,形成一层极薄的水膜,称为吸着水。这些水分子和颗粒结合得非常紧密,因此也称为强结合水。它不受重力作用影响,只有变成水蒸气才能移动。吸着水不能溶解盐类,也不能被植物吸收。

② 薄膜水

在吸着水膜外层,还能吸附水分子而使水膜加厚,这部分水称为薄膜水。随着水膜的加

厚,吸附力逐渐减弱,因此薄膜水又称结合水。它不受重力影响,但水分子能从薄膜厚处向薄膜薄处移动。

③ 毛细水

充填于岩石毛细管空隙中的水称为毛细水。它同时受重力和毛细管力的作用,可以传递静水压力,毛细水上升高度取决于岩石体空隙的大小,并随地下水面的升降和蒸发作用而变化。

④ 重力水

岩土体空隙全部被水充满时,在重力作用下能自由运动的水称为重力水。它能传递静水压力,是水文地质学研究的对象。

(3) 固态水

当岩土体中温度低于 0 ℃时,空隙中的液态水就结冰转化为固态水。因为水冻结时体积膨胀,所以冬季在许多地方会有冻胀现象。在东北北部和青藏高原等高寒地区,有一部分地下水多年保持固态,形成多年冻土区。

5.1.2.3　岩土的水理性质

从水文地质观点来研究,岩土的水理性质是指与地下水的储存和运移等有关的岩土性质。它包括岩土的容水性、持水性、给水性和透水性等,代表它们的定量指标是进行地下水评价的基本参数。

(1) 容水性

岩土体空隙能容纳一定水量的性能称为容水性。表征它的指标是容水度,容水度是指岩土中所能容纳水的体积与岩土总体积之比,以小数或百分数表示。容水度在数值上与孔隙率、裂隙率、溶隙率近似相等。

(2) 持水性

饱水岩土体在重力作用下排水后仍能保持一定水量的性能称为持水性。表征持水性的指标是持水度,持水度是指岩土体所保持的水体积与岩土总体积之比,以小数或百分数表示。在重力影响下,岩土体中能保持的水主要是结合水和悬挂毛细水。

(3) 给水性

饱水岩土在重力作用下能自由排出一定水量的性能,称为给水性。表征它的指标是给水度,它是指饱水岩土能自由流出水的体积与岩土总体积之比,以小数或百分数表示。给水度在数值上等于容水度减去持水度。不同岩土体其给水度是不同的,有的较大,有的较小,甚至等于零,如表 5.1 所示。

表 5.1　松散沉积物的给水度参考值

岩石名称	给水度	岩石名称	给水度
砾石	0.30～0.35	细砂	0.15～0.20
粗砂	0.25～0.30	极细砂及粉砂	0.05～0.15
中砂	0.20～0.25	黏土	0～0.05

(4) 透水性

岩土体允许水通过的性能称作透水性,表征它的指标是渗透系数。影响透水性强弱的主要因素首先是岩土空隙的大小及其连通性,其次是空隙率的大小。渗透系数越大,表示岩土的透水性越强,如表 5.2 所示。

表 5.2　各类松散沉积物渗透系数经验值

岩石名称	渗透系数(m/d)	岩石名称	渗透系数(m/d)
黏土	0.001～0.1	中砂	5～20
粉质黏土	0.1～0.5	粗砂	20～50
粉砂	0.5～1.0	砾石	50～150
细砂	1.0～5.0	卵石	100～500

5.1.3　含水层与隔水层

在地面以下一定深度处会出现地下水面,地下水面以下是饱水带。根据其给出与透过水的能力,饱水带的岩层划分为含水层与隔水层(图 5.5)。含水层是指能给出并透过相当数量水的岩层。含水层不但储存有水,并且水可以在其中运移。隔水层是指那些不能给出并透过水的岩层,或者这些岩层给出与透过的水数量是微不足道的。

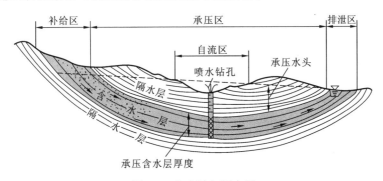

图 5.5　含水层与隔水层

判断饱水带的岩层是含水层还是隔水层,关键在于所含的水的性质。空隙细小的岩层,含有的几乎全是结合水,在一般条件下是不能移动的,这类岩层起着隔水通过的作用,所以是隔水层;空隙较大的岩层,主要含有重力水,在重力作用下能给出或透过水,就构成含水层。空隙愈大,重力水所占的比例愈大,水在空隙中运动时所受阻力愈小,透水性愈好。所以卵砾石、具有宽大的张开裂隙与溶穴的岩层,便构成透水良好的含水层。

实际上,在含水层与隔水层之间,很难划出一条分明的界限。它们的划分是相对的,而不是绝对的。对于供水来讲,只有供水能力较大的岩层才被当作含水层,供水能力微小的被视为隔水层;而在水源缺乏、需水量不大时,某些岩层能够提供的水量虽然相当小,但能够满足供水要求,自然就被当作含水层,甚至是主要含水层。

对于松散岩石,因为常呈层状,故称为含水层;对于裂隙基岩来说,裂隙发育均匀分布于全层,则称作裂隙含水层;但当裂隙发育不均匀甚至极不均匀时,称含水层就不太合理,称为含水带更合适。对于可溶性岩石,也与坚硬基岩差不多,有的形成含水层,有的形成含水带,有的则形成含水系统。

5.2 地下水的物理性质及化学成分

由于地下水埋藏、径流与补给来源不同,加之与围岩土体进行着广泛的相互作用,溶解了岩土体中某些盐分、气体和有机物质,同时地下水在参与自然界水循环的过程中,从大气降水和地表水中也获得了各种物质成分,所以地下水成为一种复杂的天然溶液。

研究地下水的物理性质和化学成分,对于了解地下水的形成条件与动态变化,进行供水水质评价,分析地下水对建筑材料的侵蚀性,以及查明地下水的污染源等方面,都具有重要意义。

5.2.1 地下水的物理性质

地下水的物理性质主要包括密度、温度、颜色、透明度、气味、味道、导电性和放射性等几方面性质。

地下水的相对密度取决于其中所溶解盐分的含量。地下淡水的相对密度通常可认为与化学纯水的相对密度相同,其数值为 1。水中溶解的盐分愈多,其相对密度就愈大,有时可达 $1.2\sim1.3$。

埋藏在不同深度的地下水,其温度变化规律不同。近地表的地下水温度受气温的影响较大,具有周期性昼夜变化与季节变化。该地下水的埋藏深度一般为 $3\sim5$ m,即日常温带以上。温度具有年度变化的地下水一般埋藏在地表以下 50 m 以内,即年常温带以上。在年常温带以下,地下水温度随埋藏深度的增加而逐渐升高,其变化规律取决于地热增温率。所谓地热增温率,是指在年常温带以下,温度每升高 1 ℃所需增加的深度,单位为 m/℃。整个地壳地热增温率平均值为 $30\sim33$ m/℃。

地下水的颜色取决于它的化学成分及悬浮其中的杂质。常见的地下水一般与化学纯水一样,是无色的。含硫化氢气体的水,在氧化后呈翠绿色;含氧化亚铁的水呈浅绿色;含氧化铁的水呈褐红色;含腐殖质的水多呈暗黄褐色;含有悬浮杂质的水,其颜色取决于悬浮物的颜色,颜色深浅则取决于悬浮物含量的多少。

地下水的透明度取决于水中固体与胶体悬浮物的含量。按透明度可将地下水分为四级,即透明的、微浊的、混浊的和极浊的四级。

地下水的气味取决于它所含气体成分与有机物质。如硫化氢气体使水具有臭鸡蛋气味,腐殖质使水具有沼泽气味。气味强弱取决于所含气体成分以及有机物质的含量。根据气味强度,把地下水分成无气味,气味极微弱、弱、显著、强和极强六级。

地下水的味道取决于它的化学成分。例如,含氯化钠的水具有咸味,含氯化铁的水具有苦味。水中各种成分的浓度愈大,其味愈强。水温低时,味道不明显。一般在 $20\sim30$ ℃时,水的味道最明显。

地下水的放射性取决于其中所含放射性元素的数量。地下水在不同程度上都具有放射性,但一般放射性极弱。

5.2.2　地下水的化学成分

地下水是一种复杂的溶液,其中溶有各种不同的离子、分子、化合物以及气体。到目前为止,在地下水中已发现 60 多种不同元素,有些是大量存在地下水中的,有些则含量极微。

5.2.2.1　地下水的主要成分

地下水中溶解的成分通常以下列几种形态存在:离子状态、化合物分子状态以及游离气体状态。

离子状态中阳离子有 H^+、Na^+、K^+、NH_4^+、Mg^{2+}、Ca^{2+}、Fe^{3+}、Mn^{2+} 等;阴离子有 OH^-、Cl^-、SO_4^{2-}、NO_2^-、NO_3^-、HCO_3^-、CO_3^{2-}、SiO_3^{2-} 等。

以未解离的化合物状态存在的有 Fe_2O_3、Al_2O_3 及 H_2SiO_3 等;气体成分有 N_2、O_2、CO_2、CH_4、H_2S 以及氡等。然而,在地下水中分布最广的离子有以下七种,即 Cl^-、SO_4^{2-}、HCO_3^-、Na^+、K^+、Ca^{2+}、Mg^{2+}。

（1）氯离子（Cl^-）

Cl^- 是地下水中分布最广的阴离子,几乎存在于所有的地下水中。其含量范围很大,每升水中有数毫克至数百克不等。地下水中 Cl^- 主要来自岩盐矿床及其他含氯化物的沉积物,其次也可能来自海水和火山岩中某些矿物,此外,地下水中的 Cl^- 还可能来自动物与人类的排泄物。因此,往往在城市或居民点附近的地下水中,Cl^- 的含量很高。

（2）硫酸根离子（SO_4^{2-}）

SO_4^{2-} 广泛存在于地下水中,其总含量次于 Cl^-。在每升地下水中其含量变化范围为小于 1 毫克至数克不等,一般为数十毫克。地下水中 SO_4^{2-} 的主要来源为石膏及其他含硫酸盐的沉积物。其次,也有一部分来自天然硫及硫化物的氧化产物。

（3）重碳酸根离子（HCO_3^-）

HCO_3^- 广泛分布于地下水中,但其绝对含量始终不高,一般不超过 1 g/L,个别可达数十克每升。地下水中 HCO_3^- 的主要来源为碳酸盐岩石,如石灰岩、白云岩与泥灰岩等的溶解。

（4）钠离子（Na^+）

钠离子在低矿化水中的含量一般很低,但在地下水中广泛存在。在每升水中最高含量可达一百克。地下水中 Na^+ 的主要来源为岩盐矿床及含钠盐沉积,在沿海地区 Na^+ 也来自海水。Na^+ 在地下水中主要与 Cl^- 伴存。

（5）钾离子（K^+）

钾离子的来源及其特点,都与钠离子相近。它来自含钾盐的沉积岩的溶解以及岩浆岩、变质岩中含钾矿物的风化溶解。钾盐的溶解度很大,但是 K^+ 在地下水中的数量不多,这是因为 K^+ 易被黏土颗粒吸附,又易被植物吸收,并易参与次生矿物（如水云母等）的生成。

（6）钙离子（Ca^{2+}）

Ca^{2+} 在地下水中分布很广,是低矿化地下水中的主要阳离子,每升水中含量一般不超过数百毫克。地下水中 Ca^{2+} 的主要来源为碳酸盐岩石以及含石膏岩石的溶解。Ca^{2+} 在地下水中主要与 HCO_3^- 和 SO_4^{2-} 伴存。

（7）镁离子（Mg^{2+}）

Mg^{2+}在地下水中分布也较广，但绝对含量不高。其主要来源为白云岩以及基性岩石中的某些矿物，如辉石与橄榄石类矿物的风化产物。镁盐的溶解度较钙盐大，但在地下水中Mg^{2+}的含量比Ca^{2+}少，这是Mg^{2+}易被植物吸收所致。Mg^{2+}在地下水中主要与HCO_3^-伴存。

地下水中的主要气体成分为O_2、N_2、CO_2、H_2S等。地下水中O_2与N_2主要来源于大气，因此在近地表的地下水中它们的含量较大，愈往深处，其含量愈少。H_2S通常是缺氧条件下生物化学还原作用的产物。H_2S常见于深层地下水中，在油田水中H_2S的含量往往较高。地下水中的CO_2的来源很复杂，它可能来自大气，也可能由土壤中的生化作用生成。另外，火山或岩浆活动的地带，碳酸盐类岩石遇热分解时也能生成CO_2。

5.2.2.2 地下水的主要化学性质

地下水的主要化学性质包括氢离子浓度指数、矿化度、硬度等。

（1）氢离子浓度指数（pH值）

纯水中氢离子的出现是水分子离散所致。有一个水分子离解而生成一个H^+和一个OH^-，因此呈中性。当水中H^+的浓度大于OH^-的浓度时，水呈酸性，反之则呈碱性。水的酸碱度通常用"氢离子浓度指数"，即pH值表示。pH值等于7的水呈中性，pH值小于7的水呈酸性，pH值大于7的水呈碱性。

（2）矿化度

水中所含各种离子、分子和化合物的总量称为水的总矿化度，单位以克每升（g/L）表示。总矿化度表示水中含盐量的多少，即水的矿化程度，故又称矿化度。通常是在105～110 ℃下将水蒸干所得的干涸残余物总量来确定。根据矿化度的大小，可将地下水分为淡水（小于1 g/L）、微咸水（1～3 g/L）、咸水（3～10 g/L）、盐水（10～50 g/L）和卤水（大于50 g/L）五类。

高矿化水能降低混凝土强度、腐蚀钢筋，并能促进混凝土表面风化，故拌和混凝土时，一般不允许用高矿化水。

（3）硬度

水中的钙、镁离子构成水的硬度。硬度对生活用水和工业用水影响很大。用硬水洗衣，肥皂起泡少，造成浪费；用硬水煮饭做菜，不易煮熟；锅炉用水对硬度要求严格，因为硬水易生成锅垢，既浪费燃料，又易引起爆炸。

硬度分为总硬度、暂时硬度、永久硬度与碳酸盐硬度四种。总硬度：在水中所含的Ca^{2+}与Mg^{2+}总量称为总硬度。暂时硬度：将水加热至沸腾，由于形成碳酸盐沉淀而使水失去一部分Ca^{2+}与Mg^{2+}，这部分的Ca^{2+}与Mg^{2+}的总量称为暂时硬度。永久硬度：总硬度与暂时硬度之差称为永久硬度，一般来说，永久硬度相当于水中SO_4^{2-}与Cl^-相对应的Ca^{2+}、Mg^{2+}的含量。碳酸盐硬度：水中与HCO_3^-含量相当的Ca^{2+}、Mg^{2+}含量称为碳酸盐硬度。

硬度的表示方法很多，有德国制、法国制、英国制和希腊制等。我国普遍采用德国制硬度，用$H°$符号表示，一般用毫克/升或毫克当量/升两种单位表示，因此计算时必须进行换算。一个德国制硬度相当于一升水中有7.1 mg Ca^{2+}或4.3 mg Mg^{2+}。

根据硬度将地下水分为五类，如表5.3所示。

表 5.3 地下水硬度分类表

分类	（Ca^{2+} ＋ Mg^{2+}）毫克当量/升	德国制硬度（H°）
极软水	＜1.5	＜4.2°
软水	1.5～3.0	4.2°～8.4°
微硬水	3.0～6.0	8.4°～16.8°
硬水	6.0～9.0	16.8°～25.2°
极硬水	＞9.0	＞25.2°

5.2.2.3 侵蚀性

侵蚀性是指对碳酸盐类物质（如石灰岩、混凝土等）、金属机械与钢筋构件的侵蚀能力。

（1）对金属的腐蚀

地下水对机械或钢筋的酸性侵蚀主要与水的酸性强弱有关。pH 值愈小，酸性愈强，水对金属的腐蚀作用愈强。当 pH＝6.5 时，水开始对机械腐蚀；当 pH＜4 时，只要机械被泡上几天就不能用了。

（2）对混凝土的侵蚀

地下水能破坏混凝土，是因为地下水能溶解混凝土中的某些成分，并能形成一些新的化合物。

① 硫酸型侵蚀

当水中 SO_4^{2-} 含量较多时，会与混凝土中某些成分相互作用，形成含水的硫酸盐结晶体（如 $CaSO_4 \cdot 2H_2O$），在这种新化合物的形成过程中，混凝土体积膨胀，从而结构遭到破坏，故又称结晶性侵蚀。

② 碳酸型侵蚀

碳酸型侵蚀主要是指水中侵蚀性二氧化碳对混凝土中钙质成分的溶解，从而造成混凝土成分的溶解，使混凝土遭到破坏。

5.2.3 地下水化学成分的形成及其影响因素

地下水的化学成分是很复杂的，各种成分的形成取决于地下水的起源及其以后的存在环境。

5.2.3.1 地下水化学成分的形成作用

各种起源的地下水，在其发展过程中与周围介质不断相互作用，因此地下水的形成也就不断变化着。在地质与自然地理条件综合作用下，地下水化学成分的形成作用是多种多样的。

地下水化学成分的主要形成作用有溶滤溶解作用、混合作用、浓缩作用、阳离子交替吸附作用、硫酸化作用、脱硫酸作用和脱碳酸作用等几种。

（1）溶滤溶解作用

矿物中部分元素进入水中，而没有破坏矿物晶格的作用称为溶滤作用，而溶解作用则是指组成矿物的全部元素转入水中的作用，因此溶滤作用实质上是一种部分溶解作用。由溶滤溶解作用形成的地下水的化学成分，与岩石矿物成分有着密切关系。此作用除了受岩性条件的影响外，还与含水层的径流条件有关。

（2）混合作用

当两种或数种成分或矿化度不同的地下水相遇时，所形成的地下水在成分与矿化度方面皆与之前不同，这种作用称为混合作用。如在滨海地区受海水补给的地下水，往往是海水与大气渗入水混合作用的产物。

（3）浓缩作用

在水的蒸发过程中，水分不断地被蒸发，而盐分则积累下来，其浓度相对增大，这种作用称为浓缩作用。此作用的结果除表现为水的矿化度增高外，其成分还可能发生变化。

（4）阳离子交替吸附作用

岩石颗粒表面往往带有负电荷，因此能吸附某些阳离子。当某种成分的地下水与岩石颗粒接触时，水中的某些离子会被岩石颗粒表面吸附，并替代原被吸附在表面的阳离子，而后者进入水中，因此改变了地下水的成分，这种作用称为阳离子交替吸附作用。按吸附能力从强到弱，离子顺序排列如下：

$$H^+，Fe^{3+}，Al^{3+}，Ba^{2+}，Ca^{2+}，Mg^{2+}，K^+，Na^+$$

阳离子交替吸附作用并不完全取决于离子的性质，还与离子的浓度有关。该吸附作用易在细颗粒的岩石与土中，特别是黏土、亚黏土中发生，因为这类土具有很大的表面能。

（5）硫酸化作用

在硫化矿体附近的地下水，在富含氧气的情况下往往形成大量硫酸根离子，使地下水呈酸性，并富含铁、铜、铅等金属离子成分。地下水的硫酸化作用主要发生在硫化矿体浅部的氧化带内。

（6）脱硫酸作用

当地下水中存在有机物时，因微生物（脱硫细菌）的作用，水中 SO_4^{2-} 被还原而生成 H_2S，导致水中的 SO_4^{2-} 减少以至消失，这种作用称为脱硫酸作用。油田水中 SO_4^{2-} 的含量往往极少或者没有，而 H_2S 气体含量却很高，这一点可作为寻找石油的标志之一。

（7）脱碳酸作用

地下水溶解碳酸岩石的能力主要取决于水中 CO_2 的含量。当温度升高或压力降低时，水中 CO_2 的含量会减少，这时水中的 HCO_3^- 会与 Ca^{2+} 和 Mg^{2+} 反应生成 $CaCO_3$ 和 $MgCO_3$ 沉淀。这种使水中 HCO_3^- 含量减少的作用，称为脱碳酸作用。

5.2.3.2　影响地下水化学成分形成的因素

影响地下水化学成分形成的作用很多。不同的作用能否进行以及进行的强弱程度主要取决于以下四种因素，即地质因素、自然地理因素、时间因素和人为因素。

（1）地质因素

该因素包括地质岩性与地质构造两个方面。地质岩性的差异影响溶滤溶解作用的结果；地质构造对地下水化学成分也有十分重要的影响。在隆起的构造区，地下水的形成作用以溶滤溶解作用为主，而在向斜构造封闭良好的大盆地中，则可能有脱硫酸作用发生。在深大断裂带或破碎带，经常将地壳表层的地下水与深层地下水连通，从而促进了混合作用发展。

（2）自然地理因素

该因素包括气候、水文、地貌及生物几个方面。气候要素中对地下水化学成分有直接影响的是蒸发与降水。蒸发能促进浓缩作用的发展，而降水是渗入水的补给源。水文因素的影响表现在地表水与地下水的补给关系上。地形的起伏大小影响着补给地下水的水量，同时也影响径流条件的好坏，因此影响形成地下水的水化学作用及其强弱程度。生物作用能在很大程度上改变地下水的化学成分,例如土壤中生物化学作用形成的 CO_2 渗入地下水后,可以明显增强地下水对碳酸盐的溶解能力,从而使地下水中 HCO_3^-、Ca^{2+} 含量迅速增加。

（3）时间因素

该因素对各种地下水化学成分形成作用的影响都是很大的。某种作用进行的时间持续得愈长,这种作用进行得也愈彻底。

（4）人为因素

人类活动,如灌溉、采矿、排水等,往往使地下水的化学成分发生某种变化。例如灌溉水渗入地下后常补给地下水,从而引起地下水化学成分的改变。许多硫化矿床或煤矿开采后,充氧条件变好,形成大量硫酸,使矿区地下水具强酸性,富含 SO_4^{2-}。

5.3 地下水的分类

重力水在岩石空隙中的赋存形式千变万化,根据其埋藏条件可以将地下水分为上层滞水、潜水和承压水,如图 5.6 所示。根据含水层的空隙性质又可将地下水分为孔隙水、裂隙水和岩溶水三种,如表 5.4 所示。

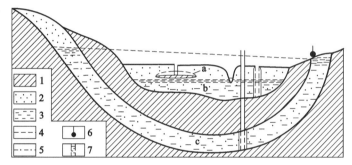

图 5.6 上层滞水、潜水和承压水

1—隔水层;2—透水层;3—饱水部分;4—潜水位;5—承压水测压水位;6—泉(上升泉);7—水井,实线表示井壁不进水

a—上层滞水;b—承压水;c—潜水

表 5.4 地下水分类表

埋藏条件	含水层的空隙性质		
	孔隙水	裂隙水	岩溶水
上层滞水	土壤水,局部黏性土隔水层上季节性存在的重力水;过路及悬留的毛细水和重力水	裂隙岩体浅部季节性存在的毛细水和重力水	裸露岩溶化岩层上部岩溶通道中季节性存在的水
潜水	各类松散沉积物浅部的水	裸露于地表的各类裂隙岩层中的水	裸露于地表的岩溶化岩层中的水
承压水	山间盆地及平原松散沉积物深部的水	组成构造盆地、向斜构造或单斜断块的被掩覆的各类裂隙岩层中的水	组成构造盆地、向斜构造或单斜断块的被掩覆的各类岩溶化岩层中的水

5.3.1 按埋藏条件分类

5.3.1.1 上层滞水

上层滞水是指存在于包气带中局部隔水层上面的重力水。它由大气降水和地表水渗入补给,并在原地以蒸发或向隔水层四周散流的形式排泄,其动态随季节变化而变化。由于其分布范围有限,水量小,故只能作为小型临时性的供水水源。在基坑开挖遇到该层水时,也容易处理。

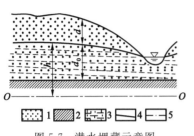

图 5.7 潜水埋藏示意图

1—砂层;2—隔水层;3—含水层;
4—潜水面;5—基准面
d—潜水埋藏深度;
d_0—含水层厚度;h—潜水位

5.3.1.2 潜水

潜水是埋藏于地表以下第一个稳定隔水层之上具有自由水面的重力水。潜水具有的自由水面称为潜水面。潜水面任意一点的高程称为该点的潜水位(h)。潜水面至地表的距离为潜水的埋藏深度(d)。从潜水面至隔水层顶面之间充满了重力水的岩土层称为潜水含水层,其间的垂直距离为含水层厚度(d_0),见图 5.7。

5.3.1.3 承压水

承压水是指充满于两个隔水层(或弱透水层)之间,具有静水压力的重力水。承压含水层具有静水压力,其上部隔水层称为隔水顶板,下部隔水层称为隔水底板,顶、底板之间的垂直距离称为承压含水层的厚度(d)。打井时,若未揭穿隔水顶板则见不到承压水,当揭穿隔水顶板后才能见到,此时的水面高程为初见水位,以后水位不断上升,达到一定高度便稳定下来,该水位高程称为稳定水位,即为该点的承压含水层的承压水位,也称为测压水位。若两个隔水层之间的含水层未被水充满,则称层间无压水或称层间潜水,如图 5.8 所示。

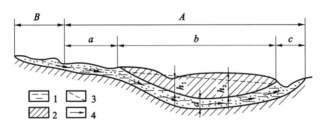

图 5.8 承压盆地剖面示意图

1—含水层;2—隔水层;3—承压水位;4—承压水流向
A—承压水分布范围;B—潜水分布范围;a—补给区;b—承压区;c—泄水区;
h_1—正水头;h_2—负水头;d—承压含水层厚度

5.3.2 根据含水层的空隙性质分类

5.3.2.1 孔隙水

埋藏在孔隙岩层中的地下水称为孔隙水。在我国,第四系与部分第三系未胶结或半胶结的松散沉积物中赋存孔隙地下水。

(1)洪积扇中的地下水

洪水所携带的物质以山口为中心堆积成扇形,称为洪积扇。洪积扇在岩性和地貌形态上都有其独特的变化规律,因而储存其中的地下水在埋藏深度、径流条件、水化学特征等方面,自扇顶到边缘可划分为三个水文地质带,如图5.9所示。

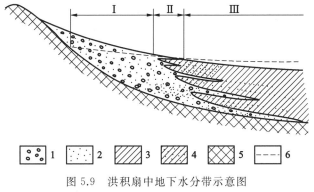

图 5.9 洪积扇中地下水分带示意图
Ⅰ—径流带;Ⅱ—溢出带;Ⅲ—垂直交替带
1—砾卵石;2—砂;3—亚黏土;4—亚砂土;5—基岩;6—水位

① 径流带

该带位于扇顶部,地形较陡。岩性多为粗砂砾石,具有良好的透水性和径流条件。水量较为丰富,潜水埋藏较深,水的矿化度低,多为重碳酸型水,溶滤作用强烈,故此带又称为地下水盐分溶滤带。

② 溢出带

该带位于洪积扇中部,地形坡度变缓,以细砂粉质砂土及粉质黏土等交错沉积。透水性弱,埋藏深度较浅,地下水常以泉或沼泽等形式露出地表,故称此带为潜水溢出带。该带蒸发作用加强,水的矿化度增高,多为重碳酸-硫酸盐型,故此带也称为盐分过路带。

③ 垂直交替带

该带位于洪积扇前缘,主要由黏性土和粉砂夹层组成。岩层透水性极弱,径流很慢,蒸发作用强烈,水以垂直交替为主,故称潜水垂直交替带。地下水埋藏浅,矿化度较高,常以硫酸-氯化物型水或氯化物型水存在,地表往往形成盐渍化,故也称此带为盐分堆积带。

(2) 冲积平原中的地下水

在冲积平原上,近期古河道与现代河道,地势最高,沉积物颗粒为粗砂,随地势变低岩性逐渐变为粉质砂土、粉质黏土,在低洼中心部堆积黏性土。随着地势从高到低,地下水具有良好的分带特征。近期古河道与现代河道由于地势高、岩性粗、透水性好、埋深较大、蒸发较弱,地下水以溶滤作用为主,水质良好。从两侧向河间洼地地势逐渐变低,岩性变细,透水性变差,地下水水位变浅,蒸发增强,矿化度增大,水质变差。

5.3.2.2 裂隙水

埋藏于基岩裂隙中的地下水称为基岩裂隙水。按其埋藏条件可分为上层滞水、潜水、承压水;按含水层的产状可分为面状裂隙水、层状裂隙水、脉状裂隙水;按裂隙成因又可分成风化裂隙水、成岩裂隙水、构造裂隙水。

(1) 风化裂隙水

该类地下水埋藏在基岩的风化壳中,多为潜水。因风化裂隙分布均匀、密集,连通性好,故形成统一的水面;因分布广泛、埋深不大,故便于开采。但由于水量有限,只能作为分散的山区居民生活用水或灌溉用水水源。

风化裂隙水主要来自大气降水补给,因此其水位、水量随季节变化很大,而且与地形关系也较为密切。风化裂隙水还与风化母岩的岩石性质关系很大。在刚性岩石中形成的风化裂隙水,其水量一般很大,而在泥岩等岩石中由于其风化裂隙被充填,水量较小。风化裂隙水中的深度取决于风化深度,一般在 $10\sim50$ m,在构造裂隙发育地段,可加深至上百米或更深。风化裂隙水一般水质较好,多为低矿化的重碳酸钙型水。

（2）成岩裂隙水

成岩裂隙水常出现在喷出岩中,其成岩裂隙比风化裂隙张开性好,有利于地下水的储存和运移,当被地形切割时,呈泉群涌出,成为重要的供水水源。当具有成岩裂隙的岩层被其他隔水层覆盖时,埋藏于成岩裂隙中的地下水就成为承压水。

（3）构造裂隙水

构造裂隙水按埋藏条件可形成潜水或承压水;按其产状又可分为层状水和脉状水两种。

层状构造裂隙水的富水性主要取决于含水层的岩性、裂隙发育程度及其补给条件。一般中粗粒砂岩比细砂岩、粉砂岩富水性要强。

所谓脉状构造裂隙水,是指埋藏在断裂破碎带或接触破碎带中的地下水。该含水层具有一定的水力联系,因此水量较大,且局部具有承压性质。当采矿或基坑开挖遇上它时,造成凸出,形成事故。断层带的富水性除与补给条件有关外,还与断层性质、两盘岩性有关。

5.3.2.3 岩溶水

储存和运移在可溶性岩石裂隙中的地下水称为岩溶水（图 5.10）。由于岩溶发育分布规律极其复杂,因而岩溶水在埋藏条件、分布范围和水化学条件等方面都与其他类型的地下水有所区别。岩溶水可以是潜水,也可以是承压水,其

图 5.10　岩溶水

埋深有浅有深。岩溶发育的不均匀性,使岩溶水在垂向和水平方向上变化都很大。

5.4　地下水的补给、径流、排泄

地下水不断地参加自然界的水循环过程。含水层接受外界水得到补充,在含水层中径流也向外界排泄,即进行水的交换,因此,地下水在不被破坏基本平衡的条件下是可再生资源。只有把地下水的补给、径流、排泄等过程研究清楚,才能为寻找地下水和对地下水资源进行评价提供可靠参数。

5.4.1　地下水的补给

地下水补给是指含水层从外界获得水量的过程。这里主要研究地下水的补给来源、补给条件和补给量等。含水层的补给条件的好坏直接关系到水源地的可利用程度和寿命。地下水的补给来源有大气降水、地表水、凝结水和含水层间的补给等。

5.4.1.1 大气降水补给

降水补给是地下水的主要来源。降水补给取决于降水特征、包气带岩性和厚度、地表地形起伏和坡度、植被覆盖程度等。即使降雨渗入地下,也不是所有水分都能补给地下水,补给过程是很复杂的,如图5.11所示。

降雨补给地下水的方式有两种:其一是活塞式,即降水渗入地下呈面状,"新水"体驱动"老水"体下移到地下水面;其二是捷径式,水沿某几个通道呈线状下移至地下水面使其获得补给。

5.4.1.2 地表水补给

地表水补给地下水,一般发生在平原区和山间盆地区。当河水位高于地下水位时,则河水是地下水的补给来源,如图5.12所示。

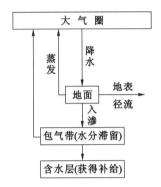

图5.11 降水入渗补给含水层框图

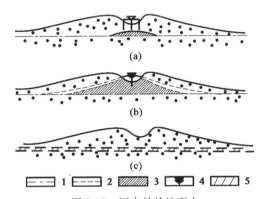

图5.12 河水补给地下水

1—原地下水位;2—抬高后地下水位;3—地下水位抬高部分;
4—河水位;5—补给方向

5.4.1.3 凝结水补给

一般在山区和沙漠地区昼夜温差大,当空气湿度大时夜间形成冷凝水,在这种地区,凝结水(露水)对地下水的补给是不可忽视的。

5.4.1.4 含水层间的补给

两个含水层间有联系通道并存在水头差,则水头高的含水层补给水头低的含水层,如图5.13所示。

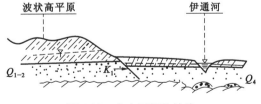

图5.13 含水层间的补给

上下叠置的含水层,当其间存有隔水层时,即上层为潜水,下层为承压水,若由于隔水层在某个部位不连续(天窗),则可出现下层承压水补给上层潜水的现象,如图5.14所示;若其间的隔水层为弱透水层,则可出现越流补给的现象。

137

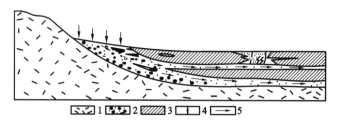

图 5.14　松散堆积物中含水层通过"天窗"及越流发生水力联系

1—基岩;2—含水层;3—弱透水层;4—降水补给;5—地下水流向

5.4.2　地下水的径流

地下水由补给源向排泄处的运动作用过程称为径流。径流包括径流强度、径流方向、径流条件、径流量等。

地下水径流方向总的趋势是由高到低,由山区到平原,再至滨海,但路径很复杂。如我国华北平原地下水由太行山区向平原方向径流。在这个地下水系统中径流路径是很复杂的,如其中的平原部分,地表河流及古河道地下水以垂向径流为主越流补给深层地下水,然后转变为水平径流,在地形低洼处承压水又垂直向上越流,形成纵横交织的地下水网络,如图 5.15 所示。

地下水径流强度与含水层的透水性及补给区至排泄区的水头差成正比,而与流程成反比。

气候湿润的山区潜水是典型的渗入-径流型循环的地下水,如图 5.16 所示。

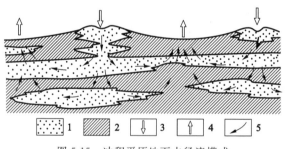

图 5.15　冲积平原地下水径流模式

1—砂岩;2—黏性上层;3—入渗;4—蒸发;5—地下水流向

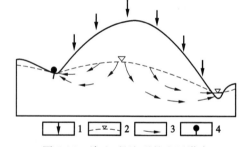

图 5.16　渗入-径流型的山区潜水

1—降水补给;2—潜水位;3—地下水径流方向;4—泉

干旱气候的平原区潜水是典型的渗入-蒸发型循环的地下水,如图 5.17 所示。

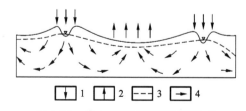

图 5.17　渗入-蒸发型的平原区潜水

1—主要入渗补给区;2—主要蒸发排泄区;3—潜水位;4—地下水径流方向

深层承压水属渗入-径流型循环的地下水,如图 5.18 所示。

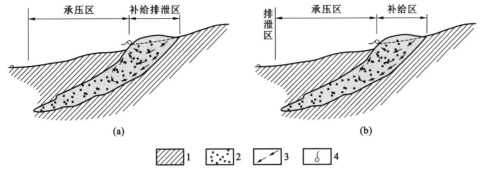

(a)　　　　　　　　　　　　　　(b)

| //// 1 | :·: 2 | ↗ 3 | ⚬ 4 |

图 5.18　断块构造盆地中承压含水层的径流模式

(a)阻水断层;(b)导水断层

1—隔水层;2—含水层;3—地下水流向;4—泉

5.4.3　地下水的排泄

含水层排泄是指含水层失去水量的作用过程,主要研究地下水排泄去向和排泄方式。排泄方式有以泉的形式排泄、向地表水排泄和蒸发排泄等。

5.4.3.1　泉

泉是地形面与含水层或含水通道的相交汇点,是地下水的一种排泄方式,它是山区地形切割严重地段常见的地下水现象,如图 5.19 所示。

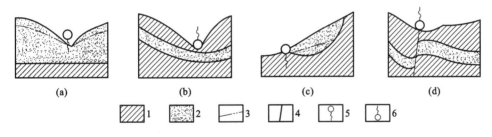

(a)　　　　(b)　　　　(c)　　　　(d)

| //// 1 | :·: 2 | — 3 | / 4 | ⚬ 5 | ⚬ 6 |

图 5.19　泉的类型

1—隔水层;2—透水层;3—地下水位;4—导水断层;5—下降泉;6—上升泉

5.4.3.2　泄流

泄流是指地下水集中排泄于河底、湖底或海底的地下泉。其中,潜水与河水的联系状况如图 5.20 所示。

5.4.3.3　蒸发

地下水的蒸发包括土面蒸发和叶面蒸发。

（1）土面蒸发

在地下水面之上的毛细水带的水,不断由液体转变成气体进入大气层。潜水则源源不断地通过毛细作用上升使蒸发作用不断进行。影响

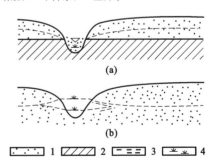

图 5.20　潜水与河水的水力联系

（引自 *Ground Water Studies*,1972 年）

（a）有联系;(b)无联系

1—含水层;2—隔水层;3—潜水位及流向;4—高低河水位

139

土面蒸发的因素有气候、潜水面的埋深及包气带的岩性等。

（2）叶面蒸发

植物生长过程中，经由根系大量吸收水分，在太阳热力作用下，经叶面代谢在叶面转化成气态水而蒸发。

5.5　地下水的运动规律

地下水以不同形式存在于岩石空隙中，并在岩石的空隙中运动，其运动称为渗流。包气带和饱水带的重力水和结合水运动规律各不相同。对于建筑工程来说，有影响意义的是饱水带中的重力水，故对其运动规律进行研究。

5.5.1　地下水运动的基本形式及其运动基本规律

5.5.1.1　地下水运动的基本形式

（1）层流和紊流

地下水在岩石空隙中运动，按其流线形式可分为层流和紊流两种运动形式，其主要形式是层流运动。水质点呈相互平行的流线运动，称为层流运动。水质点相互混杂，流线呈极不规则的运动，则称为紊流运动。

（2）稳定流运动和非稳定流运动

根据运动要素（如水位、流速等）随时间的变化程度，将地下水运动分为稳定流运动和非稳定流运动。稳定流运动是指渗流场中任意点的水位或流速变化与时间无关；而非稳定流运动则表现为渗流场中任意点的水位或流速随时间而变化。在自然界中，地下水的运动始终处于非稳定流状态，属非稳定流运动。而稳定流运动只是一种相对的、暂时的平衡状态，故可把变化幅度很小的非稳定流近似地看成稳定流运动。

（3）线流、面流和空间流

地下水运动按其运动要素在空间上的变化规律可以分为线流、面流和空间流三种情况。当渗流场中任意点的速度变化只与空间坐标的一个方向有关时，就称为线流（或一维流运动）；如果与两个方向有关，就称为面流（或二维流运动）；如果与三个方向都有关，则称为空间流（或三维流运动）。

5.5.1.2　地下水运动的基本规律

（1）层流定律——达西定律

1852—1855 年，法国水力学家达西（Darcy）通过大量的试验，得到地下水层流运动的基本定律。

该试验是在装有砂的圆筒中进行的，如图 5.21 所示。水由筒的上端加入，渗流经过砂柱，由下端流出。上端用溢水设备控制水位，保持水头始终不变。在圆筒的上下端各设一根测压管，分别测定上下两个过水断面的水头，下端出口处测定其流量。根据试验结果，得到下列关系式（达西公式）：

$$Q = KF\frac{h}{l} = KFI \tag{5.4}$$

式中　Q——渗流流量；

　　　F——过水断面面积；

　　　I——水力坡度，$I=\dfrac{h}{l}$，即水头差除以渗流长度；

　　　K——渗透系数。

从水力学可知：$Q=FV$，$V=\dfrac{Q}{F}$。所以 $Q=KFI$ 可

改写成 $V=\dfrac{Q}{F}=KI$，这说明渗流速度与水力坡度成

正比。

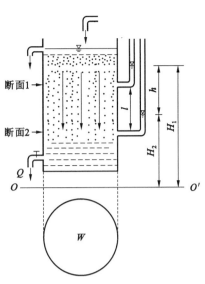

图 5.21　达西试验示意图

（2）非层流渗透定律

地下水在较大的空隙中运动，且当其速度相当大时，水流呈紊流运动状态。当水流呈紊流运动状态时，则认为其运动规律符合下列公式：

$$V=K\times\sqrt{I} \tag{5.5}$$

可见，此时渗透速度与水力坡度的平方根成正比。

5.5.2　集水建筑物类型与稳定井流公式

5.5.2.1　集水建筑物的类型

集水建筑物的类型很多，一般来说，按其空间位置可分为水平的和垂直的两类，如垂直集水建筑物就有钻孔、水井、竖井等；根据揭露的对象可分为揭露潜水的集水建筑物和揭露承压水的集水建筑物两类。此外，按揭露含水层的程度和进水条件可分为完整的集水建筑物和不完整的集水建筑物两种。完整的集水建筑物揭露整个含水层并在其全部厚度上都能够进水，如图 5.22（a）和图 5.23（a）所示。不能满足上述条件的则称为非完整集水建筑物，如图 5.22（b）、图 5.22（c）、图 5.22（d）和图 5.23（b）、图 5.23（c）所示。对某一具体集水建筑物来说，通常根据上述分类联合加以命名，如潜水完整井等。

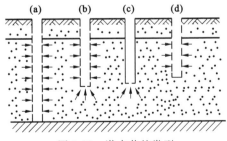

图 5.22　潜水井的类型

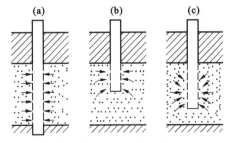

图 5.23　承压水井的类型

5.5.2.2　稳定井流公式——裘布依公式

1863 年，裘布依首先研究了地下水流向完整井的计算公式。当时他假定含水层为一个以井轴为中心的圆柱体，柱体外侧有一水位保持不变的补给圈。含水层为均质，原始水位水平，

隔水底板水平,抽水井揭穿到含水层底板,且整个孔壁都进水。地下水补给来自圆柱体外侧,没有垂向补给。当抽水延续到一定时间,抽水量等于补给量时,水位与抽水井涌水量都趋于固定不变,即所谓的稳定流状态。

（1）潜水稳定井流公式

在上述裘布依假定的条件下,用达西公式和分离变量及定积分得到如下公式:

$$Q = \pi K \frac{H^2 - h_0^2}{\ln \dfrac{R_y}{r_0}} = 1.366 K \frac{H^2 - h_0^2}{\ln \dfrac{R_y}{r_0}} \tag{5.6}$$

式中　H——潜水含水层厚度;

　　　h_0——井中动水位;

　　　R_y——井轴至补给圈的距离,称为补给半径;

　　　r_0——井的半径;

　　　K——渗透系数;

　　　Q——井的涌水量。

（2）承压稳定井流公式

若抽水井所揭穿的含水层为承压含水层,其他条件同上,则通过达西公式和定积分可得如下公式:

$$Q = 2\pi K \frac{H - h_0}{\ln \dfrac{R_y}{r_0}} = 2.73 \frac{K m s_0}{\ln \dfrac{R_y}{r_0}} \tag{5.7}$$

式中　H——承压水的承压水头;

　　　s_0——井中水位降深,$s_0 = H - h_0$;

　　　m——承压含水层厚度;

　　　其他符号意义同前。

5.5.3　其他井流公式

5.5.3.1　非稳定井流公式——泰斯公式

假定含水层为均质、各向同性、无限延伸、无垂直和侧向补给,当以完整井固定流量对原始水位水平的承压含水层进行抽水时,井周围降落漏斗随着时间将不断向外均匀扩散。1935年,C.V.泰斯首先借用了热传导定律,列出了描述上述降落漏斗扩散过程的非稳定井流公式,又称为泰斯公式,即

$$S = \frac{Q}{4\pi T} W(u) \tag{5.8}$$

式中　S——抽水井的水位降深;

　　　Q——抽水井的涌水量;

　　　T——导水系数;

　　　$W(u)$——井函数,$u = \dfrac{\gamma^2 \mu^*}{4 T t}$;

μ^*——储水系数；

γ——距抽水井的距离；

t——层中单井抽水时的统一时刻。

5.5.3.2 有越流的承压井流公式

当承压含水层上部隔水层为弱透水层时，上部潜水与承压水之间就产生了水力联系。这些弱透水层对含水层的弱导水与释水补给，称为越流。

当弱透水层的弹性贮量可忽略不计，而且在含水层抽水期间，弱透水层中的水头保持不变时，得到如下有越流的承压井流公式：

$$S = \frac{Q}{4\pi T} W\left(u \cdot \frac{\tau}{B}\right) \tag{5.9}$$

式中 $W\left(u \cdot \dfrac{\tau}{B}\right)$——越流完整井系数；

B——越流因数；

其他符号意义同前。

5.6 地下水与工程建设

地下水是岩土的组成部分，影响着岩土性状与行为，对岩土软硬、强弱、轻重无不起主要作用；它又作为建筑物的环境，影响其稳定与耐久性，甚至破坏建筑物。

地下水对工程的作用按机理可分为力学作用和物理化学作用。力学作用包括浮力、静水压力、动水压力、孔隙水压力和冻胀力等；物理化学作用包括岩土的溶解、结晶、固结、腐蚀等引起岩土的结构变化和建筑材料的破坏等。由此可见，地下水的存在对建筑工程有着不可忽视的影响。因此，从工程建设的角度研究地下水及其引起的环境问题具有重要意义。

5.6.1 地下水位变化的影响

在自然因素和人为因素的影响下，地下水位都会产生上升或下降的现象。

5.6.1.1 地下水位上升

（1）水位上升的原因

自然因素和人为因素都能引起地下水位的上升。在自然条件下，丰水年或者丰水期降水量增加，地下水补给量增大，水位随之上升。另外，气候变暖导致海平面上升，也使沿海地区的地下水位升高。除自然因素外，人为因素的影响也是不可忽视的，如为防止地面沉降，对含水层进行回灌，农业灌溉水的渗漏、园林绿化浇水渗漏等也都会使地下水位升高。

（2）水位升高造成的危害

地下水位升高使土层的含水量增加甚至饱和，从而改变土的物理力学性质。

一般情况下，地下水埋藏较浅会对建筑物及构筑物产生影响，其表现如下：

① 地基土浸水、软化、承载力降低，使建筑物发生较大的沉降或不均匀沉降；

② 在地下水变动带（高水位与低水位之间）内土层承载力降低，对建筑物产生影响；

③ 在地基一定范围之内，由于水力坡度较大，地下水渗流加快，对土体产生侵蚀能力，引

发地面沉降或坍塌；

④ 在干旱、半干旱地区,湿陷性黄土浸水后发生湿陷,引起地面沉降或塌陷；

⑤ 地下水位上升还能加剧砂土的地震液化,很大程度上削弱砂土地区的地基在一定深度范围内的抗液化能力；

⑥ 在寒冷地区,潜水位上升使地基土含水量增加,由于冻结作用,造成地基土的冻胀、地面隆起等,使建筑物局部破坏或路基局部破坏。

5.6.1.2 地下水位下降

(1) 水位下降的原因

自然条件和人为条件都能使地下水下降。自然条件下,枯水年或枯水期降水量减少,地下水补给量减少,水位下降。另外,人为因素,如大量开采地下水、矿山排水疏干、地下工程降水等,也都能使地下水位下降。

(2) 水位下降造成的危害

长期大面积开采地下水会导致地面沉降,如我国上海、天津、西安、苏州等城市。再如日本东京、泰国曼谷等城市都是由于大面积长期开采地下水,产生了地面沉降与塌陷。地面沉降与塌陷的主要危害有以下几个方面：

① 降低沿海城市抵御洪水、潮水和海水入侵的能力；

② 地面沉降引起桥墩、码头、仓库等下沉,桥位空间减小,不利于航运；

③ 地面沉降与塌陷会引起建筑物倾斜或损坏,桥墩错位,水利设施、交通线路破坏,地下管网断裂等。

5.6.2 地下水对地基或基坑的渗流破坏

地下水渗流可能引起流砂、管涌和潜蚀作用,从而对地基土、基坑产生破坏作用。

5.6.2.1 流砂

(1) 流砂的概念

流砂是指松散细颗粒土被地下水饱和后,在动水压力即水头差的作用下,产生的地下水自下向上悬浮流动的现象。它与地下水的动水压力有密切关系。其表现形式是所有颗粒同时从一近似于管状的通道被渗透水流冲走,如图 5.24 所示。

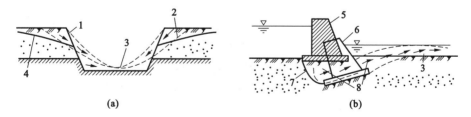

图 5.24 流砂破坏示意图

(a)斜坡条件时；(b)地基条件时

1—原坡面；2—流砂后坡面；3—流砂堆积面；4—地下水位；

5—建筑物原位置；6—流砂后建筑位置；7—滑动面；8—流砂发生区

流砂通常是人类工程活动引起的,常在地下水位以下开挖基坑、埋设地下管道、打井等工程活动中发生。但是,在有地下水出漏的斜坡、岸边或有地下水溢出的地表面也会发生。流砂破坏一般是突然发生的,其发展结果常常是使基础发生滑移或不均匀下沉、基坑塌陷、基础悬浮等,对工程建设危害很大。

(2) 流砂形成的条件

地基由细颗粒组成(一般粒径在 0.1 mm 以下的颗粒含量在 30%～35% 以上),如细砂、粉砂、粉质黏土等;水力梯度较大,流速增大,当动水压力超过土颗粒的自重时,就可使土颗粒悬浮流动,形成流砂。

(3) 流砂产生破坏的实例

不少工程采用基坑内明排,如图 5.25 所示。这样会形成较大的动水压力,当水力坡度近似等于 1 时,散性土产生"流砂",黏性土增大主动土压力,引起基坑边坡失稳和基坑隆起。长春"福聚成"老饭庄因旁边基坑开挖产生滑坡而倒塌;长春南岭水厂 14 m 边坡因坡底开挖而塌方,塌方后地下水出露;武汉市某工地降水时引起流砂,致使降水井报废。上述实例都说明边坡动水压力对于其稳定性会有巨大的影响。

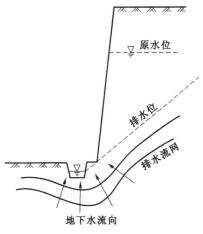

图 5.25 明排示意图

(4) 流砂的防治

在可能产生流砂的地区,若其上面有一定厚度的土层,应尽量利用上面的土层做天然地基,也可用桩基穿过流砂,总之尽可能地避免水下大面积开挖施工。如果必须开挖,可采取如下措施防止流砂:

① 人工降低地下水位 使地下水位降至可能产生流砂的地层以下,然后开挖。

② 打板桩 其目的一方面是加固坑壁,另一方面是改善地下水的径流条件,即增长渗流路径,减小水力梯度和流速。

③ 冻结法 用冷冻的方法使地下水结冰,然后开挖。

④ 水下挖掘 在基坑开挖期间,使基坑中始终保持足够的水头(可加水),尽量避免产生流砂的水头差,增加基坑侧壁土体的稳定性。

此外,处理流砂的方法还有化学加固法、爆炸法及加重法等。在基坑开挖的过程中局部地段出现流砂时,立即投入大块石等,也可以克服流砂的活动。

5.6.2.2 管涌

(1) 管涌的概念

地基土在具有某种渗透速度(或梯度)的渗透水流作用下,其细小颗粒被冲走,土的孔隙逐渐增大,慢慢能形成一种能够穿越地基的细管状渗流通路,从而掏空地基或土坝,使地基或斜坡变形、失稳,此现象称为管涌,如图 5.26 所示。管涌通常是人类工程活动引起的,但在有地下水出露的斜坡、岸边或有地下水溢出的地带也有可能发生。

(2) 管涌产生的条件

管涌多发生在无黏性土中。其特征是:颗粒大小比值差别很大,往往缺乏某种颗粒;土粒

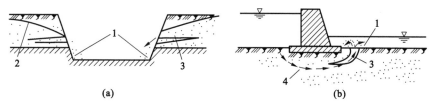

图 5.26　管涌破坏示意图

(a)斜坡条件时;(b)地基条件时

1—管涌堆积物;2—地下水位;3—管涌通道;4—渗流方向

磨圆度较好;孔隙直径大且互相连通,细粒含量较少,不能全部充满孔隙;颗粒多由相对密度较小的矿物构成,易随水流移动;有良好的排泄条件等。

（3）管涌的防治

在可能发生管涌的地层修建挡水坝、挡土墙和进行基坑排水时,为了防止管涌的发生,设计时必须控制地下水溢出处的水力梯度,使其小于容许水力梯度。

防止管涌发生的最常用的办法与防止流砂的方法相同,主要是控制渗流、降低水力梯度、设置保护层、打板桩等。

5.6.2.3　潜蚀

（1）潜蚀的概念

在较高的渗透速度或水力梯度条件下,地下水流从孔隙或裂隙中携出细小颗粒的作用称为潜蚀。潜蚀作用可分为机械潜蚀和化学潜蚀两种。其中,机械潜蚀是指土粒在地下水的动水压力作用下受到冲刷,将细粒冲走,使土的结构破坏,形成洞穴的作用;化学潜蚀是指地下水溶解土中的易溶盐分,使土粒间的结合力和土的结构被破坏,土粒被水带走,形成洞穴的作用。这两种作用一般是同时进行的。

在地基内若发生地下水的潜蚀作用,将会破坏地基土体的结构,严重时会形成空洞,产生地表裂隙、塌陷等现象,影响建筑工程的稳定。如我国的黄土及岩溶地区的土层中,常有潜蚀现象发生。

（2）潜蚀的防治

防治潜蚀可以采取堵截地表水流入土层、阻止地下水在土层中流动、设置反滤层、改造土的性质、减小地下水流速及水力坡度等措施。其有效措施可分为两大类:

① 改变渗透水流的水动力条件,使水力坡降小于临界水力坡降。如堵截地表水流入土层,阻止地下水在土层中流动,设置反滤层,减小地下水的流速等。

② 改善土的性质,增强其抗渗能力。如爆炸、压密、打桩、化学加固处理等方法,可以增加岩土的密实度,降低土层的渗透性能。

5.6.3　地下水压力对地基基础的破坏

5.6.3.1　地下水的浮托作用

（1）概念

当建筑物基础底面位于地下水位以下时,地下水对基础底面产生静水压力,即产生浮托力。地下水不仅对建筑物基础产生浮托力,同样对其水位以下的岩石、土体产生浮托力。在地下水埋藏较浅的地区,通常采用人工降水的方法进行基础工程施工,以克服地下水的浮托作用。

通常,如果基础位于粉土、砂土、碎石土和节理裂隙发育的岩石地基上,则按地下水位100%计算浮托力;如果基础位于节理裂隙不发育的岩石地基上,则按地下水位50%计算浮托力;如果基础位于黏性土地基上,其浮托力较难确定,应结合地区的实际经验予以考虑。

(2)实例

重庆商贸大厦位于长春市重庆路与进埠街口,地处"黄金"地段,拟建六层框架,片筏基础,筏厚30 cm,肋高1.8 m,基底面积4000 m^2。基础工程于1993年秋动工,井点降水,基坑深4.5 m,地下水原水位-2.20 m,降至-6.50 m。片筏加肋耗钢2000 t。柱距6 m,现浇至$+0.00$ m 。基础总造价约为700万元。11月末进入冬季维护,基坑回填时将降水井报废。至1994年1月4日,发现底板呈锅形隆起,最大上升量0.89 m,并有发展趋势。根据当日8时实测,如图5.27所示,经验算4 m水头浮力约为40 kPa,而片筏自重为30 kPa,所以产生基础上浮。

5.6.3.2 基坑突涌

当基坑下伏有承压含水层时,如图5.28所示,如果开挖后基坑底部所留隔水层支持不住承压水的作用,承压水的水头压力会冲破基坑底板,发生冒水、冒砂等事故,这种工程现象被称为基坑突涌。

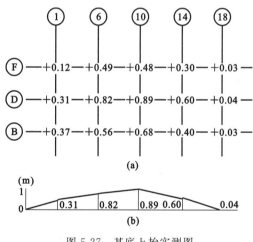

图 5.27 基底上抬实测图

(a)基底上抬平面图;(b)D轴抬起剖面图

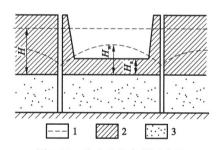

图 5.28 防止基坑突涌示意图

1—承压水位;2—隔水层;3—含水层

(1)基坑突涌发生的条件

设计基坑时,为避免基坑突涌的发生,必须验算基坑底部隔水层的安全厚度 H_a。根据基坑底部隔水层厚度与承压水压力的平衡关系,可写出如下平衡关系式

$$H_a = \frac{\gamma_w}{\gamma_R} H \qquad (5.10)$$

式中 γ_R,γ_w——隔水层的重度和地下水的重度(kN/m^3);

H——相对于含水层顶板的承压水头值(m);

H_a——基坑开挖后隔水层的厚度(m)。

显然,为避免基坑突涌的发生,基坑底隔水层的厚度必须满足下式:

$$H_a > \frac{\gamma_w}{\gamma_R} H \tag{5.11}$$

(2)基坑突涌的发生

当建筑工程施工中开挖基坑后保留的隔水层厚度(H_a)小于安全厚度时,为防止基坑突涌,则必须在基坑周围布置抽水井,对承压含水层进行预先排水,局部降低承压水位,如图5.28所示,即基坑降水后承压水头(H_w)必须满足下式:

$$H_w > \frac{\gamma_R}{\gamma_w} H_a \tag{5.12}$$

(3)承压水压力与基础抬起

在一些地区,当承压含水层埋藏较浅且承压水压力较大时,地下建筑物可能破坏承压水压力与上覆地层压力的平衡关系,承压水压力可使基础抬起,导致房屋向上隆起变形甚至开裂。

5.6.4 地下水对钢筋混凝土的腐蚀作用

5.6.4.1 腐蚀类型

硅酸盐水泥遇水硬化,并且形成$Ca(OH)_2$、水化硅酸钙$(CaO \cdot SiO_2 \cdot 12H_2O)$、水化铝酸钙$(CaO \cdot Al_2O_3 \cdot 6H_2O)$等,这些物质往往会受到地下水的腐蚀。根据地下水对建筑结构材料腐蚀性评价标准,将腐蚀类型分为三种。

(1)结晶类腐蚀

如果地下水中SO_4^{2-}的含量超过规定值,那么SO_4^{2-}将与混凝土中的$Ca(OH)_2$起反应,生成二水石膏结晶体$CaSO_4 \cdot 2H_2O$,这种石膏再与水化铝酸钙$CaO \cdot Al_2O_3 \cdot 6H_2O$发生化学反应,生成水化硫铝酸钙,这是一种铝和钙的复合硫酸盐,习惯上称为水泥杆菌。由于水泥杆菌结合了许多结晶水,因而其体积比化合前增大了很多,约为原体积的2.22倍,于是在混凝土中产生了很大的内应力,使混凝土的结构被破坏。

水泥中$CaO \cdot Al_2O_3 \cdot 6H_2O$含量少,抗结晶腐蚀能力强,因此,要想提高水泥的抗结晶腐蚀能力,主要应控制水泥的矿物成分。

(2)分解类腐蚀

地下水中含有CO_2,它与混凝土中$Ca(OH)_2$作用生成碳酸钙沉淀,即

$$Ca(OH)_2 + CO_2 \Longrightarrow CaCO_3 \downarrow + H_2O \tag{5.13}$$

发生上述反应后,如水中仍有大量的CO_2,则再与$CaCO_3$发生以下化学反应,生成重碳酸钙并溶于水,从而破坏混凝土的结构,即

$$CaCO_3 + CO_2 + H_2O \Longrightarrow Ca^{2+} + 2HCO_3^- \tag{5.14}$$

上述反应为可逆反应,当水中CO_2含量小于平衡所需数量时,反应向等式左边进行,生成$CaCO_3$沉淀;当CO_2含量大于平衡所需数量时,反应向等式右边进行,则将使$CaCO_3$溶解。因此,当水中游离CO_2含量超过平衡需要时,混凝土中的$CaCO_3$就被溶解而受腐蚀,这就是

分解类腐蚀。通常将超过平衡浓度的 CO_2 叫侵蚀性 CO_2。地下水中侵蚀性 CO_2 愈多,对混凝土的腐蚀愈强。地下水流量、流速都较大时,CO_2 易补充,平衡难建立,因而腐蚀加快。另外,HCO_3^- 离子含量愈高,对混凝土的腐蚀性愈弱。

如果地下水中的酸度过大,即 pH 值小于某一数值,那么混凝土中的 $Ca(OH)_2$ 也要分解。特别是当反应生成物为易溶于水的氯化物时,对混凝土的分解腐蚀很强烈。

(3) 结晶分解复合类腐蚀

当地下水中 NH_4^+、HCO_3^-、Cl^- 和 Mg^{2+} 离子的含量超过一定数量时,与混凝土中的 $Ca(OH)_2$ 发生反应,例如:

$$MgSO_4 + Ca(OH)_2 = CaSO_4 + Mg(OH)_2 \downarrow$$

$$MgCl_2 + Ca(OH)_2 = CaCl_2 + Mg(OH)_2 \downarrow$$

$Ca(OH)_2$ 与镁盐作用的生成物中,除 $Mg(OH)_2$ 不易溶解外,$CaCl_2$ 易溶于水,并随之流失;硬石膏 $CaSO_4$ 一方面与混凝土中的水化铝酸钙 $CaO \cdot Al_2O_3 \cdot 6H_2O$ 反应生成水泥杆菌:

$$3CaO \cdot Al_2O_3 \cdot 6H_2O + 3CaSO_4 + 25H_2O = 3CaO \cdot Al_2O_3 \cdot 3CaSO_4 \cdot 31H_2O$$

$$(5.15)$$

另一方面,硬石膏遇水后生成二水石膏:

$$CaSO_4 + 2H_2O = CaSO_4 \cdot 2H_2O \qquad (5.16)$$

石膏在结晶时,体积膨胀,从而破坏混凝土的结构。

综上所述,地下水对混凝土建筑物的腐蚀是一项复杂的物理化学过程,在一定工程地质条件下,对建筑材料的耐久性影响很大。

5.6.4.2 腐蚀性评价标准

根据各种化学腐蚀所引起的破坏作用,将 SO_4^{2-} 离子的含量归纳为结晶类腐蚀的评价指标;将侵蚀性的 HCO_3^- 离子、CO_2 和 pH 值归纳为分解类腐蚀的评价指标;而将 NH_4^+、HCO_3^-、Cl^-、Mg^{2+} 和 SO_4^{2-} 离子的含量归纳为结晶分解复合类腐蚀的评价指标。同时,在评价地下水对建筑结构材料的腐蚀性时必须结合建筑场地所属的环境类别。建筑场地根据气候区、土层透水性、干湿交替和冻融交替情况区分为三类环境,如表 5.5 所示。

表 5.5　混凝土腐蚀的环境场地类别

环境类别	气候区	土层特性	干湿交替	冰冻区(段)
I	高寒区干(半干)旱区	直接邻水,强透水土层中的地下水或湿润的强透水土层	有	不论在地面或地下,当混凝土受潮或浸水并处于严重冰冻区(段)、冰冻区(段)、微冰冻区(段)时
II	高寒区干(半干)旱区	弱透水土层中的地下水,或湿润的强透水土层	有	
	湿润区半湿润区	直接邻水,强透水土层中的地下水或湿润的强透水土层	有	

无干湿交替作用时,混凝土腐蚀强度比有干湿交替作用时相对降低

续表5.5

环境类别	气候区	土层特性	干湿交替	冰冻区（段）
Ⅲ	各气候区	弱透水土层	无	不冻区（段）
备注	当竖井、隧道、水坝等工程的混凝土结构一方面与水（地下水或地表水）接触，另一方面又暴露在大气中时，其场地环境类别应划分为Ⅰ类			

地下水对建筑材料腐蚀性评价标准如表5.6至表5.8所示。

表5.6 结晶类腐蚀评价标准

腐蚀等级	SO_4^{2-} 在水中含量（mg/L）		
	Ⅰ类环境	Ⅱ类环境	Ⅲ类环境
无腐蚀性	<250	<500	<1500
弱腐蚀性	250～500	500～1500	1500～3000
中腐蚀性	500～1500	1500～3000	3000～6000
强腐蚀性	>1500	>3000	>6000

表5.7 分解类腐蚀评价标准

腐蚀等级	pH 值		侵蚀性 CO_2（mg/L）		HCO_3^-（mmol/L）
	A	B	A	B	A
无腐蚀性	>6.5	>5.0	<15	<30	>1.5
弱腐蚀性	5.0～6.5	4.0～5.0	15～30	30～60	0.5～1.5
中腐蚀性	4.0～5.0	3.5～4.0	30～60	60～100	<0.5
强腐蚀性	<4.0	<3.5	>60	>100	—
备注	A—直接邻水或强透水土层中的地下水或湿润的强透水土层； B—透水土层中地下水或湿润的弱透水土层				

表5.8 结晶分解复合类腐蚀评价标准   单位:mg/L

腐蚀等级	Ⅰ类环境		Ⅱ类环境		Ⅲ类环境	
	NH_4^+、Mg^{2+}	Cl^-、SO_4^{2-}、NO_3^-	NH_4^+、Mg^{2+}	Cl^-、SO_4^{2-}、NO_3^-	NH_4^+、Mg^{2+}	Cl^-、SO_4^{2-}、NO_3^-
无腐蚀性	<1000	<3000	<2000	<5000	<3000	<10000
弱腐蚀性	1000～2000	3000～5000	2000～3000	5000～8000	3000～4000	10000～20000
中腐蚀性	2000～3000	5000～8000	3000～4000	8000～10000	4000～5000	20000～30000
强腐蚀性	>3000	>8000	>4000	>10000	>5000	>30000

5.6.4.3 地下水腐蚀作用实例

长春地下水pH值为6.5左右，一般对混凝土和钢材没有腐蚀性，因此水质评价问题不突出。但随着工农业发展,尤其是工业废液排泄,局部形成的腐蚀性十分严重。1992 年兴建第一汽车附件厂时,场地为煤灰堆积厚 $0.5 \sim 5.0$ m 的废硫酸排放区,地下水 SO_4^{2-} 含量超过允许指标的 100 倍,并且场地的 2/3 为强烈腐蚀性区域。其他基础形式均不稳定,唯一可以采用耐酸玄武岩碎石修筑"碎石桩复合地基",其复合承载力达 250 kPa,满足设计要求。厂房建成后,沉降差为 2 mm,证明这是一种成功的处理方法。如果不研究地下水质,采用其他基础,后果不堪设想。

本 章 小 结

(1)地下水的基本概念

① 了解地下水在自然界水循环中的作用和地位,以及我国水循环概况;

② 了解岩石中的空隙既是地下水存储场所,也是地下水运动的通道,它包括孔隙、裂隙、溶隙,并要求掌握它们的表示方法;

③ 掌握水在岩石中的存在形式及其水理性质;

④ 掌握含水层与防水层的概念,以及它们的区别与联系。

(2)地下水的物理性质与化学成分

① 了解地下水的物理性质与化学成分,以及地下水与围岩土体、径流、补给条件的关系;

② 掌握地下水的主要成分,地下水的主要化学性质,特别是地下水对混凝土的侵蚀性;

③ 了解地下水化学成分的几种形成作用,以及影响地下水化学成分形成的因素。

(3)地下水分类

① 掌握地下水按埋藏条件和含水层空隙性质的分类;

② 掌握每种类型的地下水的基本概念;

③ 了解洪积扇中地下水的分布规律,冲积平原中地下水的分布规律;

④ 了解风化裂隙水、成岩裂隙水、构造裂隙水的分布特点及规律。

(4)地下水的补给、径流、排泄

① 了解地下水补给的含义,大气降水、地表水、凝结水、含水层之间补给的特点;

② 了解地下水径流的含义,冲积平原地下水径流的特点;

③ 了解构造盆地中承压水含水层径流的特点;

④ 了解地下水排泄的含义,泉排泄、泄流排泄、蒸发排泄的特点。

(5)地下水的运动规律

① 掌握层流、紊流、稳定流、非稳定流、线流、面流和空间流的基本概念;

② 掌握达西定律、非层流渗透定律的内容;

③ 掌握稳定井流、潜水、承压水完整井井流的含义,以及裘布依公式及其使用条件;

④ 了解非稳定井流公式(泰斯公式),以及有越流的承压井流公式。

(6)地下水与工程建设

① 了解水位变化对工程建设的影响;

② 掌握地下水对地基或基坑的渗流破坏,流砂、管涌、潜蚀的概念及对它们的防治;

③ 掌握地下水浮力作用的概念,以及如何防治基坑的突涌和基础的抬起;

④ 掌握地下水对钢筋混凝土腐蚀的类型,每种类型的概念及其原理;

⑤ 掌握各类腐蚀的评价标准。

思 考 题

5.1 地下水在自然界水循环中的作用是什么?

5.2 试述岩石的水理性质。

5.3 试述含水层与隔水层的概念。

5.4 地下水的类型有哪些?

5.5 潜水与承压水有什么区别?

5.6 简述孔隙水、裂隙水、岩溶水各自的特点。

5.7 简述地下水的主要化学成分。

5.8 什么是地下水的侵蚀性?

5.9 简述地下水化学成分的形成作用。

5.10 简述地下水的补给、排泄特征。

5.11 地下水运动的基本形式、基本规律是什么?

5.12 稳定流与非稳定流的基本公式是什么?

5.13 简述地下水对工程建设的影响。

6 不良地质现象及防治

 学习指导

章节序号	知识点	能力要求
6.1	斜坡变形	①了解斜坡变形的不同形式 ②掌握拉裂、蠕滑和弯曲倾斜的形成条件
6.2	①崩塌及其形成条件 ②崩塌的防治	①掌握崩塌的形成条件和影响因素 ②了解崩塌的防治原则和措施
6.3	①滑坡的形态特征 ②滑坡的形成条件和影响因素 ③滑坡的分类 ④滑坡的野外识别 ⑤滑坡的防治 ⑥崩塌与滑坡的关系	①掌握滑坡的形成条件和影响因素 ②了解滑坡的防治原则和措施
6.4	①泥石流及其分布 ②泥石流的形成条件及其发育特点 ③泥石流的分类 ④泥石流的防治	①掌握泥石流的形成条件和影响因素 ②了解泥石流的防治原则和措施
6.5	①岩溶 ②土洞与潜蚀 ③岩溶与土洞的工程地质问题 ④岩溶与土洞塌陷的防治	①掌握岩溶与土洞的形成条件和影响因素 ②了解岩溶与土洞的防治原则和措施
6.6	①砂土地震液化机理 ②影响砂土液化的因素 ③砂土地震液化的判别 ④砂土地震液化的防护措施	①掌握地震的形成条件和影响因素 ②理解地震对工程结构物的影响 ③了解地震的防治原则和措施

　　不良地质现象是指对工程建设不利或有不良影响的动力地质现象,其不仅影响场地稳定性,也对地基基础、边坡工程、地下洞室等具体工程的安全、经济和正常使用不利。不良地质现象是由于自然变异和人为作用而导致的地质环境或地质体发生变化并给人类生产、生活造成的危害,它的发育分布及其危害程度与地形地貌、地质构造、新构造运动强度与方式、岩土性质、水文地质条件、气象、植被和人类活动等都有极为密切的关系。

我国地处环太平洋构造带和喜马拉雅构造带汇聚部位,太平洋板块的俯冲和印度板块向北对亚洲板块的碰撞使我国大陆受到强烈的地球动力作用。我国是地质灾害发生最频繁和受灾最严重的国家之一。在我国,崩塌、滑坡、泥石流等地质灾害呈现分布广、时段集中、损失严重等特点,每年都导致严重的人员伤亡并带来巨大的经济损失(表 6.1)。

表 6.1　2014 年至 2020 年中国地质灾害造成的人员伤亡和直接经济损失

年份	2014 年	2015 年	2016 年	2017 年	2018 年	2019 年	2020 年
人员伤亡(人)	637	422	593	523	185	299	197
直接经济损失(亿元)	56.70	25.05	35.43	35.95	14.71	27.69	50.20

注:据国家统计局。

常见的不良地质现象有地震、火山、崩塌、滑坡、泥石流、地面沉降、地面塌陷、岩土膨胀、砂土液化和岩土冻融等,本章只介绍其中最常见的几种。

6.1　斜坡变形

斜坡变形的基本形式有拉裂、蠕滑和弯曲倾倒。

6.1.1　拉裂

斜坡岩土体在局部拉应力集中部位和张力带内形成张裂隙的变形形式称为拉裂。拉裂形成机制有三种类型:

① 在坡面和坡顶张力带中拉应力集中形成拉裂;

② 卸荷回弹或岩体初始应力(地应力)释放产生拉裂;

③ 因蠕滑形成局部应力集中产生拉裂。

高陡斜坡的坡面和坡顶附近张力带内拉应力较强,极易产生与坡面近似于平行的张裂面,如果坡体中存在与坡面近似于平行的构造节理,更易沿着节理方向发展形成上宽下窄并向深处发展的裂隙,其倾角一般较陡(图 6.1)。卸荷裂隙逐渐向深部发展,从而导致裂隙顶部的累计变形越来越大。斜坡坡体中存在软弱结构面时,斜坡常沿该面有蠕滑趋势。在平行于坡面的最大主应力 σ_1 作用下,沿缓倾角软弱面两侧产生张开裂隙(图 6.2)。这样逐步向上发展,就会慢慢形成由平缓的软弱面与陡倾的张裂面组成的阶梯状变形裂面(图 6.3)。

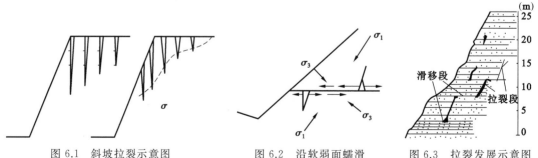

图 6.1　斜坡拉裂示意图　　　图 6.2　沿软弱面蠕滑　　　图 6.3　拉裂发展示意图

6.1.2 蠕滑

斜坡岩土体沿软弱面(层)局部向临空方向的缓慢剪切变形称为蠕滑。蠕滑可以在不同情况下受不同机制的作用而发生,一般主要有三种形式:

① 受最大剪应力面控制的蠕滑,在均质土坡中较为常见(图6.4)。

② 受软弱结构面控制的蠕滑,在含有近水平或倾向坡外各种软弱结构面的岩坡中常见。

③ 受软弱基座控制的蠕滑和塑流。由于斜坡基座具有较厚的软弱岩层,在上覆岩体的作用下,基座软岩受压,承载力不够,发生塑性变形,向临空方向或减压方向流动和挤出,引起斜坡的变形(图6.5)。

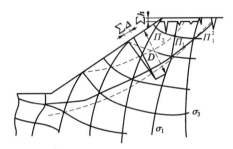

图6.4 均质土坡蠕滑分析图(据Q.扎鲁巴,1972)

Π_1,Π_2—最大剪应力;Π_1^2—潜在滑动面;

$\sum\Delta$—斜坡边缘分界面处的变形值;

D—潜在滑动面以上的坡体厚度;$\sum h$—坡顶沉降量

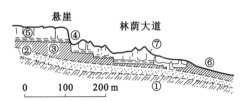

图6.5 软岩基座蠕滑面发展成滑坡

①—结晶片岩;②—中新统砂岩及砾岩;③—泥灰岩;

④—海绿石泥灰岩;⑤—厚层珊瑚灰岩;

⑥—浸水软化的泥灰岩;⑦—下沉的石灰岩块体

虽然斜坡的蠕动变形位移较小,但由于实际上已成为斜坡失稳的初期阶段,在一定的触发因素条件下,如暴雨、地震、人类工程活动等,极易迅速转为加速蠕变直至破坏。

6.1.3 弯曲倾倒

当岩层走向与坡面走向大致相同时,由陡倾或直立板状岩体组成的斜坡在自重的长期作用下,由前缘开始向临空方向弯曲、折裂,并逐渐向坡内发展,这种变形通常称为弯曲倾倒(图6.6)。陡倾的板状岩体,在自重产生的弯矩作用下向临空方向发生呈悬臂梁式的弯曲,弯曲的板梁之间被拉裂或错动,形成平行于走向的槽沟或反坡台坎,前倾的板梁弯曲最强烈的部位也往往被折裂。

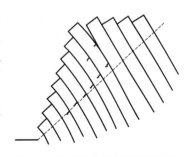

图6.6 岩坡弯曲倾倒破坏示意图

6.1.4 斜坡变形的组合形式

从变形的连续性来看,拉裂和倾倒变形属于不连续变形,而蠕滑变形通常属于连续变形。由于斜坡是由具有特定结构形式的不连续介质组成的,所以坡体的变形总是不均匀的,总体上表现为连续变形,实际上也包含拉裂等不连续变形因素。因此,在斜坡变形研究中,应综合各种不同的变形形式来分析,而不应孤立地将其割裂开来,如表6.2所示。

表 6.2　斜坡变形的基本组合形式

斜坡变形组合形式	典型结构图式	主要破坏方式
蠕滑-拉裂		滑坡
滑移-拉裂		滑坡
弯曲-拉裂		滑坡、崩塌
塑流-拉裂		滑坡、崩塌
滑移-弯曲		滑坡

注:据王兰生、张倬元,1980 年。

6.2　崩　　塌

6.2.1　崩塌及其形成条件

　　崩塌也叫崩落、垮塌或塌方,是陡坡上的岩体在重力作用下突然脱离母体崩落、翻滚,从而堆积在坡脚的地质现象。堆积于坡脚的物质称为崩塌堆积物。崩塌经常发生在厚层坚硬脆性岩体中,这类岩体形成的斜坡陡峭,斜坡前缘由于卸荷作用和应力重分布等原因产生深长的拉张节理,与其他结构面组合形成连通的分离面,在触发力作用下发生崩落,可造成建筑物、居民点、路基和桥梁的摧毁,隧道洞门堵塞,行车击毁,河道堵塞等事故发生。

6.2.1.1　种类

根据崩落体的规模,崩塌分成三种(图 6.7):

　　(1) 山崩

山崩是规模巨大的山坡崩塌。我国西南、西北地区的崩塌以数百万立方米的规模为最常见[图 6.7(a)]。

　　(2) 碎落

碎落是斜坡的表层岩石由于强烈风化,沿坡面发生的经常性的岩屑顺坡滚落现象[图 6.7(b)]。

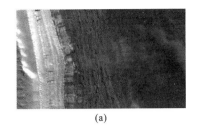

(a)   (b)   (c)

图 6.7　崩塌的野外形态(据新华网)

(a)山崩;(b)碎落;(c)落石

(3) 落石

落石是悬崖陡坡上个别较大岩块的崩落[图 6.7(c)]。

6.2.1.2　形成条件

崩塌可以由自然因素激发产生,或由人为因素激发产生,发生突然,但不平衡因素却是长期积累的。

(1) 地形地貌

江、河、湖(水库)、沟的岸坡,各种山坡,铁路、公路边坡,工程建筑物边坡及其各类人工边坡,都是易于产生崩塌的地貌部位,坡度大于 45° 的高陡斜坡、孤立山嘴或凹形陡坡均为崩塌形成的有利地形。崩塌一般多产生在高度大于 30 m,坡度大于 45°(大多数为 55°~75°)的陡峻斜坡上。斜坡的表面构造对崩塌的形成也有一定的影响,一般上缓下陡的凸坡和凹凸不平的陡坡沿凸出部分可能会发生崩塌。然而山坡表面的构造并不能作为评价山坡稳定性的唯一依据,还必须结合岩层的裂隙、风化等情况来评价。

(2) 地层岩性与岩体结构

坚硬的脆性岩石(如厚层石灰岩、花岗岩、砂岩、石英岩、玄武岩等)具有较大的抗剪强度和抗风化能力,能形成高峻的斜坡,在外来因素影响下,一旦斜坡稳定性遭到破坏,即产生崩塌现象。此外,由软硬岩性互层(如砂页岩互层、石灰岩与泥灰岩互层、石英岩与千枚岩互层等)构成的陡峻斜坡,由于差异风化,斜坡外形凹凸不平,也容易产生崩塌。页岩、泥灰岩等互层岩体会产生小型坠落或剥落。

构造节理和成岩节理对崩塌形成的影响也很大。脆硬岩体中往往发育两组及以上的陡倾节理,其中与坡面平行的一组节理演化为拉张裂隙。当节理密度较小但延展性、传切性好时常形成较大体积的崩落体。

(3) 地质构造

岩层产状对山坡稳定性也有重要的意义。如果岩层倾斜方向与山坡倾向相反,则其稳定程度较岩层顺山坡倾斜的大。岩层顺山坡倾斜其稳定程度的大小还取决于倾角大小和破碎程度。断裂构造、褶皱构造对崩塌起控制作用,一般在下列陡坡处易发生崩塌:

① 陡坡走向与区域性断裂平行;

② 几组断裂交会的峡谷区;

③ 褶皱核部岩层变形强烈;

④ 褶皱轴向与坡面平行,岩层构造节理发育,并有软弱夹层。

(4) 其他因素

岩体的强烈风化、裂隙水的冻融、植物根系的楔入等,都能促使斜坡岩体发生崩塌现象。

但大规模的崩塌多发生在暴雨、久雨或强震之后。这是因为降雨渗入岩体裂隙后,一方面会增加岩体的质量,另一方面能使裂隙中的充填物或岩体中的某些软弱夹层软化,并产生静水压力和动水压力,使斜坡岩体的稳定性降低;或者由于流水冲淘坡脚,削弱斜坡的支撑部分等,都会促使斜坡岩体产生崩塌现象。地震能使斜坡岩体突然承受巨大的惯性荷载,因此往往会造成大规模的崩塌,如2008年5月发生的四川汶川地震(8.0级)使得附近公路沿线及河谷两岸普遍发生崩塌,造成交通瘫痪、河道堵塞并产生堰塞湖等危害。

不合理的坡脚开挖、地下采空、水库蓄水、泄水等改变坡体原始平衡状态的人类活动,都会诱发崩塌;地震、列车行驶、爆破施工引起的震动,也是诱发崩塌的因素之一。

6.2.2 崩塌的防治

6.2.2.1 崩塌的勘察要点

崩塌勘察应在初勘阶段进行,勘察方法以工程地质测绘为主,测绘比例尺为1:500~1:1000。通过测绘应查明崩塌的形成条件、规模、类型,圈定范围,对建筑场地的适宜性做出评价,提出防治建议。

勘察要点如下:

① 查明斜坡的地形地貌,如斜坡的高度、坡度、外形等;

② 查明斜坡的岩性和构造特征,如岩石的类型、风化破碎程度、主要构造面的产状与裂隙的充填胶结情况;

③ 查明水文地质、气象以及当地的地震活动情况等;

④ 查明斜坡的崩塌历史、崩塌范围、崩落体尺寸和崩落方向等。

6.2.2.2 防治原则

由于崩塌发生得突然而且猛烈,在特定区域的发生时间和地点具有随机性、难以预测性和运动过程的复杂性特征,因此常导致交通中断、建筑物毁损和人员伤亡事故。在崩塌治理过程中应遵循标本兼治、分清主次、综合治理、生物措施与工程措施相结合、治理危岩与保护生态环境相结合的原则。

对有可能发生大、中型崩塌的地段,有条件绕避时,宜优先采用绕避方案。绕避有困难时,可调整路线位置,离开崩塌影响范围一定距离或考虑其他通过方案(如隧道、明洞等),确保行车安全。采用隧道方案时需保证隧道有足够的长度。

对可能发生小型崩塌或落石的地段,应视地形条件进行经济比较,确定绕避还是设置防护工程通过。如拟通过,路线应尽量争取设在崩塌停积区范围之外;如有困难,也应使路线离坡脚有适当距离,以便设置防护工程。危岩作为一种自然景观既需要整治,也需要保护,采取生物措施时宜种草,不宜种树,防止树根破坏岩体稳定性。

在设计和施工中,避免使用不合理的高陡边坡,避免大挖大切,以维持山体的平衡。在岩体松散或构造破碎的地段,不宜使用大爆破施工,以免由于工程技术上的错误而引起崩塌。同时将治理危岩、斜坡、水流与旅游资源开发结合起来,杜绝崩塌的诱发因素。

6.2.2.3 防治措施

防止崩塌造成道路中断、建筑物损坏和人员伤亡是崩塌防治的最终目的。崩塌防治措施可分为防止崩塌发生的主动防护和避免造成危害的被动防护两类,如图6.8所示。具体措施的选择取决于崩塌特征及其危害程度、场地条件、工程投资等。

(1) 对中小型崩塌,可修筑拦截构筑物,如图6.9所示。拦截防御,利用落石平台、挡石墙、明洞、铁丝网等阻挡坠落石块,并及时清除围护构筑物中的堆积物。

(2)危岩支顶,为使孤立岩坡稳定,可采用铁链锁、铁夹或混凝土做支垛、护壁、支柱、支墩等,以提高有崩塌危险岩体的稳定性。

(3)调整地表水流,堵塞裂隙或向裂隙内灌浆。在崩塌地区上方修筑截水沟,以阻止水流流入裂隙。利用排水孔排出地下水,减小孔隙水压力,疏干坡体。

(4)坡面加固,为了防止风化将山坡和斜坡铺砌覆盖起来或在坡面上喷浆、勾缝、嵌补和锚固等。

(5)清除危岩,爆破或打楔,将陡崖削缓,并清除易坠的岩体。

(6)在软弱岩石裸露处修筑挡土墙,以支持上部岩体的质量(这种措施常用于修建路基而需要开挖很深的路堑时)。

(7)对可能发生大规模崩塌的地段,应设法绕避、远离崩塌体,或者移到稳定山体内采用隧道通过。

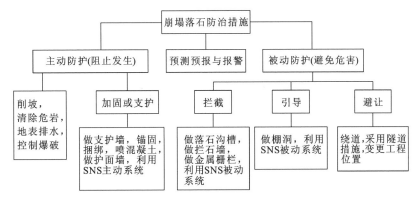

图 6.8 崩塌落石防治主要措施(据阳友奎,1998 年,改编)

(SNS 是安全网的英文缩写)

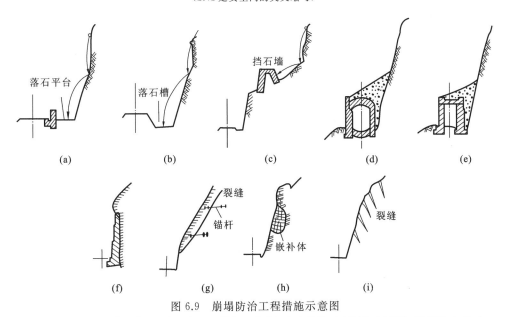

图 6.9 崩塌防治工程措施示意图

(a)落石平台;(b)落石槽;(c)挡石墙;(d)明洞;(e)棚洞;(f)支护墙;(g)锚固;(h)嵌补;(i)灌浆,勾缝

6.3 滑　坡

　　斜坡上大量的岩土体,在一定的自然条件(地质结构、岩性和水文地质条件等)及其重力的作用下,使部分岩土体失去稳定性,沿斜坡内部一个或几个滑动面(带)整体地向下滑动,且水平位移大于垂直位移的现象,称为滑坡。

　　滑坡一般是缓慢、长期而间歇性地进行,延续时间可以是几年、几十年甚至百年以上。有的滑坡开始时滑动缓慢,但后来滑动速度可以突然变大,急剧下滑,这种滑坡又叫作"崩塌性滑坡"。当斜坡岩土体发生沉陷式的运动时,称为错落性滑坡(铁路部门称之为错落)。

　　滑坡是山区铁路、公路、水库及城市建设中经常遇到的一种地质灾害。西南地区是我国滑坡分布的主要地区,其滑坡不仅规模大、类型多,而且分布广泛、发生频繁、危害严重。由于滑坡的存在和发展,常使交通被中断,河道被堵塞,厂矿被破坏,村庄被掩埋,对山区建设和交通设施危害很大。

　　滑坡有的易于识别,但有的受到自然界各种外动力地质作用的影响或破坏,往往较难鉴别。为了准确地鉴别滑坡,首先必须了解滑坡的形态特征及其内部结构。在研究滑坡时,可通过其外部形态判断滑坡存在的可能性,而其内部结构也为确定滑坡性质提供了依据。因此,只有识别了滑坡之后,才能对滑坡的问题进行客观的分析和判断,从而采取针对性的措施防治处理。

6.3.1　滑坡的形态特征

　　一个发育完全的典型滑坡在地表会显现出一系列滑坡形态特征要素(图 6.10),这些形态特征是正确识别和判断滑坡的主要标志。

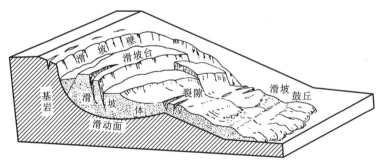

图 6.10　滑坡要素示意图

6.3.1.1　滑坡体(简称滑体)

滑坡体是与母体脱离经过滑动的岩土体。因系整体性滑动,岩土体内部相对位置基本不变,故还能基本保持原来的层序和结构面网络,但在滑动力作用下又产生了新的裂隙,使岩土体明显松动。

6.3.1.2　滑坡床(简称滑床)

滑坡床是指滑坡体之下未经滑动的岩土体。它基本上未发生变形,完全保持原有结构。只有在前缘部分因受滑坡体的挤压而产生一些挤压裂隙,在滑坡壁后缘部分出现弧形张裂隙,两侧有剪裂隙发育。

6.3.1.3 滑动面

滑动面是滑坡体与滑坡床之间的分界面,也就是滑坡体沿之滑动而与滑坡床相接触的面。滑动面有圆弧状的、平面的和阶梯状的。由于滑动时的摩擦,滑动面一般是光滑的,有时还可看到擦痕。滑动面上的土石破坏得比较剧烈,形成一个破碎带,土石受到揉皱,发生片理和糜棱化的现象,其厚度可达数十厘米,甚至达数米,故常称之为滑动带。

6.3.1.4 滑坡周界

滑坡体与其周围不动体在平面上的分界线称为滑坡周界。它圈定了滑坡的范围。

6.3.1.5 滑坡壁

滑坡壁是指滑坡后部滑下所形成的陡壁。对新生滑坡而言,这实际上是滑动面的露出部分,平面呈圈椅状,其高度视位移与滑坡规模而定,一般在数米至数十米之间,有的达 200 多米,坡度多为 $36°\sim80°$,形成陡壁。

6.3.1.6 滑坡台地

滑坡台地又称滑坡台阶,即滑体因各段下滑的速度和幅度不同而形成的一些错台,常出现数个陡坎和高程不同的平缓台面。

6.3.1.7 封闭洼地

滑坡体与滑坡壁之间常拉开成沟槽或陷落成洼地,四周高中间低,地下水流出或地表水汇集成湿地沼泽,甚至成为水塘。老滑坡因后壁及坡体坍塌,洼地可逐渐填平而消失。

6.3.1.8 滑坡舌

滑坡舌是指滑坡体前部伸出如舌状的部位,前端往往伸入沟谷河流,其中舌根部隆起部分称为滑坡鼓丘。

6.3.1.9 滑坡裂隙

滑坡体在滑动过程中各部位受力性质和移动速度不同,受力不均,而产生力学属性不同的裂隙系统,一般可分为拉张裂隙、剪切裂隙、羽状裂隙、鼓张裂隙和扇形张裂隙等。拉张裂隙主要出现在滑坡体后缘,受拉而形成,延伸方向与滑动方向垂直,往往呈弧形分布;剪切裂隙分布在滑坡体中下部两侧,因滑坡体与其外的不动体之间产生相对位移,在分界处形成剪力区并出现剪切裂隙,它与滑动方向斜交,其两边常伴生有羽状裂隙;鼓张裂隙又称隆张裂隙,常分布在滑体前缘,受张力而形成,其延伸方向垂直于滑动方向;扇形裂隙也分布在滑坡体的前缘,尤以舌部为多,是因土石体扩散而形成的,为放射状分布,呈扇形。

6.3.1.10 滑坡轴(主滑线)

滑坡轴是指滑坡在滑动时,滑体运动速度最快的纵向线。它代表整个滑坡的滑动方向,位于滑床凹槽最深的纵断面上,可为直线或曲线。

自然界许多滑坡由于要素发育不全或经过长期剥蚀与堆积作用,常常会使一种或多种要素消失。

6.3.2 滑坡的形成条件和影响因素

6.3.2.1 滑坡的形成条件

(1) 边界条件

滑坡形成的几何边界条件是指构成可能滑动岩体的各种边界面及其组合关系。几何边界条件通常包括滑动面、切割面和临空面。它们的性质及所处的位置不同,在稳定性分析中的作用也是不同的。

① 滑动面

滑动面一般都是斜坡岩体中最薄弱的面,它有效地分割了滑坡体与滑坡床之间的联结,是对边坡的稳定起决定作用的一个重要的边界条件。滑动面可能是基岩侵蚀面,上覆第四纪松散沉积物作为滑坡体,沿着滑动面向下滑动;在基岩内部产生的滑坡一般是某一软弱夹层面作为滑动面,如在砂岩中夹着的页岩层;有的倾角很小的断层带也可成为滑动面;在均质土层中的滑动面常常是两种岩性有差异的接触面。有的滑坡有明显的一个或几个滑动面,有的滑坡没有明显的滑动面,而是由一定厚度的软弱岩土层构成的滑动带。

② 切割面

切割面是指起切割岩体作用的面,它分割了滑坡体与其周围岩土(母岩)之间的联结,如平面滑动的侧向切割面。由于失稳岩体不沿该面滑动,因而不起抗滑作用,故在稳定性系数计算时,常忽略切割面的抗滑能力,以简化计算。滑动面与切割面的划分有时也不是绝对的,如楔形体滑动的滑动面,就兼有滑动面和切割面的双重作用。各种面的具体作用应结合实际情况做具体分析。

③ 临空面

临空面是滑坡体滑动后的堆积场所,是滑坡体向下游滑动时能够自由滑出的面。它的存在为滑动岩体提供活动空间,临空面常由地面或开挖面组成。

滑动面、切割面、临空面是滑坡形成必备的几何边界条件。分析它们的目的是用来确定边坡中可能滑动岩体的位置、规模和形态,定性地判断边坡岩体的破坏类型及主滑方向。为了分析几何边界条件,就要对边坡岩体中结构面的组数、产状、规模及其组合关系,以及这种组合关系与坡面的关系进行分析研究,初步确定作为滑动面和切割面的结构面的形态、位置及可能滑动的方向。

(2)力学条件

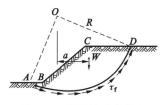

图 6.11　滑坡的受力状态

为了说明滑坡形成的力学条件,现以圆弧形滑动面为例,进行滑坡受力状态分析。如图 6.11 所示,假设滑动面为圆弧形,圆心为 O,OD 为半径,滑体的自重 W 是使滑坡体产生滑动的力,沿滑动面 AD 弧存在着抵抗滑动的抗剪应力 τ_f。

当斜坡岩土体处于极限平衡状态时,所有作用在滑动体上的力矩应处于平衡状态,即

$$W \cdot a = \sum \tau_f \cdot R \tag{6.1}$$

$$k = \frac{抗滑力矩}{下滑力矩} = \frac{\sum \tau_f \cdot R}{W \cdot a} \tag{6.2}$$

式中　k——稳定系数,有时也被称作安全系数。

当 $k>1$ 时,斜坡稳定;当 $k=1$ 时,斜坡处于极限平衡状态;当 $k<1$ 时,滑体下滑。

由此可以得出滑坡产生的力学条件为:在贯通的滑动面上,总下滑力矩大于总抗滑力矩。通常,形成贯通的滑动面是一个渐进的过程。首先最危险滑动面附近的某些点的剪应力超过该点的抗剪强度,该点处发生剪切破坏形成裂隙,随后此裂隙不断扩展,最终沿潜在的滑动面

全部贯通断裂,滑坡随即发生。

6.3.2.2　影响滑坡形成和发展的因素

影响滑坡形成和发展的因素比较复杂,概括起来主要表现在地形地貌、地层岩性、地质构造、水的作用和人为因素及其他因素等几个方面。

（1）地形地貌

斜坡的高度、坡度和形态影响着斜坡的稳定性。高而陡峻的斜坡较不稳定,因为地形上的有效临空面提供了滑动的空间,成为滑坡形成的重要条件。

（2）地层岩性

沉积物和岩石是产生滑坡的物质基础。松散沉积物,尤其是黏土与黄土容易发生滑坡,坚硬岩石较难发生滑坡。基岩区的滑坡常与页岩、黏土岩、泥岩、泥灰岩、板岩、千枚岩、片岩等软弱岩层的存在有关。当组成斜坡的岩石性质不一,特别是当上层为松散堆积层,而下层是坚硬岩石时,则沿两者接触面最容易产生滑坡。

（3）地质构造

滑坡的产生与地质构造关系极为密切。滑动面常常是构造软弱面,如层面、断层面、断层破碎带、节理面、不整合面等。另外,岩层的产状也影响滑坡的发育。如果岩层向斜坡内部倾斜,斜坡比较稳定;如果岩层的倾向和斜坡坡向相同,就有利于滑坡发育,特别是当倾斜岩层中有含水层存在时,滑坡最易形成。

（4）水的作用

绝大多数滑坡的发生发育都有水的参与。丰富的雨水与雪融水可润湿斜坡上的岩土,当水进入滑动体,会使滑动体自重增大;当水下浸到达滑动面,会使滑动面抗剪强度降低,再加上水对滑动体的静水压力、动水压力,都成为诱发滑坡形成和发展的重要因素。

（5）人为因素及其他因素

人为因素主要是指人类工程活动不当引起滑坡,如人工切坡、开挖渠道等工程活动。如设计施工不当,也可造成斜坡平衡破坏而引起滑坡。

此外,地震、海啸、风暴潮、冻融、大爆破以及各种机械振动都可能诱发滑坡。因为地面震动不仅增加了土体下滑力,而且还破坏了土体的内部结构。

6.3.3　滑坡的分类

滑坡分类的目的在于对滑坡作用的各种环境和现象特征以及产生滑坡的各种因素进行概括,以便正确反映滑坡作用的某些规律。目前滑坡的分类方案很多,各方案所侧重的分类原则也不同。有的根据滑动面与层面的关系,有的根据滑坡的动力学特征,有的根据规模、深浅,有的根据岩土类型,有的根据斜坡结构,还有的根据滑动面形状甚至根据滑坡时代等。由于这些分类方案各有优缺点,所以仍沿用至今。同时,也有人提出不少综合分类方案,但是这些方案尚未得到公认。

6.3.3.1　按滑动面与层面关系分类

这种分类应用很广,是较早的一种分类。按这种方法,可将滑坡分为均质滑坡（无层滑坡）、顺层滑坡和切层滑坡三类。

（1）均质滑坡

这是发生在均质的没有明显层理的岩体或土体中的滑坡。滑动面不受层面的控制,而是取决于斜坡的应力状态与岩土的抗剪强度的相互关系。滑动面呈圆柱形或其他二次曲线形，在黏土岩、黏性土和黄土中较常见(图6.12)。

（2）顺层滑坡

这种滑坡一般是指沿着岩层层面发生滑动，特别是有软弱岩层存在时，易成为滑坡面。那些沿着断层面、大裂隙面的滑动，以及残坡积物顺其与下部基岩的不整合面下滑的均属于顺层滑坡的范畴(图6.13)。

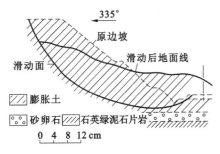

图6.12　均质滑坡纵剖面

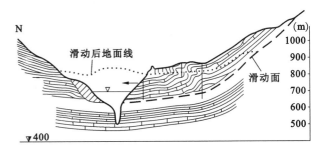

图6.13　顺层滑坡纵剖面(据舍利，1964年)

（3）切层滑坡

滑坡面切过岩层面而发生的滑坡称为切层滑坡。滑坡面常呈圆柱形或呈对数螺旋曲线，如图6.14所示。

6.3.3.2　按滑动力学性质分类

这种分类主要按始滑部位(滑坡源)所引起的力学特征进行分类。这种分类对滑坡的防治有很大意义。一般根据始滑部位不同而分为推落式、平移式、牵引式(图6.15)和混合式等几种。

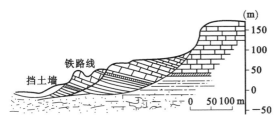

图6.14　切层滑坡纵剖面(据沃德，1945年)

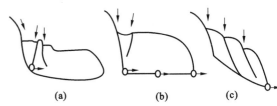

图6.15　始滑部位不同的各类滑坡
(a)推落式滑坡；(b)平移式滑坡；(c)牵引式滑坡
〇—始滑部位

（1）推落式滑坡

这种滑坡主要是由于斜坡上部张开裂缝发育，或因堆积重物和在坡上部进行建筑等引起上部失稳始滑而推动下部滑动。

（2）平移式滑坡

这种滑坡滑动面较平缓，始滑部位分布于滑动面的许多点，这些点同时滑移，逐渐发展连接起来，形成平移式滑动。

（3）牵引式滑坡

这种滑坡首先是在斜坡下部发生滑动，然后逐渐向上扩展，引起由下而上的滑动，这主要是斜坡底部受河流冲刷或人工开挖而造成的。

（4）混合式滑坡

这种滑坡是始滑部位上、下结合，共同作用。混合式滑坡比较常见。

6.3.3.3 按滑坡时代分类

鉴于大量自然滑坡的发育与河流侵蚀期紧密相关（河流侵蚀为绝大多数自然滑坡的发育提供了有效临空面），卢螽撩等建议主要将河流侵蚀期作为区分滑坡发生时代的依据，分类方案详见表6.3。

表6.3　按滑坡时代分类方案

滑坡类型（亚类）	划分依据	基本特征	稳定性（别称）
新滑坡	发生于河漫滩时期，具有现代活动性	（1）现代活动性； （2）滑坡形态特征完备	不稳定（或滑坡）
老滑坡	发生于河漫滩时期，目前（暂时）稳定	（1）目前不活动，但滑坡堆积物掩覆在河漫滩之上，或滑坡前缘为河漫滩期堆积物所掩叠； （2）滑坡形态特征基本完备，但有局部改造	暂时稳定或稳定，很容易复活（稳滑坡）
古滑坡（一级阶地时期滑坡，二级阶地时期滑坡）	发生在河流阶地侵蚀时期或稍后，目前稳定	（1）滑坡出口高程与河流阶地的侵蚀基准面相当，或滑坡体掩覆在阶地堆积之上，或后期的阶地堆掩叠在滑坡体之上； （2）一般已不再保存明显的滑坡形态特征，但在地层叠置、层序上和地层变位、松动等方面有明显反应，常形成反常层次和反常构造现象	稳定，不易复活（稳滑坡）
始滑坡（二级夷平面时期滑坡，一级夷平面时期滑坡）	发生在当地现今水系形成之前；或以夷平面相关划分，或以上、下界限地层时代划分	（1）无法找到滑坡与当前水系的相关关系，仅能依据滑坡堆积特征及其与夷平面或老地层的叠置关系予以稳定； （2）一般已不再保存明显的滑坡形态特征，但在地层叠置、层序上和地层变位、松动等方面有明显反应，常形成反常层次和反常构造现象	极稳定，几乎完全不会复活（死滑坡）

6.3.3.4 按斜坡岩土类型分类

斜坡的物质成分不同，滑坡的力学性质和形态特征也就不一样，特别是表现在滑动面的形状及滑体结构等也有所不同。所以按岩土类型来划分滑坡类型能够综合反映其特点，是比较好的分类方法。我国铁道部门按组成滑体的物质成分提出了分类方案，即可分为黏性土滑坡、黄土滑坡、堆填土滑坡、堆积土滑坡、破碎岩石滑坡、岩石滑坡六大类。其中岩石滑坡还可适当详细划分，有人认为可分为软硬互层岩组滑坡、软弱岩岩组滑坡、坚硬-半坚硬岩岩组滑坡和碎裂岩岩组滑坡等。

6.3.3.5 其他分类

（1）按滑坡主滑面成因类型分类

① 堆积面滑坡；

② 层面滑坡；

③ 构造面滑坡；

④ 同生面滑坡。

（2）按滑坡深度分类

① 浅层滑坡（厚度小于 6 m）；

② 中层滑坡（厚 6~20 m）；

③ 厚层滑坡（厚 20~50 m）；

④ 巨厚层滑坡（厚度大于 50 m）。

（3）按滑动形式分类

① 转动式滑坡；

② 平移式滑坡。

（4）按滑动历史分类

① 首次滑坡；

② 再次滑坡。

6.3.4 滑坡的野外识别

一般说来,滑坡的发生是一个长期的变化过程,通常将滑坡的发育过程划分为蠕动变形、滑动破坏和渐趋稳定三个阶段。从斜坡的稳定状况受到破坏,坡面出现裂缝,到斜坡开始整体滑动之前的这段时间称为滑坡的蠕动变形阶段。蠕动变形阶段所经历的时间有长有短,长的可达数年之久,短的仅数月或几天的时间。一般说来,滑动的规模愈大,蠕动变形阶段持续的时间也就愈长。斜坡在整体滑动之前出现的各种现象,叫作滑坡的前兆现象,尽早发现和观测滑坡的各种前兆现象,对于滑坡的预测和预防都是很重要的。滑坡在整体往下滑动的时候,滑坡后缘迅速下陷,滑坡壁越露越高,滑坡体分裂成数块,随着滑坡体向前滑动,滑坡体向前伸出,形成滑坡舌。如果滑动带岩土抗剪强度降低的绝对数值较大,滑坡的滑动就表现为速度快、来势猛,滑动时往往伴有巨响并产生很大的气浪,有时会造成巨大灾害。滑动停止后,除形成特殊的滑坡地形外,在岩性、构造和水文地质条件等方面都相继发生了一些变化,为人们提供了在野外识别滑坡的标志。

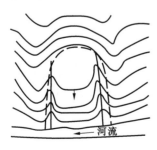

图 6.16 双沟同源平面图

6.3.4.1 滑坡的野外识别

（1）地形地貌标志

滑坡的存在,常使斜坡不顺直、不圆滑而造成圈椅状地形或槽谷地形,其上部有陡壁及弧形拉张裂缝;中部坑洼起伏,有一级或多级台阶,其高程和特征与外围河流阶地不同,两侧可见羽毛状剪切裂缝;下部有鼓丘,呈舌状向外凸出,有时甚至侵占部分河床,表面多鼓张扇形裂缝,两侧常形成沟谷,出现双沟同源现象（图 6.16）；有时内部多积水洼地,喜水植物茂盛,有"醉汉林"(图6.17)、"马刀树"(图6.18)和建筑物开裂、倾斜等现象。

图6.17 "醉汉林"示意图

图6.18 "马刀树"示意图

(2)地层构造标志

滑坡范围内的地层整体性常因滑动而破坏,有扰乱松动现象;层位不连续,出现缺失某一地层、岩层层序重叠或层位标高有升降等特殊变化;岩层产状发生明显的变化;构造不连续(如裂隙不连贯、发生错动)等。以上都是滑坡存在的标志。

(3)水文地质标志

滑坡地段含水层的原有状况常被破坏,使滑坡体成为单独含水体,水文地质条件变得特别复杂,无一定规律可循。如潜水位不规则,无一定流向,斜坡下部有成排泉水溢出等。

上述各种标志在实践中必须综合考虑、互相验证才能得出结论。

6.3.4.2 新老滑坡体的野外判断

新老滑坡体在地貌形态上的区别可参照表6.4。

表6.4 新老滑坡体的形态特征

老滑坡	新滑坡
(1)滑坡后壁较高,长满了树木,找不到擦痕和裂缝; (2)滑坡台阶宽大且已夷平,土体密实,无陷落不均现象; (3)滑坡前缘的斜坡较缓,土体密实,长满草木,无松散坍塌现象; (4)滑坡两侧的自然沟谷切割很深,谷底基岩出露; (5)滑坡体较干燥,地表一般没有泉水或湿地,滑坡舌泉水清澈; (6)滑坡前缘舌部有河水冲刷的痕迹,舌部的细碎土石已被河水冲走,残留有一些较大的孤石	(1)滑坡后壁高、陡,未长草木,常能找到擦痕和裂缝; (2)滑坡台阶尚保存台坎,土体松散,地表有裂缝,且沉陷不均; (3)滑坡前缘的斜度较陡,土体松散,未生草木,并不断产生少量的坍塌; (4)滑坡的两侧多是新生的沟谷,切割较浅,沟底多为松散堆积物; (5)滑坡体湿度很大,地面泉水和湿地较多,舌部泉水流量不稳定; (6)滑坡前缘正处在河水冲刷的条件下

6.3.5 滑坡的防治

6.3.5.1 滑坡勘察要点

滑坡场地的勘察应综合采用工程地质测绘、勘探、原位测试和室内试验等手段,绘制滑坡工程地质图和滑坡主滑断面图。

滑坡测绘是滑坡调查的主要方法之一。通过测绘,查明滑坡的地貌形态和水文地质特征,弄清滑坡周界及滑坡周界内不同滑动部分的界线等,如滑坡壁的高度、陡度、植被和剥蚀情况;滑坡裂缝的分布形状、位置、长度、宽度及其连通情况;滑坡台阶的数目、位置、高度、长度、宽度;滑坡舌的位置、形状和被侵蚀的情况;泉水、湿地的出露位置和地形与地质构造的关系,流量、补给与排泄关系;岩层层面和基岩顶面的走向、倾向及倾角大小;裂隙发育程度和产状,有无软弱夹层及裂隙水活动等。

滑坡勘探目前常用的有挖探、物探和钻探三种方法。通过勘探,应查明滑坡体的厚度,下伏基岩表面的起伏及倾斜情况;用剥离表土或挖探方法直接观察或通过岩芯分析判断滑动面的个数、位置和形状;了解滑坡体内含水层和湿带的分布情况与范围,地下水的流速及流向等;查明滑坡地带的岩性分布及地质构造情况等。

滑坡工程地质试验,是为滑坡防治工程的设计提供依据和计算参数的。一般包括滑坡水文地质试验和滑动带上的物理力学试验两部分。水文地质试验是为整治滑坡的地下排水工程提供资料,一般结合工程地质钻孔进行试验,必要时可做专门的水文地质钻探以测定地下水的流速、流向、流量和各含水层的水力联系及渗透系数等。滑动带土石的物理力学试验,主要是为滑坡的稳定性验算和抗滑工程的设计提供依据与计算参数。除一般的常规项目外,主要做劈切试验,以确定内摩擦角 φ 值和黏聚力 c 值。

6.3.5.2 防治原则及措施

(1) 防治原则

为了预防和制止斜坡变形破坏对建筑物造成的危害,对斜坡变形破坏需要采取防治措施。实践表明,要确保斜坡不发生变形破坏,或发生变形破坏之后不再继续恶化,必须加强防治。防治的总原则应该是"以防为主、及时治理"。具体的防治原则可概括为以下几点:

① 以查清工程地质条件和了解影响斜坡稳定性的因素为基础,查清斜坡变形破坏地段的工程地质条件是最基本的工作环节,在此基础上分析影响斜坡稳定性的主要及次要因素,并有针对性地选择相应的防治措施。

② 整治前必须搞清斜坡变形破坏的规模和边界条件。变形破坏的规模不同,处理措施也不相同,要根据斜坡变形的规模大小采取相应的措施。此外,还需掌握变形破坏面的位置和形状,以确定其规模和活动方式,否则就无法确切地布置防治工程。

③ 按工程的重要性采取不同的防治措施,对斜坡失稳后后果严重的重大工程,势必要提高安全稳定系数,防治工程的投资量大;而非重大的工程和临时工程,则可采取较简易的防治措施。同时,防治措施要因地制宜,适合当地情况。

(2) 防治措施

根据上述防治原则以及实际经验,主要的防治措施不外乎是提高抗滑力和减小下滑力。现将各种措施归纳为以下几个方面:

① 拦挡工程

拦挡工程是提高斜坡抗滑力最常用的措施,主要有挡墙、抗滑桩、锚杆(索)和支撑工程等。

挡墙也称挡土墙,是防治滑坡常用的有效措施之一,并与排水等措施联合使用。它是借助于自身的重量以支挡滑体的下滑力。按建筑材料和结构形式不同,有浆砌石抗滑挡墙、混凝土或钢筋混凝土抗滑挡墙,抗滑片石垛及抗滑片石竹笼等。必须查清最低滑动面的形状和位置,据此设计挡墙基础的砌置深度。抗滑挡墙的墙体下部应设置泄水孔,并与墙后盲沟联结起来[图 6.19(a)]。这样,一方面可削弱作用于挡墙上的静水压力,另一方面可防止墙后积水浸泡基础而造成挡墙的滑移。

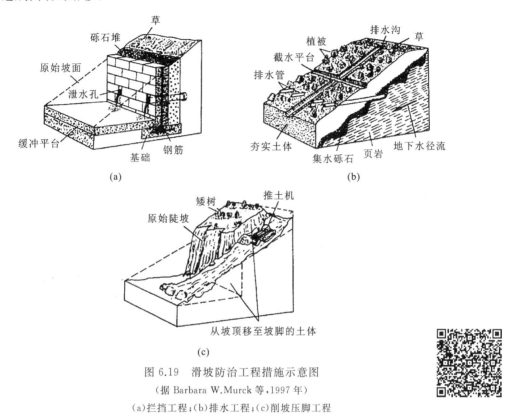

图 6.19　滑坡防治工程措施示意图

(据 Barbara W.Murck 等,1997 年)

(a)拦挡工程;(b)排水工程;(c)削坡压脚工程

　　抗滑桩是用以支挡滑体下滑力的桩柱,一般集中设置在滑坡的前缘附近。它施工简便,可以灌注,也可以锤击贯入。桩柱的材料有混凝土、钢筋混凝土、钢等。这种支挡工程对正在活动的浅层和中厚层滑坡效果较好。成排的抗滑桩可用来止住巨型的滑坡体。

　　岩质斜坡一般采用预应力锚杆或锚索加固,这是一种很有效的防治滑坡和崩塌的措施。利用锚杆或锚索上所施加的预应力,以提高滑动面上的正应力,进而提高该面的抗滑力,改善剪应力的分布状况。锚杆(索)的方向和设置深度应视斜坡的结构特征而定。

　　支撑主要用来防治陡峭斜坡顶部的危岩体,以制止其崩落。施工时,将支撑的基础埋置于新鲜基岩中,且在危岩体中打入锚杆,将危岩与支撑联结起来。

　　② 排水工程

　　排水工程包括排除地表水和地下水。首先要拦截流入斜坡变形破坏区的地表水流,包括泉和雨水,应在变形破坏区外设置环形截水沟和排水渠,将水流引走。在变形破坏区内也应充分利用地形和自然沟谷,布置成树枝状排水系统[图 6.19(b)]。排水沟渠应用片石或混凝土砌填。

　　排除地下水可减少滑动力,也可使附近岩土体的含水量或孔隙水压力降低,以增强抗滑力,提高斜坡的稳定性。根据地下水的埋深可分为浅层地下水排水工程和深层地下水排水工程两种。浅层地下水排水工程有截水沟、盲沟和水平钻孔等。深层地下水排水工程有截水盲沟、集水井、平孔排水和排水廊道等。排水措施要根据斜坡地质结构和水文地质条件加以选择,与其他防治措施配合使用。

③ 削坡压脚工程

这种措施的目的是降低坡体的下滑力,如图 6.19(c)所示,其主要的方法是将较陡的边坡减缓或将滑坡体后缘的岩土体削去一部分。这种措施在滑坡防治中应用较广,尤其对推落式滑坡效果更佳。有时单纯地减荷不能起到有效阻滑的作用,所以最好与反压措施结合起来,即将减荷削下的土石堆于滑体前缘的阻滑部位,使之起到既降低下滑力又增加抗滑力的良好效果。

④ 防冲护坡

为防止斜坡被河水冲刷或海、湖、水库中水的波浪冲蚀,一般可采取修筑导流堤、水下防波堤、丁坝以及砌石、抛石、草皮护坡等措施。

为了防止易风化的岩石组成的边坡表层因风化而产生剥落,可采用灰浆抹面或砌石护墙来保护。

⑤ 土质改良

土质改良的目的在于提高岩土体的抗滑能力,主要用于土体性质的改善。常用的方法有电渗排水法和焙烧法。电渗排水法对粉砂土和粉土质亚砂土效果较好,它能使土内含水量降低,从而提高其抗剪强度,但该法费用昂贵,一般很少采用。焙烧法可用来改善黄土和一般黏性土的性质,它的原理就是通过焙烧的办法将滑坡体特别是滑带土变得像砖一样坚硬,从而大大提高其抗剪强度。采用这种方法一般是对坡脚处的土体进行焙烧,使之成为坚固的天然挡土墙。我国宝成铁路线上某些滑坡曾采用过这种方法,取得了良好效果。对于岩质斜坡可采用固结灌浆等措施加固。

⑥ 防御绕避

当线路工程(如铁路、公路)遇到严重不稳定斜坡地段,处理又很困难时,则可采用防御绕避措施。其具体工程措施有内移做隧、外移做桥等。

上述各项措施,可归纳为"挡、排、削、护、改、绕"六字方针。要根据斜坡地段具体的工程地质条件和变形破坏特点及发展演化阶段选择采用,有时则采取综合治理的措施。

6.3.6 崩塌与滑坡的关系

崩塌和滑坡常常相伴而生,产生于相同的地质构造环境、相同的地层岩性构造条件,且有着相同的触发因素,容易产生滑坡的地带也是崩塌的易发区。崩塌、滑坡在一定条件下可互相诱发、互相转化。有时岩土体的重力运动形式介于崩塌和滑坡之间,以至于人们无法区别此运动是崩塌还是滑坡。因此,地质科学工作者称此为滑坡式崩塌,或崩塌型滑坡。另外,滑坡和崩塌也有着相同的次生灾害和相似的发生前兆。崩塌与滑坡有相似性也有区别,其区别主要表现在以下几方面:

(1)崩塌发生之后,崩塌物常堆积在山坡坡脚,呈锥形,结构零乱,毫无层序;而滑坡堆积物常具有一定的外部形状,滑坡体的整体性较好,反映出层序和结构特征。也就是说,在滑坡堆积物中,岩土体的上、下层位和新老关系没有多大的变化,仍然是有规律地分布。

(2)崩塌体完全脱离母体(山体),而滑坡体则很少完全脱离母体,多是部分滑坡体残留在滑床之上。

（3）崩塌发生之后，崩塌物的垂直位移量远大于水平位移量，其重心位置降低了很多；而滑坡则不然，通常是滑坡体的水平位移量大于垂直位移。多数滑坡体的重心位置降低不大，滑动距离却很大。同时，滑坡下滑速度一般比崩塌来得慢。

（4）崩塌堆积物表面基本上没有裂缝分布。而滑坡体表面，尤其是新发生的滑坡，其表面有很多具有一定规律性的纵横裂缝，如分布在滑坡体上部（也就是后部）的弧形拉张裂缝；分布在滑坡体中部两侧的剪切裂缝（呈羽毛状）；分布在滑坡体前部的横张裂缝，其方向垂直于滑坡方向，也即受压力的方向；分布在滑坡体中前部，尤其是分布在滑坡舌部的扇形张裂缝，或者称为滑坡前缘的放射状裂缝。

6.4　泥　石　流

6.4.1　泥石流及其分布

泥石流，是一种突然暴发的含有大量泥沙、石块的特殊洪流。它主要发生在地质不良、地形陡峻的山区及山前区（图6.20）。泥石流可以摧毁房屋、村镇，淹没农田，堵塞河道，给山区造成严重危害。

由于泥石流含有大量的固体物质，固体含量有时超过水体量，且突然暴发，持续时间短，侵蚀、搬运和沉积过程异常迅速，故其比一般洪水具有更大的能量，能在很短的时间内冲出数万立方米至数百万立方米的固体物质，将数十吨至数百吨的巨石冲出山外。泥石流活动的强弱与洪水活动周期相一致。在一场连续降雨中，大暴雨和高强中雨出现之时或之后易发生泥石流。

典型的泥石流流域，一般可以分为形成区（汇水动力区和物质供给区）、流通区和堆积区，如图6.21所示。

图6.20　泥石流野外形态

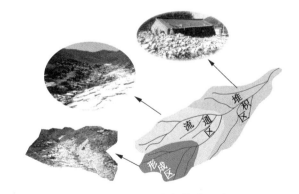

图6.21　泥石流流域平面图

（1）形成区

该区域一般位于泥石流沟的上中游。该区多为三面环山、一面出口的半圆形宽阔地段，周围山坡陡峻（大多30°～60°），沟谷纵坡降可达30°以上。斜坡常被冲沟切割，且崩塌、滑坡发育，坡体光秃，无植被覆盖。这样的地形，有利于汇集周围山坡上的水流和固体物质。

171

（2）流通区

该区域是泥石流搬运通过的地段,多为狭窄而深切的峡谷或冲沟,谷壁陡峻而纵坡降较大,常出现陡坎和跌水,所以泥石流物质进入本区后具极强的冲刷能力。流通区形似颈状或喇叭状,非典型的泥石流沟可能没有明显的流通区。

（3）堆积区

该区域是泥石流物质的停积场所。一般位于山口外或山间盆地的边缘,地形较平缓。泥石流至此速度急剧变小,最终堆积下来,形成扇形、锥状堆积体,有的堆积区还直接为河漫滩或阶地。

以上几个分区,仅是对一般的泥石流流域而言。由于泥石流的类型不同,常难以明显区分,有的流通区伴有沉积,如山坡型泥石流,其形成区域就是流通区;而有的泥石流往往直接排入河流而被带走,无明显的堆积层。

我国是世界上泥石流发育最多的国家之一,主要集中分布在西南、西北和华北山区,如云南、四川的西部和北部,西藏东部和南部,秦岭、甘肃东南部,青海东部以及祁连山、昆仑山、天山、太行山等地区,在华东、中南与东北部分山区也有零星分布。

6.4.2　泥石流的形成条件及其发育特点

6.4.2.1　泥石流的形成条件

泥石流的形成和发展与流域的地质、地形和水文气象条件有密切的关系,同时也受人类活动的深刻影响。

（1）地质条件

地质条件决定了松散固体物质来源,当汇水区和流通区广泛分布有厚度很大、结构松软、易于风化、层理发育的岩土层时,这些软弱岩土层是提供泥石流的主要物质来源。此外,还应注意到泥石流流域地质构造的影响,如断层、裂隙、劈理、片理、节理等的发育程度和破碎程度,这些构造破坏现象给岩层破碎创造了条件,从而也为泥石流的固体物质提供了来源。我国一些著名的泥石流沟群,如云南东川、四川西昌、甘肃武都和西藏东南部山区大都是沿着构造断裂带分布的。

（2）地形条件

泥石流流域的地形特征是山高谷深,地形陡峻,沟床纵坡大。上游形成区有广阔的盆地式汇水面积,周围坡陡,有利于大量水流迅速汇聚而产生强大的冲刷力;中游流通区纵坡降0.05～0.06或更大,可作为搬运流通沟槽;下游堆积区坡度急速变缓,有开阔缓坡作为泥石流的停积场所。

（3）水文气象条件

水既是泥石流的组成部分,又是搬运泥石流物质的基本动力。泥石流的发生与短时间内大量流水密切相关,没有大量的流水,泥石流就不可能形成。因此,泥石流的形成就需要在短时间内有强度较大的暴雨,或冰川、积雪的强烈消融,或高山湖泊、水库的突然溃决等。气温高或高低气温反复骤变,以及长时间的高温干燥,均有利于岩石的风化破碎,再加上水对山坡岩土的软化、潜蚀、侵蚀和冲刷等,使破碎物质得以迅速增加,这就有利于泥石流的产生。

我国降雨过程主要受东南和西南季风控制,多集中在 5 月至 10 月,这也是泥石流暴发频繁的季节。在高山冰川分布地区,冰川、积雪的急剧消融,往往能形成规模巨大的泥石流。此外,坝岸的溃决也可能形成泥石流。

（4）人类活动的影响

良好的植被可以减弱剥蚀过程,延缓径流汇集,防止冲刷,保护坡面。在山区建设中,由于矿山剥土、工程弃渣处理不当等,也可导致泥石流发生。

综上所述,泥石流的形成要同时具备:① 在某一山地河流流域内,坡地上或河床内有足够数量的固体碎屑物;② 有足够数量的水体(暴雨、水库溃决等);③ 较陡的沟坡地形。

6.4.2.2 泥石流的发育特点

从上述形成泥石流的三个基本条件可以看出,泥石流的发育具有区域性和间歇性(周期性)的特点。不是所有的山区都会发生泥石流,也并非年年暴发。

由于水文气象、地形、地质条件的分布有区域性的规律,因此,泥石流的发育也具有区域性的特点。如前所述,我国的泥石流多分布于大断裂发育、地震活动强烈和高山积雪、有冰川分布的山区。

由于水文气象具有周期性变化的特点,同时泥石流流域内大量松散固体物质的再积累也不是短期内所能完成的,因此,泥石流的发育具有一定的间歇性。那些具有严重破坏力的大型泥石流,往往需几年、十几年甚至更长时间才发生一次,一般多发生在较长的干旱年头之后(积累了大量固体物质)并出现集中而强度较大的暴雨年份。

滑坡、崩塌、泥石流三者是不同的地质灾害类型,具有不同的特征,但它们之间往往是相互联系、相互转化的,具有不可分割的密切关系。泥石流与滑坡、崩塌有着许多相同的促发因素。易发生滑坡、崩塌的区域也易发生泥石流,只不过泥石流的暴发多了一项必不可少的水源条件。崩塌和滑坡形成的破碎物质常常是泥石流重要的固体物质来源,在一定量的足够的水源条件下就会生成泥石流,因而有些泥石流是滑坡和崩塌的次生灾害。另外,滑坡、崩塌还常常在运动过程中直接转化为泥石流。

6.4.3 泥石流的分类

由于泥石流产生的地形地质条件有差别,故泥石流的性质、物质组成、流域特征及其危害程度等也随地形地质的不同而变化。因此,对泥石流类型的划分目前尚未统一,仍处于探索中。

6.4.3.1 按所含固体物质成分分类

（1）泥流

以黏性土为主,含少量砂粒、石块,黏度大,呈稠泥状的称为泥流。我国主要分布于甘肃天水、兰州及青海的西宁等黄土高原山区和黄河的各大支流,如渭河、湟水、洛河、泾河等地区。

（2）泥石流

由大量黏性土和粒径不等的砂粒、石块组成的称为泥石流。基岩裸露、剥蚀强烈的山区产生的泥石流多属此类。我国主要发生在西藏波密、四川西昌、云南东川、贵州遵义等地区。

（3）水石流

由水和大小不等的砂粒、石块组成的称为水石流。水石流主要分布于石灰岩、石英岩、大理岩、白云岩、玄武岩及坚硬的砂岩地区,如陕西华山、山西太行山、北京西山、辽宁东部山区的泥石流多属此类。

6.4.3.2 按地貌特征分类

（1）标准型泥石流

此种类型泥石流具有明显的形成区、流通区、堆积区三个区段。形成区多崩塌、滑坡等地质灾害,地面坡度陡峻;流通区较稳定,沟谷断面多呈"V"形;堆积区一般呈现扇形,堆积物棱角明显。此类泥石流破坏能力强,规模较大。

（2）沟谷型泥石流

此种类型泥石流流域呈狭长形,形成区则分散在河谷的中、上游;固体物质补给远离堆积区,沿河谷既有堆积又有冲刷;堆积物棱角不明显。此类泥石流破坏能力较强,周期较长,规模较大。

（3）山坡型泥石流

此种类型泥石流沟小流短,沟坡与山坡基本一致,没有明显的流通区,形成区直接与堆积区相连。洪积扇坡陡而小,沉积物棱角分明,冲击力大,淤积速度较快,但规模较小。

6.4.3.3 按流体性质分类

（1）黏性泥石流

黏性泥石流是指含黏性土的泥石流或泥流。其特征:一是黏性大,固体物质占 $40\%\sim60\%$,最高达 80%;水不是搬运介质,而是组成物质。二是稠度大,石块呈悬浮状态,暴发突然,持续时间短,破坏力大。

（2）稀性泥石流

稀性泥石流是指以水为主要成分,黏性土含量少,固体物质占 $10\%\sim40\%$,有很大的分散性。水为搬运介质,石块以滚动或跳跃方式前进,具有强烈的下切作用。其堆积物在堆积区呈扇状散流,沉积后似"石海"。

以上分类是我国泥石流最常见的几种分类方法。除此之外还有多种分类方法,如按泥石流的成因分类有冰川型泥石流和降雨型泥石流;按泥石流流域大小分类有大型泥石流、中型泥石流和小型泥石流;按泥石流发展阶段分类有发展期泥石流、旺盛期泥石流和衰退期泥石流等。

6.4.4 泥石流的防治

6.4.4.1 泥石流勘察要点

泥石流勘察应采用工程地质测绘及调查访问的方法,辅助必要的勘探手段,查明场地所在区域汇水范围内的岩性、构造特征、地震情况、崩塌滑坡现象、水文地质条件和历史泥石流发生情况等。

发生过泥石流的沟谷,常遗留有泥石流运动的痕迹。如离河较远,不受河水冲刷,则在沟口堆积区发育有不同规模的洪积扇或洪积锥,扇上堆积有新堆积的泥石物质,有的还沉积有表面嵌有角砾、碎石的泥球;在通过区,往往由于沟槽窄,经泥石流的强烈挤夺和摩擦,沟壁常遗留有泥痕、擦痕及冲撞的痕迹。

6.4.4.2 泥石流的防治原则

防治泥石流的原则是以防为主,兼设工程措施。针对其形成条件、形成机制以及不同的泥石流类型区别对待:上游尽可能保持水土不发生流失,保证沟谷两岸斜坡的稳定;中游以拦挡为主,同时减缓沟床纵坡;下游以疏导为主,尽可能减少淤积。

铁路、公路通过泥石流区,应遵循以下原则:

(1)绕避处于发育旺盛期的特大型、大型泥石流或泥石流群,以及淤积严重的泥石流沟;

(2)远离泥石流堵河严重地段的河岸;

(3)线路高程应考虑泥石流的发展趋势;

(4)峡谷河段以高桥大跨通过;

(5)宽谷河段,线路位置及高程应根据主河床与泥石流沟淤积率、主河摆动趋势确定;

(6)线路跨越泥石流沟时,应避开河床纵坡由陡变缓的位置和平面上的急弯部位,不宜压缩沟床断面、改沟并桥或沟中设墩,桥下应留足净空;

(7)严禁在泥石流扇上挖沟设桥或做路堑。

6.4.4.3 泥石流的防治措施

防治泥石流应全面考虑跨越、排导、拦截和水土保持等措施,根据因地制宜和就地取材的原则,注意总体规划,采取综合防治措施。

(1)水土保持

水土保持包括封山育林、植树造林、平整山坡、修筑梯田、修筑排水系统与支挡工程等措施。水土保持虽是根治泥石流的一种方法,但需要一定的自然条件,收效时间也较长,一般应与其他措施配合进行。

(2)跨越

根据具体情况,可以采用桥梁、涵洞、过水路面、明洞、隧道、渡槽等方式跨越泥石流。采用桥梁跨越泥石流时,既要考虑淤积问题,也要考虑冲刷问题。确定桥梁孔径时,除考虑设计流量外,还应考虑泥石流的阵流特性,应有足够的净空和跨径,保证泥石流能顺利通过。桥位应选在沟道顺直、沟床稳定处,并应尽量与沟床正交。不应把桥位设在沟床纵坡由陡变缓的变坡点附近。

(3)排导

采用排导沟、急流槽、导流堤等措施使泥石流顺利排走,以防止掩埋道路、堵塞桥涵。泥石流排导沟是常用的一种构筑物,设计排导沟应考虑泥石流的类型和特征。为减小沟道冲淤,防止决堤漫溢,排导沟应尽可能按直线布设,需转弯时应有足够大的弯道半径。排导沟纵坡宜一坡到底,如必须变坡时,从上往下应逐渐变陡。排导沟的出口处最好能与地面有一定的高差,同时必须有足够的堆淤场地,最好能与大河直接衔接。

(4)滞流与拦截

滞流措施是在泥石流沟中修筑一系列低矮的拦挡坝,其作用是:拦蓄部分泥砂石块,减弱泥石流的规模;固定泥石流沟床,防止沟床下切和谷坡坍塌;减缓沟床纵坡,降低流速。拦截措施是修建拦渣坝或停淤场,将泥石流中的固体物质全部拦淤,只允许余水过坝。

6.5 地面塌陷

地面塌陷是指地表岩、土体在自然或人为因素作用下,向下陷落,并在地面形成塌陷坑(洞)的一种地质现象。当这种现象发生在有人类活动的地区时,便可能成为一种地质灾害。地面塌陷的形成原因复杂,种类很多,如地震塌陷、采空塌陷、岩溶地面塌陷、黄土塌陷、火山熔岩塌陷和冻土塌陷等。在我国发育的各类地面塌陷中,以岩溶地面塌陷的分布最广、危害最大,其散布范围从黑龙江到海南岛,从青海湖到东海之滨,以华南、西南、华北地区最为广泛。

岩溶塌陷是指在可溶性岩石分布的浅覆盖区,由于浅部岩溶发育,当水文地质条件改变时,在地下水的作用下,松散土层的土颗粒发生运移(溶孔、洞、溶蚀裂隙为其提供运移通道和贮存空间),而逐步形成隐伏土洞,并向地面发展,最终导致地面塌陷。所以,岩溶塌陷是岩溶作用造成的地质现象。此外还有与之类似的土洞作用,即由于地表水和地下水对土层的溶蚀和冲刷而产生空洞,空洞的扩展导致地表陷落的地质现象。这里主要介绍岩溶与土洞引起的塌陷问题。

6.5.1 岩溶

岩溶是水(包括地表水和地下水)对可溶性岩石(碳酸盐岩、硫酸盐岩、卤化物)进行的以化学溶蚀作用为主的改造和破坏地质作用,以及由此产生的地貌与水文地质现象的总称。岩溶作用是指以化学溶蚀为主,同时还包括机械破碎、沉积、坍塌、搬运等的综合作用。

6.5.1.1 岩溶的形态

岩溶形态是可溶岩被溶蚀过程中的地质表现(图 6.22),可分为地表岩溶形态和地下岩溶形态:地表岩溶形态有溶沟(溶槽)、石芽、漏斗、溶蚀洼地、坡立谷和溶蚀平原等;地下岩溶形态有落水洞(竖井)、溶洞、暗河、天生桥等。

(a)   (b)   (c)

图 6.22 独特的岩溶地貌形态

(a)石林;(b)溶洞;(c)落水洞

(1)溶沟(溶槽)

 溶沟(溶槽)是微小的地形形态,它是生成于地表岩石表面,由于地表水溶蚀与冲刷而成的沟槽系统地形。溶沟(溶槽)将地表刻切成参差状,起伏不平,这种地貌称为溶沟原野,这时的溶沟(溶槽)间距一般为 2～3 m。当沟槽继续发展,以致各沟槽互相沟通,在地表上残留下一些石笋状的岩柱,这种岩柱称为石芽。石芽一般高 1～2 m,多沿节理有规则排列。

(2)漏斗

漏斗是由地表水的溶蚀和冲刷并伴随塌陷作用而在地表形成的漏斗状岩溶形态。漏斗的大小不一,近地表处直径可达到上百米,深度一般为数米。漏斗常成群地沿一定方向分布,并沿构造破碎带方向排列。漏斗底部常有裂隙通道,通常为落水洞的生成处,使地表水能直接引入深部的岩溶化岩体中。如果漏斗底部的通道被堵塞,则漏斗内积水而形成湖泊。

（3）溶蚀洼地

溶蚀洼地是由许多的漏斗不断扩大汇合而成。平面上多呈圆形或椭圆形，直径由数米到数百米。溶蚀洼地周围常有溶蚀残丘、峰丛、峰林，底部有漏斗和落水洞。

（4）坡立谷和溶蚀平原

坡立谷是一种大型的封闭洼地，也称溶蚀盆地。面积由几平方千米到数百平方千米，坡立谷再发展而成溶蚀平原。在坡立谷或溶蚀平原内经常有湖泊、沼泽和湿地等。底部经常有残积洪积层或河流冲积层覆盖。

（5）落水洞和竖井

落水洞和竖井皆是地表通向地下深处的通道，其下部多与溶洞或暗河连通。它是岩层裂隙受流水溶蚀、冲刷扩大或坍塌而成，常出现在漏斗、槽谷、溶蚀洼地和坡立谷的底部，或河床的边部，呈串珠状排列。

（6）溶洞

溶洞是由地下水长期溶蚀、冲刷和塌陷作用而形成的近似于水平方向发育的岩溶形态。溶洞早期是作为岩溶水的通道，因而其延伸和形态多变。溶洞内常有钟乳石、石笋和石柱等岩溶产物。这些岩溶沉积物是由于洞内的滴水含有重碳酸钙，因环境改变释放出二氧化碳，使碳酸钙沉淀生成。

（7）暗河

暗河是地下岩溶水汇集和排泄的主要通道。部分暗河常与地面的沟槽、漏斗和落水洞相通，暗河的水源经常是通过地面的岩溶沟槽和漏斗经落水洞流入暗河内。因此，可以根据这些地表岩溶形态分布位置，概略地判断暗河的发展和延伸。

（8）天生桥

天生桥是溶洞或暗河洞道塌陷直达地表而局部洞道顶板不发生塌陷，形成的一个横跨水流的石桥。天生桥常为地表跨过槽谷或河流的通道。

6.5.1.2 岩溶的发育条件及影响因素

岩石的可溶性与透水性、水的溶蚀性与流动性是岩溶发生和发展的四个基本条件。此外，岩溶的发育与岩性、构造、水文地质、新构造运动及地形、气候、植被等因素有关。

（1）岩石的可溶性

可溶性岩石主要有石灰岩、白云岩、石膏、岩盐等。由于它们的成分和结构不同，所以其溶解性能也不同。石灰岩、白云岩等是碳酸盐类的岩石，溶解度小，其溶蚀速度也慢；石膏等是硫酸盐类的产物，其溶蚀速度较快，而溶蚀速度最快的是氯化物的岩盐。但由于石灰岩、白云岩等碳酸盐类岩石分布比较广泛，尽管它们的溶蚀速度慢，经长期溶蚀，在漫长的地质年代中也将产生十分显著的结果。所以，石灰岩地区的岩溶现象是研究的主要对象。实践证明，质纯的厚层石灰岩比含有泥质、碳质、硅质等杂质的薄层石灰岩溶蚀速度要快，而且岩溶形态的规模也大。位于河北省张家口市和北京市延庆县境内的官厅水库附近石灰岩的试验结果表明，含杂质的石灰岩溶解速度约为纯质的石灰岩溶解速度的 0.44 倍。

（2）岩石的透水性

岩石的透水性主要取决于岩体的裂隙性和孔隙度，特别是裂隙性对岩体的透水性起着主要的作用，所以，岩体中断裂系统的发育程度和分布情况，对岩溶的发育程度和分析规律经常起着控制作用。因此，一般在断层破碎带、背斜轴部或近轴部的地段岩溶比较发育。

（3）水的溶蚀性

水的溶蚀性主要取决于水中侵蚀性 CO_2 的含量。当水中 CO_2 的含量过多时，则会大大增强对石灰岩的溶解速度。此外，有机酸和无机酸也可对碳酸盐类的岩石产生溶蚀作用。而湿热的气候条件（主要是温度）则有利于溶蚀作用的进行。

（4）水的流动性

水的流动性取决于岩体中水的循环条件，它与地下水的补给、渗流和排泄直接相关。

地下水的主要补给来源是大气降水，故降雨量大的地区，由于水源补给充沛，岩溶就容易发育。

岩体中裂隙的形态、规模、数量以及连通情况，是决定地下水渗流条件的主要方面，它控制着地下水流的比降、流速、流量、流向等一系列水文地质因素。此外，如地形坡度、覆盖层的性质和厚度等对水的渗透情况也有一定的影响。地形平缓，地表径流差，渗入地下的水量就多，因此岩溶就易于发育。覆盖层若由不透水的黏土或亚黏土所组成，且厚度又大时，则会直接影响大气降水下渗，所以在覆盖层分布较厚的地带，岩溶发育程度相对减弱。

6.5.1.3　岩溶的发育与分布规律

（1）水平方向岩溶分布规律

岩溶的发育强度取决于地下水的交替强度。在同一地区，地下水交替强度越大，岩溶就越发育。由于地下水交替强度通常是从河谷向分水岭核部逐渐变弱，因此，岩溶发育程度也由河谷向分水岭核部逐渐减弱。但是这种现象，在一些特殊条件的影响下也可能遭到破坏。如有断层破碎带存在，将是水流的良好通道，因而形成岩溶显著发育的地段；又如，可溶岩与非可溶岩或某些金属矿床（如黄铁矿）的接触带，有利于水的活动或增强其侵蚀性，因而也将导致这些地段的岩溶显著发育。

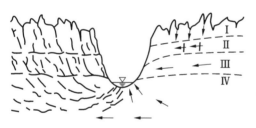

图 6.23　岩溶水的垂直分带
Ⅰ—垂直循环带；Ⅱ—季节循环带；
Ⅲ—水平循环带；Ⅳ—深部循环带

（2）垂直分带性

由于岩层裂隙随着深度增加而逐渐减少，地下水运动也相应减弱，地下水流动有垂直分带现象，因而所形成的岩溶也有垂直分带的特征。地下岩溶水的运动状况大致可分为以下四个带（图 6.23）。

① 垂直循环带（充气带）

垂直循环带位于地面以下、潜水面之上，平时无水，当降雨时地表水沿裂隙向下渗流，开拓岩层中的裂隙，形成竖向的岩溶形态，如漏斗、落水洞和竖井等。

② 水平循环带（饱水带）

水平循环带位于潜水面以下，为主要排水通道控制的饱和水层。在此带中岩溶水是常年存在的，水的运动主要沿水平方向进行，所以它是地下岩溶形态的主要发育地带，并广泛发育水平溶洞、地下河、地下湖及其他大型水平延伸的岩溶形态。

③ 季节（过渡）循环带（季节变动带）

季节循环带位于上述两带之间，潜水面随季节而升降。雨季潜水面升高，此带即变为水平循环带的一部分；旱季潜水面下降，此带又变为垂直循环带的一部分，故是两者之间的一个过渡带。所以，此带既发育有竖向的岩溶形态，也发育有水平的岩溶形态。由于岩层裂隙随深度增加而逐渐减少,因此以水平岩溶形态为主。

④ 深部循环带(滞流带)

深部循环带在水平循环带之下,岩溶化的岩层也是饱和的,但因位于深部,地下水运动得很缓慢,所以,这一带的岩溶作用是很微弱的。

新构造运动对岩溶的垂直分布有着重要的影响。当地壳上升时,侵蚀基准面相对下降,就加强了垂直或接近垂直方向的水流运动,形成竖向的岩溶系统;而当地壳处于相对稳定或升降极缓慢时,水流即在稳定的基准面上水平运动,形成水平的岩溶系统;当地壳上升期与稳定期断续发生时,相应地就出现有不同高程的水平溶洞层,并往往同侵蚀基准面相适应的河谷阶地的高程相一致。

6.5.2 土洞与潜蚀

土洞是因地下水或者地表水流入地下土体内,将颗粒间可溶成分溶滤,带走细小颗粒,使土体被淘空成洞穴而形成。这种地质作用的过程称为潜蚀。当土洞发展到一定程度时,上部土层发生塌陷,破坏地表原来的形态,危害建(构)筑物安全和使用。

6.5.2.1 土洞的形成条件

土洞的形成主要是潜蚀作用导致的。潜蚀是指地下水流在土体中进行溶蚀和冲刷的作用。

如果土体内不含有可溶成分,则地下水流仅将细小颗粒从大颗粒间的孔隙中带走,这种现象称为机械潜蚀。其实机械潜蚀也是冲刷作用之一,所不同的是它发生于土体内部,因而也称为内部冲刷。

如果土体内含有可溶成分,例如黄土,含碳酸盐、硫酸盐或氯化物的砂质土和黏质土等,地下水流先将土中可溶成分溶解,而后将细小颗粒从大颗粒间的孔隙中带走,因而这种具有溶滤作用的潜蚀称为溶滤潜蚀。溶滤潜蚀主要是因溶解土中可溶物而使土中颗粒间的联结性减弱和破坏,从而使颗粒分离和散开,为机械潜蚀创造条件。

机械潜蚀的发生,除了土体中的结构和级配成分能容许细小颗粒在其中搬运移动外,地下水的流动是搬运细小颗粒的动力。能搬动颗粒的流速称为临界流速,不同直径大小的颗粒具有一定的临界流速。当地下水流速大于临界流速时,就有发生潜蚀的可能性。

6.5.2.2 土洞的类型

(1) 由地表水下渗发生机械潜蚀作用形成的土洞

最易发育成土洞的土层性质和条件是在含碎石的亚砂土层内。这样地表水就会向下渗入碎石亚砂土层中,造成潜蚀的良好条件。另外,土层底部必须有排泄水流和土粒的良好通道。在这种情况下,可使水流携带土粒向底部排泄和流失。上部覆盖有土层的岩溶地区,土层底部岩溶发育是造成水流和土粒排泄的最好通道。在这些地区土洞发育一般较为剧烈。

地表水渗入土层内有三种方式:第一种是利用土中孔隙渗入;第二种是沿土中的裂隙渗入;第三种是沿一些洞穴或管道流入。其中以第二种渗入水流造成土洞发育为最主要的方式。土层中的裂隙是在长期干旱条件下,使地表产生收缩裂隙。随着旱期延长,不仅裂隙数量增多,裂口扩大,而且不断向深部延展,使深处含水量较高的土层也干缩开裂。裂缝因长期干缩、扩大和延长,就成为下雨时良好的通道,于是水不断地向下潜蚀。水量越大,潜蚀越快,并逐渐在土层内形成一条不规则的渗水通道。在水力作用下,将崩散的土粒带走,产生了土洞,并继续发育,直至顶板破坏,形成地表塌陷。

（2）由岩溶水流潜蚀作用形成土洞

这类土洞的生成是由于岩溶地区的基岩面与上覆土层接触处分布有一层饱水程度较高的软塑至半流动状态的软土层,而在基岩表面有溶沟、裂隙、落水洞等发育。因此,基岩的透水性很强。当地下水在岩溶的基岩表面附近活动时,水位的升降可使软土层软化,地下水的流动能在土层中产生潜蚀和冲刷,并将软土层的土粒带走,于是在基岩表面处被冲刷成洞穴,这就是土洞形成过程。当土洞不断地被潜蚀和冲刷逐渐扩大,至顶板不能负担上部压力时,地表就发生下沉或整块塌落,使地表呈蝶形的、盆形的、深槽状的或竖井状的洼地。

6.5.3 岩溶与土洞的工程地质问题

（1）溶蚀岩石的强度大为降低

岩溶水在可溶岩体中溶蚀,可使岩体发生孔洞。最常见的是岩体中有溶孔或小洞。所谓溶孔,是指在可溶岩石内部溶蚀有孔径不超过 20～30 cm 的、一般小于 1～3 cm 的微溶蚀的空隙。岩石遭受溶蚀可使岩石有孔洞,结构松散,从而降低岩石强度和增大透水性能。

（2）造成基岩面不均匀起伏

因石芽、溶沟的存在,使地表基岩参差不齐、起伏不均匀,这就造成了地基的不均匀性以及交通的难行。因此,如果利用石芽或溶沟发育的地区作为地基,则必须做出处理。

（3）漏斗对地面稳定性的影响

漏斗是包气带中与地表接近部位所发生的岩溶和潜蚀作用的现象。当地表水的一部分沿岩土缝隙往下流动时,水便对孔隙和裂隙壁进行溶蚀和机械冲刷,使其逐渐扩大成漏斗状的垂直洞穴,称为漏斗。这种漏斗在表面近似呈圆形,深可达几十米,表面口径由几米到几十米。另一种漏斗是由于土洞或溶洞顶的塌落作用而形成。崩落的岩块堆于洞穴底部形成一漏斗状洼地。这类漏斗因其塌落的突然性,使地表建（构）筑物面临遭到破坏的威胁。

（4）溶洞和土洞地基稳定性必须考虑如下三个问题:一是溶洞和土洞分布密度和发育情况;二是溶洞或土洞的埋藏对地基稳定性影响;三是抽水对土洞和溶洞顶板稳定的影响。

对于溶洞或土洞分布密度很密,并且溶洞或土洞的发育处在地下水交替最频繁的循环带内,洞径较大,顶板较薄,并且裂隙发育的地区不宜选择作为建筑场地和地基。但是对于该场地虽有溶洞或土洞,但溶洞或土洞是早期形成的,已被第四纪沉积物所充填,并已证实目前这些土洞已不在活动时,可根据土洞的顶板承压性能,决定其作为地基。此外,石膏或岩盐溶洞地区不宜选择作为天然地基。

溶洞,特别是土洞,如果埋藏很浅,则溶洞的顶板可能不稳定,甚至会发生地表塌落。

若洞顶板厚度 H 大于溶洞最大宽度的 1.5 倍,且同时溶洞顶板岩石比较完整、裂隙较少,岩石也较坚硬,则该溶洞顶板作为一般地基是安全的。若溶洞顶板岩石裂隙较多,岩石较为破碎,且上覆岩层的厚度大于溶洞最大宽度的 3 倍,则溶洞的埋深是安全的。上述评定是对溶洞和一般建（构）筑物的地基而言,不适用于土洞、重大建（构）筑物和震动基础。对于这些地质条件和特殊建筑物基础所必需的稳定土洞或溶洞顶板的厚度,须进行地质分析和力学验算,以确定顶板的稳定性。

在有溶洞或土洞的场地,特别是土洞大片分布的地区,如果进行地下水的抽取,由于地下水位大幅度下降,使保持多年的水位均衡遭到急剧破坏,大大地减弱了地下水对土层的浮托力。由于抽水时加大了地下水的循环,动水压力会破坏一些土洞顶板的平衡,从而引起了一些土洞顶板的破坏和地表塌陷。一些土洞顶板塌落又引起土层震动,或加大地下水的动水压力,结果震波或动水压力传播于近处的土洞,又促使附近一些土洞顶板破坏,以致地表塌陷,危及地面的建(构)筑物的安全。

6.5.4 岩溶与土洞塌陷的防治

在进行建(构)筑物布置时,应先将岩溶和土洞的位置勘察清楚,然后针对实际情况采取相应的防治措施。当建(构)筑物的位置可以移动时,为了减少工程量和确保建(构)筑物的安全,应首先设法避开有威胁的岩溶和土洞区,实在不能避开时,再考虑处理方案。

(1)挖填

即挖除溶洞或土洞中的软弱充填物,回填以碎石、块石或混凝土等,并分层夯实,以达到改良地基的效果。对于土洞回填的碎石上应设置反滤层,以防止溶蚀发生。

(2)跨盖

当洞埋藏较深或洞顶板不稳定时,可采用跨盖方案。如采用长梁式基础或桁架式基础或刚性大平板等方案跨越时,梁板的支承点必须放置在较完整的岩石上或可靠的持力层上,并注意其承载能力和稳定性。

(3)灌注

对于溶洞或土洞,因埋藏较深,不可能采用挖填和跨盖方法处理时,溶洞可采用水泥或水泥黏土混合灌浆于岩溶裂隙中;对于土洞,可在洞体范围内的顶板打孔灌砂或砂砾,灌注时应注意灌满和密实。

(4)排导

洞中水的活动可使洞壁和洞顶溶蚀、冲刷或潜蚀,造成裂隙和洞体扩大,或洞顶坍塌。对自然降雨和生产用水应防止下渗,采用截排水措施,将水引导至其他处排泄。

(5)打桩

对于土洞埋深较大时,可用桩基处理,如采用混凝土桩、木桩、砂桩或爆破桩等。其目的除提高支承能力外,还有靠桩来挤压、挤紧土层和改变地下水渗流条件。

(6)加固

为防止溶洞塌陷和处理由于岩溶水引起的病害,常采用加固的方法。如洞径大,洞内施工条件好,可用浆砌片石支墙加固;若洞深而小,不便洞内加固时,可用大块石或钢筋混凝土板加固,或炸开顶板,挖去填充物,换以碎石等换土加固;利用溶洞、暗河做隧道时,可用衬砌方法加固。

(7)钻孔充气

钻孔充气是为克服真空吸蚀作用而引起地面塌陷的一种措施。通过钻孔,可消除岩溶在封闭条件下所形成的真空腔的作用。

(8)恢复水位

恢复水位是从根本上消除因地下水位降低而造成地面塌陷的一种措施。

6.6 地震与砂土液化

饱水砂土在地震、动力荷载或其他外力作用下,受到强烈振动而丧失抗剪强度,使砂粒处于悬浮状态,致使地基失效的作用或现象称为砂土液化或振动液化。地震导致的砂土液化往往是区域性的,可使广大地域内的建筑物遭受毁坏,所以是地震工程学和工程地质学的重要研究课题。

地震导致的砂土液化现象在饱水疏松砂层广泛分布的海滨、湖岸、冲积平原,以及河漫滩、低阶地等地区尤为发育,使位于这些地区的城镇、农村、道路、桥梁、港口、农田、水渠、房屋等工程经济设施深受其害。其危害性归纳起来有以下四个方面:

(1)地面下沉

饱水疏松砂土因震动而趋于密实,地面随之下沉,结果可使低平的滨海(湖)地带居民生计受到影响,甚至无法生活。

(2)地表塌陷

地震时砂土中孔隙水压力剧增,当砂土出露地表或其上覆土层较薄时,即发生喷砂冒水,造成地下淘空,地表塌陷(图 6.24)。

(3)地基土承载力丧失

持续的地震震动使砂土中孔隙水压力上升,从而导致土粒间有效应力下降。当有效应力趋于零时,砂粒即处于悬浮状态,丧失承载能力,引起地基整体失效(图 6.25)。

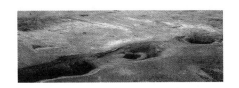

图 6.24 地震引起地表塌陷

图 6.25 地震引起地基失效

(4)地面流滑

斜坡上有液化土层分布时,地震会导致液化流滑而使斜坡失稳。

6.6.1 砂土地震液化机理

砂土是一种散体物质,它主要依靠颗粒间的摩擦力承受外力和维持本身的稳定,而这种摩擦力主要取决于粒间的法向压力,即

$$\tau = \sigma \tan\varphi \tag{6.3}$$

水是一种液体,它的突出力学特性是体积难以压缩,能承受极大的法向压力,但不能承受剪力。饱和砂土由于孔隙水压力 p_{w_0} 的作用,其抗剪强度将小于干砂的抗剪强度:

$$\tau = (\sigma - p_{w_0})\tan\varphi = \sigma_0 \tan\varphi \tag{6.4}$$

式中,σ_0 为有效法向压力,显然 $\sigma_0 < \sigma$。

在地震过程中,疏松的饱和砂土在地震震动引起的剪应力反复作用下,砂粒间的相互位置必然产生调整,从而使砂土趋于密实,以期最终达到最稳定的紧密排列状态。砂土要变密实就势必得排水。在急剧变化的周期性荷载作用下,所伴随的孔隙率减小都要求排挤出一些水,且透水性变差。如果砂土透水性不良而导致排水不通畅,则前一周期的排水尚未完成,下一周期的孔隙度又再减小,应排除的水来不及排走,而水又是不可压缩的,于是就产生了剩余孔隙水压力或超孔隙水压力。此时,砂土的抗剪强度为:

$$\tau = [\sigma - (p_{w_0} + \Delta p_w)] \tan \varphi = (\sigma - p_w) \tan \varphi \tag{6.5}$$

式中 Δp_w——因振动而产生的剩余孔隙水压力;

  p_w——总孔隙水压力。

显然,此时砂土的抗剪强度将更低了。随着震动持续时间的增长,剩余孔隙水压力不断地叠加而累积增大,从而使砂土的抗剪强度不断降低,甚至完全丧失。

在工程实践中,一般都采用砂土的抗剪强度 τ 与作用于该土体上的往复剪应力 τ_d 的比值来判定砂土是否会发生液化。τ_d 的大小和方向是随时间不断变化的,其对单元土体的作用方式如图 6.26 所示。

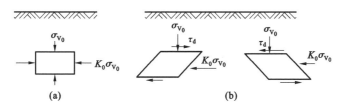

图 6.26 水平土层中土单元的应力状态

(a)地震发生前;(b)地震发生时

当 $\tau > \tau_d$,即 $\tau/\tau_d > 1$ 时,砂土不会产生液化;

当 $\tau = \tau_d$,即 $\tau/\tau_d = 1$ 时,砂土处于临界状态,开始发生剪切破坏,此时称为砂土的初始液化状态,砂土的抗剪强度随振动增大而降低;

当 $\tau < \tau_d$,即 $\tau/\tau_d < 1$ 时,则沿剪切面的塑性平衡区迅速扩大,导致剪切破坏加剧。而当孔隙水压力继续上升,直至与总法向压力相等,有效法向压力及抗剪强度均下降为零,即当 $\tau/\tau_d = 0$ 时,砂土颗粒间将脱离接触而处于悬浮状态。此时即为完全液化状态。

由此可将砂土液化的发展过程划分为三个阶段:① 稳定状态($\tau/\tau_d > 1$);② 临界状态或初始液化状态($\tau/\tau_d = 1$);③ 完全液化状态($\tau/\tau_d = 0$)。从初始液化状态至完全液化状态往往发展得很快,二者界线不易判断。为了保证安全,可把初始液化视作液化。

6.6.2 影响砂土液化的因素

6.6.2.1 上的类型及性质

(1)粒度

粉、细砂土最易液化,高烈度时,亚砂土、轻亚黏土、中砂也可液化。我国 90% 液化发生在粉砂、砂、亚砂土中。粉粒含量大于 40% 时,极易液化;黏粒含量大于 12.5% 时,极难液化。极易液化土的特征是:平均粒度 $0.02 \sim 0.10$ mm,$\eta = 2 \sim 8$,黏粒含量小于 10%。

（2）密实度

松砂极易液化，密砂不易液化。相对密度 $D_r<50\%$ 时，容易液化；相对密度 $D_r>80\%$ 时，不易液化。

（3）成因及年代

发生液化的多为冲积成因的粉细砂土，如滨海平原、河口三角洲等，其沉积年代较新，结构松散，含水量丰富，地下水位浅。

6.6.2.2 饱和砂土的埋藏分布条件

饱和砂土的埋藏条件包括：砂层厚度、上覆非液化土层厚度（即埋藏深度）、地下水埋深。砂层、上覆非液化土层愈厚，液化可能性愈小。一般埋深大于 15 m 就难以液化了。砂层本身越厚越易液化。地下水位埋深愈大，愈不易液化。实际上，地下水埋深 3～4 m 时，液化现象很少，一般把液化最大地下水埋深定为 5 m。

6.6.2.3 地震活动的强度及历时

地震力（剪应力）是砂土液化的动力。地震愈强，历时愈长，则愈易引起砂土液化，而且波及范围愈广。地震烈度在 6 度以下地区很少有液化现象；7 度地区只能使疏松的粉、细砂层液化；而 9 度以上地区才能使粗粒及黏粒含量较高的土液化。强度很高的地区即震中区附近，因地震震动以垂直为主，也不易产生液化。

6.6.3 砂土地震液化的判别

根据地质条件，可初步判定该地区土层是否存在液化的可能。若有可能，需做进一步的工作，并做出准确判别。

（1）初步判别

对于饱和砂土或粉土，当符合下列条件之一时，可判为不液化土或不考虑液化作用：① Q_3 及 Q_3 以前的土。②粉土的黏粒含量不小于表 6.5 所列数据。③上覆非液化土层厚度和地下水埋深符合下列条件之一：$d_u>d_0+d_b-2$ 或 $d_w>d_0+d_b-3$ 或 $d_u+d_w>1.5d_0+2d_b-4.5$。d_w 为地下水埋深（m），年最高水位；d_u 为上覆非液化土层厚（m）；d_b 为基础砌置深度（m）；d_0 为液化土特征深度（m），详见表 6.6。

表 6.5　可判为不液化土或不考虑液化的黏粒含量

地震烈度	7 度	8 度	9 度
粉土的黏粒含量（%）	10	13	16

表 6.6　液化土特征深度　　　　　　　　　　　　　　　　　单位：m

土的类别	地震烈度		
	7 度	8 度	9 度
黏土	6	7	8
砂土	7	8	9

（2）进一步判别

在初步判别基础上，利用现场试验和剪应力对比法做进一步判别。

184

① 现场标准贯入试验

地面以下 15 m 以内的液化土符合 $N_{cr} < N_{63.5}$ 时不发生液化,有:

$$N_{cr} = N_0 \left[0.9 + 0.1(d_s - d_w)\right]\sqrt{\frac{3}{\rho_c}} \tag{6.6}$$

式中　$N_{63.5}$——饱和土标贯实测值;

　　　N_{cr}——判别砂土液化的临界锤击数;

　　　N_0——基准锤击数(贯入点深 3 m,地下水埋深 2 m),查表 6.7;

　　　d_s——饱和土标准贯入试验点深度(m);

　　　d_w——地下水埋深(m);

　　　ρ_c——黏粒百分含量,当 $\rho_c < 3\%$ 时,取 $\rho_c = 3\%$。

② 剪应力对比法

地震剪切波在砂层中产生剪应力,当其超过土层液化时所需的剪应力时,即产生液化。根据地震剪切波及室内、现场试验测得的土体液化时的剪应力大小,对比判断(表 6.7)。

表 6.7　标准贯入锤击数基准值表

震源	地震烈度		
	7 度	8 度	9 度
近震	6	10	16
远震	8	12	—

(3) 液化等级判别

砂土液化等级用液化指数(I_{lE})判别,即

$$I_{lE} = \sum_{i=1}^{n}\left(1 - \frac{N_i}{N_{cri}}\right)d_i \cdot w_i \tag{6.7}$$

式中　n——15 m 以内标贯试验段总数;

　　　N_i——第 i 段标贯实测值,当实测值大于临界值时取临界值;

　　　N_{cri}——第 i 段标贯临界值;

　　　d_i——第 i 段土层厚度(m),当该层中点深度小于 5 m 时取 $d_i = 10$ m,当该层中点深度等于 15 m 时取 $d_i = 0$,当该层中点深度在 5~10 m 时取内插值;

　　　w_i——第 i 层单位土层厚度的层位影响权函数值(m^{-1})。

存在液化土层的地基,应根据其液化指数划分液化程度的等级(表 6.8)。

表 6.8　液化等级表

液化指数	$0 < I_{lE} \leqslant 5$	$5 < I_{lE} \leqslant 15$	$I_{lE} > 15$
液化等级	轻微	中等	严重
地面效应及对工程设施的危害程度	地面一般无喷水冒砂现象;危害性小,一般不会引起明显的损害	喷水冒砂的可能性较大,多数属中等程度;危害性较大,可造成不均匀沉陷和开裂	喷水冒砂一般都很严重,地面变形明显;危害性大,一般可产生较大的不均匀沉陷,高耸结构物可能产生不允许的倾斜

此外,《建筑地基基础设计规范》(GB 50007—2011)还推荐采用静力触探试验法和剪切波速试验法来判别地震液化。它们宜用于判别地面以下 15 m 深度范围内的饱和砂土和粉土。

6.6.4 砂土地震液化的防护措施

液化砂土的地基处理措施较多,主要有振冲法、排渗法、强夯法、爆炸振密法、板桩围封法、换土和增加盖重等方法。

6.6.4.1 振冲法

这种方法于 20 世纪 30 年代创始于德国,迄今已为许多国家所采用(图 6.27)。它对提高饱和粉、细砂土抗液化能力效果较佳,可使砂土的 D_r 增加到 0.80。

此法的主要设备是特制的振冲器,它的前端能进行高压喷水,使喷口附近的砂土急剧液化。振冲器借自重和振动力沉入砂层,在沉入过程中把浮动的砂挤向四周并予以振密。待振冲器沉到设计深度后,关闭下喷口而打开上喷口,同时向孔内回填砾卵碎石料,然后逐步提升振冲器,将填料和四周砂层振密。目前处理深度最大可达 20 m。振冲法的处理效果与很多因素有关,除设备性能、操作技术、施工质量外,孔距与布孔方式、场地土质条件、填料品位等也都是重要的影响因素。

6.6.4.2 排渗法

在可能发生液化的砂层中设置砾渗井,可使砂层振密时很快将水排走,以消散砂层中发展的孔隙水压力,防止液化。砾渗井的平剖面布置如图 6.28 所示。砾渗井中填料的渗透性对砂层中孔隙水压力的消散速率有显著影响。如填料的渗透系数为砂层的 200 倍,则排渗作用就可充分发挥。这样,对大多数砂层来说,中细砾石都可用作排渗填料。

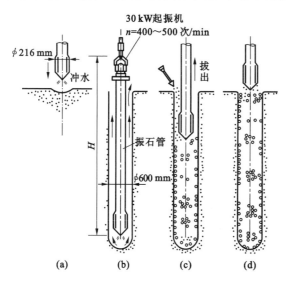

图 6.27 振冲法设备及操作过程示意图
(据水电部五局)
(a)开始灌入;(b)灌入完毕;(c)填砾卵碎石;(d)填入完毕

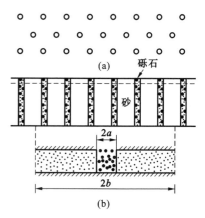

图 6.28 砾渗井排渗系统
(a)平面;(b)剖面
2a—井径;2b—有效排渗距

6.6.4.3 强夯法

此法于 1970 年创始于法国,我国于 1979 年开始应用于工程实际,并获得令人满意的效果。它是使重锤(一般质量为 8~30 t)从高处(一般为 6~30 m)自由落下,利用夯击能(锤重 W 与落距 h 的乘积,即 $W \cdot h$)使砂土急剧液化下沉而压密。强夯法的深度可达 10 m 以上。强夯一遍,可使 5~12 m 厚的冲积层沉降 15~50 cm。强夯法施工方便,适用范围广,且效果好、速度快、费用低,是一种经济有效的地基处理方法。

6.6.4.4 爆炸振密法

爆炸振密法是指在钻孔中放置炸药,群孔起爆使砂层液化后靠自重排水沉实。这种方法对均匀、疏松的饱水细砂效果良好。爆炸孔间距和炸药埋深要视砂层的厚度与密实度而定。此法一般用于处理土坝等底面相当大的建筑物地基。

6.6.4.5 板桩围封法

在建筑物四周可能液化的砂层内用板桩围封,可大大减少地基中砂土液化的可能性。它的作用主要是切断板桩外侧液化砂层对地基的影响。由于建筑物的压力,建筑物以下的砂层是不易液化的。

6.6.4.6 换土

换土适用于表层处理,若地表以下 4~6 m 范围内有易液化土层,则可挖除,并回填以压实的非液化土。

6.6.4.7 增加盖重

这也是一种经济、有效的防止液化方法,已为强震区实例所证实。据经验,填土宽度至少为液化土层厚度的 5 倍,同时建筑物基础外侧填土宽度不得小于 5 m,如图 6.29 所示。填土厚度应使饱和砂层顶面有效压重大于可能产生液化的临界压重。

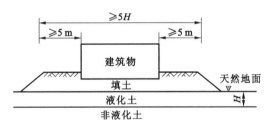

图 6.29 填土增加盖重示意图

本章小结

(1)斜坡变形的基本形式有拉裂、蠕滑和弯曲倾倒。工程实践中斜坡变形的基本组合方式有蠕滑-拉裂、滑移-拉裂、弯曲-拉裂、塑流-拉裂和滑移-弯曲等。崩塌、滑坡是斜坡的主要破坏方式。

(2)崩塌也叫崩落、垮塌或塌方,是陡坡上的岩体在重力作用下突然脱离母体崩落、翻滚,并堆积在坡脚的地质现象。崩塌一般发生在厚层坚硬脆性岩体中。崩塌勘察应在初勘阶段进行,勘察方法以工程地质测绘为主。通过测绘应查明崩塌的形成条件、规模、类型、圈定范围,对建筑场地的适宜性做出评价,并提出防治建议。

(3)滑坡是斜坡上的岩土体在重力作用下沿一定滑动面发生整体滑动的现象。滑坡的形态特征是其野外识别的重要依据。滑坡形成条件和影响因素包括岩性、地形地貌、地质构造、水文地质条件、气象条件、地震、爆破、机械震动、施工活动等。

（4）泥石流是一种突然暴发的含有大量泥沙、石块的特殊洪流。典型的泥石流流域,一般可以分为形成区、流通区和堆积区。从形成泥石流的三个基本条件可以看出,泥石流的发育具有区域性和间歇性(周期性)的特点。应当注意崩塌、滑坡、泥石流之间的关系。

（5）地面塌陷是指地表岩、土体在自然或人为因素作用下向下陷落,并在地面形成塌陷坑(洞)的一种地质现象。其中以岩溶地面塌陷的分布最广、危害最大。岩溶塌陷是岩溶作用造成的地质现象。此外还有与之类似的土洞作用,即由于地表水和地下水对土层的溶蚀和冲刷而产生空洞,空洞的扩展导致地表陷落的地质现象。注意掌握岩溶发育的基本条件和特征。

（6）饱水砂土在地震、动力荷载或其他外力作用下,受到强烈振动而丧失抗剪强度,使砂粒处于悬浮状态,致使地基失效的作用或现象称为砂土液化或振动液化。本章讨论了砂土液化机理及影响因素、砂土液化的判别方法、砂土液化的防护措施等。重点是对砂土液化机理的理解,并掌握砂土液化的判别方法。

思 考 题

6.1　试述学过哪些不良地质现象。它们是怎样定义的?

6.2　试述滑坡的形成条件、防治原则及主要防治工程措施。

6.3　试述影响崩塌形成的因素。

6.4　试述泥石流的形成条件及主要防治措施。

6.5　试述岩溶形成条件及主要防治措施。

6.6　试述崩塌、滑坡与泥石流之间的关系。

6.7　试述砂土液化的定义。

6.8　简述影响砂土液化的因素。

6.9　某地层剖面如图 6.30 所示,地面下 13.4 m 为饱和细砂,为全新世冲积成因,黏粒含量 $\rho_c=2.2\%$,下为黏土层,$d_w=0.8$ m,标贯击数 $N_{63.5}$ 和试验深度 d_s 如图 6.30 所示,判断各深度的液化问题(按 8 度近震考虑)。

d_s	$N_{63.5}$
▽	
1.3	9
2.2	2
4.3	10
5.3	8
7.2	12
9.2	8
10.0	17
11.5	36
13.0	26

图 6.30　思考题 6.9 图

6.10　试述斜坡变形类型及成因。

7 工程地质勘察

学习指导

章节序号	知识点	能力要求
7.1	①工程地质勘察的目的与任务 ②工程地质勘察的分类	理解工程地质勘察的目的与任务,了解工程地质勘察分类
7.2	①工程地质测绘内容 ②工程地质测绘的范围、比例尺和精度 ③工程地质测绘方法与程序	①了解工程地质测绘包括的内容 ②理解工程地质测绘范围的确定、比例尺以及精度 ③了解工程地质测绘的方法与程序
7.3	①工程地质勘探的任务 ②工程地质物探 ③工程地质钻探 ④工程地质坑探 ⑤工程地质勘探的布置	①了解工程地质勘探的任务 ②了解物探的含义、任务以及具体分类 ③理解钻探的方法以及特殊要求,了解常见的设备 ④了解坑探的类型与适用条件 ⑤了解勘探布置的原则以及施工顺序等内容
7.4	①土体原位测试 ②岩体原位测试	①了解载荷试验、旁压试验以及十字板剪切试验的目的、原理以及应用 ②了解静力法试验、抗剪试验、点荷载试验的目的、原理以及应用
7.5	①孔隙水压力观测 ②斜坡岩土体变形与动态观测 ③地下建筑围岩变形观测 ④建筑物沉降和变形观测	①了解孔隙水压力观测的目的 ②了解斜坡岩土体变形与动态观测的目的 ③理解地下建筑围岩变形观测的内容 ④理解建筑物沉降和变形观测的内容
7.6	①岩土物理力学性质指标的整理 ②图件的整理 ③工程地质分析评价 ④工程地质勘察报告	了解工程地质勘察报告的相关内容,了解图件的整理以及工程地质分析评价内容
7.7	工程地质勘察报告实例	了解工程地质勘察报告的编写内容

7.1 概 述

7.1.1 工程地质勘察的目的与任务

工程地质勘察的目的是探明作为建筑物或构筑物工程场地、地基的稳定性与适宜性以及岩土材料的性状等问题进行技术方案论证,解决并处理整个工程建设中涉及的岩土的利用、整治、改造问题,保证工程的正常使用。

其主要任务是通过工程地质测绘与调查、勘探、室内试验、现场测试等方法,查明场地的工程地质条件,如场地地形地貌特征、地层条件、地质构造,水文地质条件,不良地质现象,岩土物理力学性质指标的测定等。在此基础上,根据场地的工程地质条件并结合工程的具体特点和要求,进行工程地质分析评价,为基础工程、整治工程、土方工程提出设计方案。

7.1.2 工程地质勘察分类

工程地质勘察一般分为可行性勘察、初步勘察、详细勘察和施工勘察。勘察阶段与设计阶段相适应,根据场地的条件及建(构)筑物重要性可分别选取,但一般工程中初步勘察和详细勘察是必须具备的。

7.1.2.1 可行性勘察

可行性勘察主要是探明工程场地的稳定性和适宜性。一般选取两个以上的场址资料,对地形地貌、地层结构、岩土性质等做出评价。

7.1.2.2 初步勘察

初步勘察与初步设计相对应,对场地的稳定性做出工程地质评价,主要工作内容有:

(1)搜集可行性研究阶段工程地质勘察报告,取得建筑区范围的地形图及有关工程性质、规模的文件;

(2)初步查明地层、构造、岩土物理力学性质、地下水埋藏条件及冻结深度;

(3)查明场地不良地质现象的成因、分布,对场地稳定性的影响及其发展趋势;

(4)对抗震设防烈度大于或等于 7 度的场地,应判定场地和地基的地震效应。

7.1.2.3 详细勘察

详细勘察与施工图设计相对应,按不同建筑物或建筑群提出详细的岩土工程资料和设计所需的岩土技术参数,对地基做出工程分析评价,为基础设计、地基处理、不良地质现象的防治等做出方案及其论证,给出建议。详勘线、点的布置比初勘要多,勘察内容应视建筑物的具体情况和工程要求而定。主要工作内容有:

(1)取得附近坐标及地形的建筑物总平面布置图,各建筑物的地面整平标高,建筑物的性质、规模、结构特点,可能采取的基础形式、尺寸、预计埋置深度,对地基基础设计的特殊要求等;

(2)查明不良地质现象的成因、类型、分布范围、发展趋势及危害程度,评价所需的岩土技术参数,并提出整治方案建议;

(3)查明建筑物范围各层岩土的类别、结构、厚度、坡度、工程特性,计算和评价地基的稳定性和承载力；

（4）对需进行沉降计算的建筑物，提供地基变形计算参数，预测建筑物的沉降、差异沉降或整体倾斜；

（5）对抗震设防烈度大于或等于6度的场地，应划分场地土类型和场地类别，对抗震设防烈度大于或等于7度的场地，应分析预测地震效应，判定饱和砂土或饱和粉土的地震液化，并应计算液化指数；

（6）查明地下水的埋藏条件，当设计基坑降水时应查明水位变化幅度与规律，提供地层的渗透率；

（7）判定环境水和土对建筑材料和金属的腐蚀性；

（8）判定地基土和地下水在建筑物施工和使用期间可能产生的变化及其对工程的影响，确定防治措施并提出建议；

（9）对深基坑开挖尚应提供稳定性计算和支护设计所需的岩土技术参数，论证和评价基坑开挖、降水等对邻近工程的影响；

（10）提供桩基设计所需的岩土技术参数，并确定单桩承载力；提出桩的类型、长度和施工方法等建议。

7.1.2.4 施工勘察

施工勘察主要是指与设计施工相结合进行的地基验槽，桩基工程与地基处理的质量和效果的检验，特别是在施工阶段发现地质情况与初勘、详勘不符时，要进行施工勘察，补充必要的数据，为施工阶段的地基基础设计变更提出相应的地基资料。

7.2 工程地质测绘

7.2.1 概要

工程地质测绘是工程地质勘察中最重要、最基本的勘察方法之一，也是诸多勘察工作中走在前沿的一项勘察工作。它是运用地质、工程地质理论对与工程建设有关的各种地质现象进行详细观察和描述，以查明拟定建筑区内工程地质条件的空间分布和各要素之间的内在联系，并按照精度要求将它们如实地反映在一定比例尺的地形设计图上的一项工作。配合工程地质勘探、试验等所取得的资料编制成工程地质图，作为工程地质勘察的重要成果提供给建筑物规划、设计和施工部门参考。

工程地质测绘对各种有关地质现象的研究除要阐明其成因和性质外，还要注意定量指标的取得。如断裂带的宽度和构造岩的改善，软弱夹层的厚度和性状、地下水位标高、裂隙发育程度、物理地质现象的规模、基岩埋藏深度等，都是分析工程地质问题的依据。对与建筑物关系密切的不良地质现象还要详细地研究其发生发展过程及其对建筑物和地质环境的影响程度。为满足具体工程建筑物的设计、施工对工程地质条件的详细要求，工程地质测绘常采用大比例尺的专门性测绘。

7.2.2 工程地质测绘的内容

工程地质测绘是为工程建设服务的,自始至终应以反映工程地质条件和预测建筑物与地质环境的相互作用为目的,深入地研究建筑区内工程地质条件的各个要素。

7.2.2.1 岩土工程地质测绘

图 7.1 岩土工程地质测绘

岩土是工程地质条件最基本的要素,是产生各种地质现象的物质基础,因此它当然是工程地质测绘的主要研究内容(图 7.1)。目前在工程地质测绘,特别是小比例尺的工程地质测绘中对岩土的研究仍多采用地层学的方法,划分单位也与一般地质测绘基本相同。但在建筑物分布地区内的小面积大比例尺工程地质测绘中,可能遇到的地层常常只是一个"统"或"阶",甚至是一个"带",因此,就必须根据岩土工程地质性质差异做进一步划分才能满足要求。特别是砂岩中的泥岩、石灰岩中的泥灰岩、玄武岩中的凝灰岩等夹层对建筑物的稳定和防渗有重大影响,常会构成坝基潜在的滑移控制面,因此更要突出地反映出来,这是工程地质测绘与其他地质测绘的一个重要区别。

工程地质测绘对岩土的研究,其特点还表现在既要查明不同性质岩土在地壳表层的分布、岩性变化和它们的成因,也要测定它们的物理力学性质指标,并预测它们在建筑物作用下的可能变化,这就必须把岩土的研究建立在地质历史成因基础上才能达到目的。在地质构造简单、岩相变化复杂的特定条件下,岩相分析法对查明岩土的空间分布是行之有效的。

在查明岩土成因和分布的基础上,还应根据野外观察和采取简易测试方法获取物理力学指标,初步判断岩土与建筑物相互作用时的性能。通过这种判断,不但应分出哪些岩土能产生严重变形,据此区分安全建筑物和不常使用的岩土,而且即使这类岩土是很薄的夹层、透镜体或是裂隙中的充填物,也不能忽视。

在工程地质测绘中,常用回弹锤击测试和点荷载仪测试等简易方法来测定岩土强度参数。

7.2.2.2 地质结构工程地质测绘

地质结构一词的含义是比较广泛的,这里着重讨论对地质构造条件的研究。

首先,地质构造,特别是现代构造与活断层是决定区域稳定性的首要因素,因此修建大型水工建筑物和原子能电站等极重要建筑物时,就必须在很大范围内研究活断层和地震危险性,例如原子能电站选场,一般就要求在其周围半径为 300 km 的范围内进行研究。要预测大型水库存蓄水后能否诱发地震,也需要在库区广大范围内研究地质构造,鉴别是否有区域性活断层存在,并研究它们的错动方式和现代构造应力场。

其次,地质构造限定了各种性质不同的结构面的空间分布,破坏了岩体的均一性和完整性。然而,岩体中各种软弱结构面的空间位置和岩体的不均一性既取决于构成岩石的性质,也取决于地质构造,所以要选出岩性均一完整的优良建筑场地,就必须深入地研究建筑区的地质构造,掌握构造发育的基本特征,特别是在地质构造复杂的山区修建水工建筑物和地下洞室等大型工程时,就更需要进行详细的地质构造研究。

再次,在选定建筑场地内评价岩体的稳定性时,也需要研究地质构造才能判明岩体的结构特征和各种不连续面的发育程度及其相互组合关系。

最后,地质构造还控制着地貌、水文地质条件、物理地质现象的发育和分布。所以,地质构造常常是工程地质测绘研究的重要对象(图7.2)。

在工程地质测绘中研究地质构造,既要运用地质力学的原理和方法,也要进行地质历史分析,这样才能查明各种结构面的力学组合和历史演化规律;既要对褶曲、断层等存在的构造形迹进行研

图7.2　地质结构工程地质测绘

究,也要重视节理、裂隙等小构造的研究;断层破坏了岩体的完整性和连续性,故对建筑物影响最大,当然应是研究的重点。所以,要着重研究其充填胶结情况、构造岩的性状及分带、断层的活动性及与建筑物的相对关系。

实践证明,结合工程布置和地质条件选择有代表性的地段进行详细的节理裂隙统计,以便使岩体结构定量模式化是有重要意义的。其统计研究的内容包括:裂隙的产状和延伸情况,在不同构造部位和岩性中的变化情况,裂隙发育程度,裂壁特征及开口宽度,充填物的成因、性质和充填胶结程度。最后还应判明各组裂隙的成因和力学性质,对其中的缓倾角裂隙更要注意研究。节理裂隙的分级见表7.1至表7.3。

表 7.1　按裂隙间距的裂隙发育程度分级

分级	I	II	III	IV
裂隙间距(m)	>2	2~0.5	0.5~0.1	<0.1
描述完整性	不发育整体	较发育块状	发育破裂	极发育破碎

表 7.2　按裂隙率的裂隙发育程度分级

分级	I	II	III	IV
裂隙率 K(%)	<0.2	0.2~1	1~5	>5
描述	弱裂隙性	中等裂隙性	强裂隙性	极强裂隙性

表 7.3　按裂隙宽度的裂隙发育程度分级

分级	I	II	III	IV
裂隙宽度(mm)	<0.2	0.2~1	1~5	>5
描述	闭合	微张	张开	宽张

工程地质测绘中也常用图解表示裂隙统计的结果,目前采用较多的有裂隙极点图、裂隙玫瑰图和裂隙等密图三种。

7.2.2.3　地貌工程地质测绘

地貌是岩性、地质构造和新构造运动的综合反映,也是近期外动力地质作用的结果。所以

图 7.3　地貌工程地质测绘

研究地貌就有可能判明岩性(如软弱夹层的部位)、地质构造(如断裂带的位置)和新构造运动的性质及规模、表层沉积物的成因和结构,据此还可了解各种外动力地质作用(如滑坡、岩溶等)的发育历史、河流发育史等(图 7.3)。

相同的地貌单元地形特征相似,并以地貌作为工程地质分区的基础。例如一个洪积扇可分为上部、中部和下部三个区来研究其工程地质特征。上部由砾石、卵石和漂石组成,强度高、压缩性小,是工业与民用建筑的良好地基,但孔隙大、透水性强,若建水工建筑物则会产生严重渗漏;中部以砂土为主,开挖基坑时要特别注意细砂土的渗透稳定问题;下部为砂黏土过渡及主要为黏性土地带,地形平缓,地下水埋藏浅,且往往有溢出泉和沼泽分布,形成泥炭层,强度低、压缩性大。

在中小比例尺工程地质测绘中研究地貌时,应以大地构造、岩性和地质结构等方面的研究为基础,并与水文地质条件和物理地质现象的研究联系起来,着重查明地貌单元的成因类型和形态特征,各个成因类型的分布高程及其变化、物质组成和覆盖层的厚度,以及各地貌单元在平面上的分布规律。大比例尺工程地质测绘中,则应侧重于与工程建筑物的布置、基础类型、上部结构形式等直接有关的微地貌的研究。

7.2.2.4　水文地质工程地质测绘

工程地质测绘中研究水文地质条件的主要目的在于研究地下水的赋存与活动情况,为评价由此导致的工程地质问题提供资料。例如兴建水库,研究水文地质条件是为评价坝址、水库渗漏问题提供依据;修建工业与民用建筑时,研究地下水的埋深和侵蚀性等,是为判明其对基础埋置深度和基坑开挖等的影响提供资料;修建道路时,研究地下水的埋深和毛细上升高度,是为了预测产生冻胀的可能性;研究岩溶水的交替条件,是为了判明岩溶的发育程度和分布规律;研究孔隙水的渗透梯度和渗透速度,是为了判明产生渗透稳定问题的可能性等。

在工程地质测绘中,对水文地质条件的研究也应从地层岩性、地质构造、地貌特征和地下水露头的分布性质、水质、水量等入手,查明含水层、透水层和相对隔水层的数目、层位,地下水的埋藏条件,各含水层的富水程度和它们之间的水力联系,以及各相对隔水层的可靠性。泉、井等地下水的天然和人工露头以及地表水体的研究,有利于阐明测区的水文地质条件。故在工程地质测绘中除对这些水点进行普查外,对其中有代表性的和对工程有密切关系的水点,还应进行详细研究,必要时还应取水样进行水质分析,并布置适当的长期观测点以了解其动态变化。

图 7.4　物理地质现象(泥石流)

7.2.2.5　物理地质现象工程地质测绘

在工程地质测绘中研究物理地质现象(图 7.4),一方面是为了阐明建筑区是否会受到现代物理地质作用的威胁,另一方面有助于预测工程地质作用。研究物理地质现象要以岩性、地质构造、地貌和水文地质条件的研究为基础,着重查明各种物理地质现象的分布规律和发育特征,鉴别其形成时期,分析其产生原因和形成机制,追索其发育历史和发展、演变的趋势,以判明其目前所处的状态及其对建筑物和地质环境的影响。

7.2.2.6 工程地质现象工程地质测绘

工程地质测绘中对工程地质现象的研究:在某一地质环境内已修建的任何建筑物都应被看作为一项重要的原型试验,研究该建筑物是否"适应"这样的地质环境,往往可以得到很多用勘探、试验手段所未能得到的在理论和实践上都极有价值的资料。通过这种研究可以划分出稳定性不同的地段,了解使建筑物受到损害的各种工程地质作用的发展情况,判明工程地质评价的正确性等。所以,调查建筑区已有建筑物、研究勘察建筑物兴建后所产生的工程地质现象(图 7.5),乃是工程地质测绘所特有的工作内容。在对已有建筑物进行调查时,不能局限于研究个别已受影响的建筑物,而应调查区内所有的建筑物。研究技术文献以了解建筑物的结构特征;观察描述

图 7.5 工程地质现象(沉降)

建筑物的变形特征并绘制成草图;通过直接观察和查阅以往的勘探资料、施工编录或通过访问调查,判明建筑物所处的地质环境。根据建筑物的结构特征、所处的地质环境、出现的变形现象,并结合长期观测资料,便可判定建筑物变形的原因,然后分以下四种情况进行具体分析:

(1)建筑物位于不良地质环境内并有变形标志

此时应查明不良地质因素在什么条件下有害于哪一类建筑物,并调查各种防护措施的有效性,以便寻求更有效的防护措施。

(2)建筑物位于不良地质环境内但无变形标志

此时应查清是否采取了特殊结构或对工程地质条件做了过低的评价。这些资料对建筑地区的合理利用和建筑物的结构设计以及防护措施的选择都有重要意义。

(3)建筑物位于有利的地质环境内但有变形标志

这时就必须首先查明是否为建材质量或工程质量不良所造成的,以证实分析自然历史因素所得的工程地质结论是否正确。通过这种分析往往可以发现施工方法和施工组织方面的缺陷。否则就需要进一步研究地质条件,查看是否有某些隐蔽的不良地质因素存在。

(4)建筑物位于有利的地质环境内也无变形标志

这种情况下亦需要研究这些建筑物是否采取了特殊结构以致把某些不良地质因素隐蔽起来了。

通过以上的调查分析,就可以更加具体而正确地评价建筑区的工程地质条件,预测建筑物兴建后发生变形的程度,以便采取合理的防护措施。所以,有的研究者认为,应把建筑物调查作为工程地质测绘中一项特殊的工作内容。

7.2.3 工程地质测绘的范围、比例尺和精度

7.2.3.1 工程地质测绘范围的确定

工程地质测绘一般不像普通地质测绘那样按照图幅逐步完成,而是根据规划与设计建筑物的需要在与该项工程活动有关的测绘范围内进行。测绘的范围大些,就能观察到更多的露头和剖面,能更好地了解区域工程地质条件,但是增大了测绘工作,不利于更快、更省地完成工程地质勘察任务;如果测绘范围过小,则不能查明工程地质条件是否已满足建筑物的要求。可见,选定一个合适的测绘范围是一个相当重要的问题。选择的根据一方面是拟定建筑物的类型、规模和设计阶段,另一方面是区域工程地质条件的复杂程度和研究程度。

(1) 拟定建筑物的类型、规模和设计阶段

建筑物类型不同、规模大小不同,则它与自然环境相互作用影响的范围、规模和强度也不同,选择测绘范围时应考虑到这一点。例如,大型水工建筑物的兴建,将引起极大范围内的自然条件变化,这些变化又必将作用于建筑物,从而引起各种工程地质问题。因此工程地质测绘也就必须扩展到足够大的范围,以帮助查清工程地质条件,解决有关的工程地质问题。一般的房屋建筑与地质环境相互作用所引起的自然条件的变化多局限于不大的范围内,如果区域内没有对建筑物安全有危害的地质作用,则测绘的范围就不需要很大。

在建筑物规划和设计的开始阶段,为了选择建筑地区或建筑场地,由于可能的方案往往是很多的,相互之间又有一定的距离,测绘的范围应把这些方案的有关地区都包括在内,因而整个测绘区域可能是很大的。但到了具体建筑场地选定之后,特别是建筑物的后期设计阶段,就只需要在已选建筑区的较小范围内进行大比例尺的工程地质测绘。可见,工程地质测绘的范围是随着建筑物设计阶段的提高而减小的。

(2) 区域工程地质条件的复杂程度和研究程度

工程地质条件愈复杂、研究程度愈差,工程地质测绘的范围就愈大。

分析工程地质条件的复杂程度必须分清两种情况:一种是在建筑区内工程地质条件非常复杂,如构造变动剧烈、断裂很发育,或者岩溶、滑坡、泥石流等物理地质作用很强烈;另一种情况是建筑区内工程地质结构并不复杂,但在邻近地区有能够产生威胁建筑物安全的物理地质作用的策源地,如泥石流的形成区、强烈地震的断裂带等。这两种情况直接影响到建筑物的安全,若仅在建筑区内进行工程地质测绘,则后者是不能被查明的,因此必须根据具体情况适当扩大工程地质测绘的范围。

在建筑区或临近地区内如已有其他地质研究所取得的资料,则应充分收集和运用它们。如果工作区及其周围较大范围内的地质构造已经查明,那么只需分析、验证它们,必要时补充一些专题研究就行了。如果区域地质研究程度很差,则大范围的工程地质测绘工作就必须提上日程。

7.2.3.2 工程地质测绘比例尺的确定

工程地质测绘的比例尺主要取决于设计的要求。在工程设计的初始阶段属于规划选点性质,往往有若干个比较方案,测绘范围较大,而对工程地质条件研究的详细程度要求不高,所以工程地质测绘所要求的比例尺一般较小。随着建筑物设计阶段的不断提高,建筑场地的位置

也越来越具体,研究的范围随之减小,对工程地质条件研究的详细程度要求随之提高,工程地质测绘的比例尺也就逐渐加大。而在同一设计阶段内,比例尺的选取又取决于建筑物的类型、规模和工程地质条件的复杂程度。正确选取工程地质测绘比例尺所得到的成果既要满足工程设计的要求,又要尽量节省测绘工作量。

工程地质测绘所采用的比例尺有以下几种:

(1)勘探路线测绘

比例尺为1:100万~1:20万。在各种工程的最初勘察阶段多采用这种比例尺进行工程地质测绘,以了解区域工程地质条件概况,初步估计其对建筑物的影响,同时为进一步勘察工作的设计提供依据。

(2)小比例尺面积测绘

比例尺为1:10万~1:5万。主要用于各种建筑物的初期设计阶段,以查明规划地区的工程地质条件,初步分析区域稳定性等主要工程地质问题,为合理选择建筑区提供工程地质资料。

(3)中比例尺面积测绘

比例尺为1:5万~1:1万。主要用于建筑物初步设计阶段的工程地质勘察,以查明建筑区的工程地质条件,为合理选择建筑场地并初步确定建筑物的类型和结构提供地质资料。

(4)大比例尺面积测绘

比例尺为1:1000~1:500或更大。一般是在建筑场地选定以后才进行这种大比例尺的工程地质测绘,以便能详细查明场地的工程地质条件,为最终选定建筑物类型、结构和施工方法等提供准确的地质资料。

7.2.3.3 工程地质测绘的精度要求

工程地质测绘的精度是指在工程地质测绘中对地质现象观察描述的详细程度,以及工程地质条件各因素在工程地质图上反映的详细度和精确度。为了能保证工程地质图的质量,工程地质测绘的精度必须与工程地质图的比例尺相适应。

观察描述的详细程度是以各单位测绘面积上观察点的数量和观察线的长度来控制的。通常不论其比例尺多大,一般都以图上每平方厘米范围内有一个观察点来控制观察点的平均数。比例尺增大,同样实际面积内的观察点数也相应增多。当天然露头不足时,则必须采用人工露头来补充。所以,在大比例尺测绘时常须配合有剥土、探槽、试坑等轻型坑探工程。观察点的分布一般不应是均匀的,而是工程地质条件复杂的地段多一些,简单的地段少一些,都应布置在工程地质条件的关键位置上。

为了保证工程地质图的详细程度,还要求工程地质条件各因素的单元划分与图的比例尺相适应。一般规定岩层厚度在图上最小投影宽度大于 2 mm,均应按比例尺反映在图上。厚度或宽度小于 2 mm 的重要工程地质单元,如软弱夹层、能反映构造特征的标志层、重要的物理地质现象等,则应采用超比例尺或符号的办法在图上表示出来。

为了保证图的精度,还必须按规定保证图上的各种界线准确无误。在任何比例尺的图上界线的误差不得超过 0.5 mm,所以在大比例尺的工程地质策划中要采用一起定点法。

7.2.4 工程地质测绘的方法和程序

7.2.4.1 工程地质测绘的方法

（1）方法

工程地质测绘的方法和一般地质测绘的方法相同。

① 沿一定的观察路线做沿途观察，在关键的点上进行详细观察和描述；

② 观察线的布置应以最短的路线观察到最多的工程地质要素和现象为原则；

③ 范围较大的中小比例尺工程地质测绘，一般以穿越岩层走向或地貌、物理地质现象单元来布置观察路线为宜；

④ 大比例尺的详细测绘，则应以穿越岩层走向与追索界线的方法相结合来布置观察路线，以便能较准确地圈定各工程地质单元的边界。

（2）过程

① 在工程地质测绘过程中，最重要的是要把点与点、线与线之间所观察到的现象联系起来，克服只孤立地在各个点上观察而不做沿途和连续观察，以及不及时对观察到的现象进行综合分析的偏向；

② 要将工程地质条件和拟进行的工程活动的特点联系起来，以便能确切地预测工程地质问题的性质和规模；

③ 应在测绘过程中将实际资料和各种界线如实地反映在手图上，并逐日清绘于室内底图上，及时进行资料整理和分析，才能及时发现问题和进行必要的补充观察，以提高测绘的质量。

7.2.4.2 工程地质测绘的程序

工程地质测绘的程序和其他的地质测绘工作相同。

（1）在室内查阅已有的研究资料，明确本次测绘需要重点研究的问题，并编制出工作计划；

（2）进行航卫片的解译，对区域工程地质条件做出初步的总体评价，判明工程地质条件各因素的一些标志；

（3）进行现场踏勘，选定测制标准剖面的位置；

（4）测制地质剖面，掌握岩层层序、岩性特征、接触关系以及各类土石的工程地质特征，以确定分层原则、单位和标准层；

（5）测制地貌剖面，以便划分地貌单元和各单元的特征；

（6）完成了以上工作后才进行面积测绘。

7.2.5 航卫片和陆地摄影在工程地质测绘中的应用

7.2.5.1 概况

航空照片、卫星照片以及陆地摄影照片真实、集中地反映了较大范围内的岩土类型、地质结构、地貌、水文地质条件和物理地质现象，对其详加判释并研究便能很快给人一个宏观的总体认识。

7.2.5.2 作用

近年来国内外都已逐渐将航卫片应用于工程地质测绘，特别是用于研究区域稳定性、道路选线和滑坡等不良地质现象,实践证明其效果是良好的。尤其是在人烟稀少、交通不便的偏远山区进行工程地质测绘,运用航卫片就更有特殊的意义,它能起到减少测绘工作量、提高测绘精度和速度的作用,值得进一步推广。

7.2.5.3 卫片的应用

卫片(遥感影像)视域广阔,能将大范围内的地质现象联系起来综合分析,对查明和评价区域稳定性有重要的意义,特别是对查明活断层更能收到良好的效果。

7.2.5.4 航片的应用

航片主要是用作大中比例尺工程地质测绘的底图,以迅速而较准确地查明建筑区的工程地质条件。低空广角航片可以迅速而有效地查明活断层。航片对研究崩塌、滑坡、泥石流、地震砂土液化、流动砂丘等物理地质现象非常有效,可以较迅速地判定各种不稳定地段,并可用以对某些地质作用的发展进行监测。

7.3 工程地质勘探

(1)工程地质勘探的任务

工程地质勘探由物探、钻探与山地工程组成,其任务是了解浅部岩石组成,风化带岩石性质,风化带深度,沙丘底板埋深与起伏状况,沙土固结程度,潜水、浅层承压水的性状,露头不良地段的地质剖面揭露,以及岩土体样品、水样等采集,并进行必要的试验工作。不同手段要综合运用,互为补充,相互验证。

(2)工程地质勘探的作用

工程地质勘探是工程地质勘察的重要方法,一般在工程地质测绘的基础上进行。经过工程地质测绘,对建筑场地工程地质条件诸要素在地面上的特征有了初步了解之后,为了进一步探明这些要素在地下的情况,以全面地掌握它们在地壳表层与建筑物相互作用的某一范围内的空间分布、变化的特点及规律,就需要开展工程地质勘探工作。

7.3.1 工程地质物探

工程地质物探可以说是一种间接的勘探工作,它可以简便而迅速地探测地下地质情况,与测绘工作相配合尤为适宜,又可为勘探工作的布置指出方向。物探成果亦需由勘探工作来证实。

物探的全称为地球物理勘探,它是用专门仪器来探测地表层各种地质体的物理场,从而进行地层划分,判定地质构造、水文地质条件及各种物理地质现象的一种勘探方法。

地质体具有不同的物理性质(导电性、弹性、磁性、密度、放射性等)和物理状态(含水率、裂隙性、固结程度等),这就为利用物探方法研究各种不同的地质体和地质现象提供了物理前提。所探测的地质体各部分之间,以及该地质体与周围地质体之间的物理性质和物理状态差异愈大,使用这种方法就愈能获得比较满意的结果。

物探工作的方法有电法勘探、地震勘探、重力勘探、磁法勘探、核子勘探与地球物理测井等,在工程地质勘察中运用得最普遍的是电法勘探和地震勘探。

7.3.1.1 电法勘探

电法勘探是比较常用的一种物探方法,是根据地壳中各类岩石或矿体的电磁学性质(如导电性、导磁性、介电性)和电化学特性的差异,通过对人工或天然电场、电磁场或电化学场的空间分布规律和时间特性的观测和研究,寻找不同类型有用矿床和查明地质构造及解决地质问题的地球物理勘探方法。主要用于寻找金属、非金属矿床,勘查地下水资源和能源,解决某些工程地质及深部地质问题。

地壳是由不同的岩石、矿体及各种地质构造组成,它们具有不同的导电性、导磁性、介电性和电化学性质。根据这些性质及其空间分布规律和时间特性,人们可以推断矿体或地质构造的赋存状态(形状、大小、位置、产状和埋藏深度)和物性参数等,从而达到勘探的目的。电法勘探具有利用物性参数多,场源、装置形式多,观测内容或测量要素多及应用范围广等特点。电法勘探利用岩石、矿石的物理参数,主要有电阻率(ρ)、磁导率(μ)、极化特性(人工体极化率 η 和面极化系数 λ、自然极化的电位跃变 $\Delta\varepsilon$)和介电常数(ε)。

电法勘探的方法有多种。按场源性质分类,有人工场法(主动源法)和天然场法(被动源法);按地质目标分类,有金属与非金属矿电法、石油与天然气电法、水文与工程电法、煤田电法等;按观测空间分类,有航空电法、地面电法、地下电法等;按电磁场的时间特性分类,有直流电法(时间域电法)、交流电法(频率域电法)、过渡过程法(脉冲瞬变场法)等;按产生异常电磁场的原因分类,有传导类电法、感应类电法等;按观测内容分类,有纯异常场法、综合场法等。我国常用的电法勘探方法有电阻率法、充电法、激发极化法、自然电场法、大地电磁测深法和电磁感应法等。

7.3.1.2 地震勘探

地震勘探是近代发展变化最快的地球物理方法之一,它的原理是利用人工激发的地震波在弹性不同的地层内的传播规律来勘探地下的地质情况。在地面某处激发的地震波向地下传播时,遇到不同弹性的地层分界面就会产生反射波或折射波返回地面,用专门的仪器可记录这些波,分析所得记录的特点,如波的传播时间、振动形状等,通过专门的计算或仪器处理,能较准确地测定这些界面的深度和形态,判断地层的岩性,是勘探含油气构造甚至直接找油的主要物探方法,也可以用于勘探煤田、盐岩矿床、个别的层状金属矿床以及解决水文地质、工程地质等问题。近年来,应用天然震源的各种地震勘探方法也不断得到发展。

地震勘探在分层的详细程度和勘查的精度上,都优于其他地球物理勘探方法。地震勘探的深度一般从数十米到几十千米。

爆炸震源在地震勘探中被广泛采用,如重锤、连续震动源、气动震源等,但陆地地震勘探经常采用的重要震源仍为炸药。海上地震勘探除采用炸药震源之外,还广泛采用空气枪、蒸汽枪和电火花引爆气体等方法。

地震勘探是钻探前勘测石油与天然气资源的重要手段。在煤田和工程地质勘察、区域地质研究和地壳研究等方面,地震勘探也得到了广泛应用。20世纪80年代以来,对某些类型的金属矿的勘查也有选择地采用了地震勘探方法。

7.3.2 工程地质钻探

在工程地质勘察中,钻探是最常用的勘探手段。不同类型的建筑物、不同的勘察阶段、不同的工程地质条件下,凡是布置勘探工作的地段,一般均需采用钻探方法。

7.3.2.1 工程地质钻探的特点及适用条件

(1)钻探工程的布置,不仅要考虑自然地质条件,还需结合工程的类型和特点。如水坝一般应顺坝体轴线布孔,工业与民用建筑则需按建筑物的轮廓线布孔等。

(2)钻进深度一般不大,除了大型水利工程、深埋隧道以及为了解专门的地质问题(如探测深岩溶)外,孔深一般为几十米至数十米,所以经常采用简易钻探法和轻便钻机。

(3)钻孔多具综合目的,一个钻孔除了需查明地层岩性、地质结构和水文地质条件外,还要做各种试验(岩土力学性质试验、水文地质试验、灌浆试验等)、取样、长期观测等。有些试验往往与钻进同时进行,所以进尺较慢。

(4)工程地质钻探在钻进方法、钻孔结构、钻进过程中的观测编录等方面,均有特殊的要求。

7.3.2.2 工程地质钻探的特殊要求

(1)钻探方法

钻探方法可根据岩土类别和勘察要求按表7.4选用。

表7.4 钻探方法的适用范围

钻探方法		钻进地层岩土类别					勘察要求	
		黏性土	粉土	砂土	碎石土	岩石	直观鉴别、采取不扰动试样	直观鉴别、采取扰动试样
回转	螺旋钻探	++	+	+	—	—	++	++
	无岩芯钻探	++	++	++	+	++	—	—
	岩芯钻探	++	++	++	+	++	++	++
冲击	冲击钻探	—	+	++	++	—	—	—
	锤击钻探	++	++	++	+	—	++	++
	振动钻探	++	++	++	+	—	+	++
	冲洗钻探	+	++	++	—	—	—	—

注:++—适用;+—部分适用;——不适用。

(2)勘探浅部土层可采用的钻探方法

① 小口径麻花钻(或提土钻)钻进;

② 小口径勺形钻钻进;

③ 洛阳铲钻进。

(3)钻探应符合的规定

① 钻进深度和岩土分层深度的量测精度,应不低于±5 cm。

② 应严格控制非连续取芯钻进的回次进尺,使分层精度符合要求。

③ 对鉴别地层天然湿度的钻孔,在地下水位以上应进行干钻;当必须加水或使用循环液时,应采用双层岩芯管钻进。

④ 岩芯钻探的岩芯采取率,对完整和较完整岩体不应低于80%;对较破碎和破碎岩体不

应低于65%;对须重点查明的部位(滑动带、软弱夹层等),应采用双层岩芯管连续取芯。

⑤ 当需确定岩石质量指标RQD时,应采用75 mm口径(N型)双层岩芯管和金刚石钻头。

⑥ 定向钻进的钻孔应分段进行孔斜测量;倾角和方位的量测精度应分别为±0.10和±3.00。

(4)钻孔的记录和编录应符合的要求

① 野外记录应由经过专业训练的人员承担,记录应真实及时,按钻进回次逐段填写,严禁事后追记;

② 钻探现场可采用肉眼鉴别和手触方法,有条件或勘察工作有明确要求时,可采用微型贯入仪等定量化、标准化的方法;

③ 钻探成果可用钻孔野外柱状图或分层记录表示,岩土芯样可根据工程要求保存一定期限或长期保存,亦可拍摄岩芯、土芯彩照纳入勘察成果资料。

7.3.2.3 工程地质钻探常用的设备和钻探方法

为进行工程地质勘察所进行的钻探工程,其目的是通过钻探取样、样品分析、现场工程地质测试等方法,获取建筑基础的地质资料和岩土层的各项物理、力学、化学参数,为选择修建地点、基础处理方式、建筑物类型与结构制订合理的施工方案,以及为防止滑坡、泥石流等地质灾害提供设计和施工的依据。

工程地质钻探设备主要包括动力机、钻机、泥浆泵、钻杆、钻头等,钻探机如图7.6所示。钻探方法有多种,根据破碎岩土的方法可分为冲击钻探、回转钻探、冲击回转钻探、振动钻探等。

(a)   (b)

图7.6 钻探机

(a)履带地质钻探机;(b)液压钻探机

工程地质钻孔的直径一般根据工程要求、地质条件和钻探方法予以综合确定。为划分地层,终孔直径不宜小于33 mm;为采取原状土样,孔径不宜小于108 mm;为采取岩芯试样,软质岩石不宜小于108 mm,硬质岩石不宜小于89 mm。工程地质钻探对岩芯采取率有一定要求。为鉴别岩性和划分岩层，在较完整的岩层中，岩芯采取率不宜小于80%；在破碎的岩层中，岩芯采取率不宜小于65%。对于需重点研究的部位（如滑坡的滑动带），岩芯采取率还应尽量提高。

在工程地质钻探中，需要采取保持天然结构的土样（即原状土样）。为不影响原状土样的取土质量，取土器的内径不宜小于89 mm。取土器的入土长度，对黏性土不宜大于其直径的3倍。土试样的长度一般为其直径的1.5～3.0倍。

取土器结构可分类如下：根据取土器下口是否封闭，可分为敞口式和封闭式；根据取土器上部的封闭形式，可分为球阀、活阀式和活塞式；根据取土器管壁的厚薄，可分为薄壁取土器和厚壁取土器。

工程地质钻探采取原状土样的方法有击入法、压入法和振动法。

① 击入法　它分为两种：a.轻锤多击法。采用人力或落锤，速度及下击力不均匀，钻杆摆动大，对采取的土样有较大扰动。b.重锤少击法。采用重锤少击快速将取土器击入土中，其取样质量较好，而采用该方法时，又以重锤一次击入更好。

② 压入法　它分为两种：a.慢速压入法。用杠杆、千斤顶、钻机手把加压，取土器进入土层的过程是不连续的，土样有一定的扰动，但比轻锤多击法扰动小。b.连续压入法。将取土器快速、均匀地压入土中，对土样的扰动程度小，是较普遍采用的方法。

③ 振动法　在高速振动作用下将取土器压入土中。这种方法对土样扰动较大，一般采用大直径的取土器。对于振动后易产生液化的土，不宜采用。

7.3.2.4　工程地质勘探钻孔类型及其适用条件

（1）铅直孔

铅直孔倾角为90°。在工程地质钻探中此类孔最常用，适于查明岩浆岩的岩性岩相、岩石风化壳、基岩面以上第四纪覆盖层厚度及性质、缓倾角的沉积及断裂等。另外，做压水试验的钻孔一般也都采用铅直孔。

（2）斜孔

倾角小于90°，且应定出倾斜的方向。当沉积岩层倾角较大（>60°），或遇到陡倾的断层破碎带时，常以与岩层或断层倾向相反的方向斜向钻进。在水利水电工程地质勘探中，常用斜孔向河底交叉钻进（图7.7），既可较好地控制河床下的地质结构，又可以减少或避免河中布孔进行水上钻探的困难。但是斜孔钻进技术要求较高，常易发生孔身偏斜，而使地质解释工作产生误差。在软硬相间的岩层中钻进，此现象尤为严重。

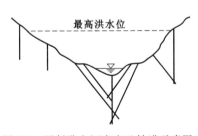

图7.7　用斜孔向河底交叉钻进示意图

（3）水平孔

水平孔倾角为0°。一般在坑探工程中布置，可作为平硐、石门的延续，用以查明河底地质结构、进行岩体应力量测、超前探水和排水。在河谷斜坡地段用水平孔探查岸坡地质结构及卸荷裂隙，效果也较好，如图7.8所示。

（4）定向孔

采用一些技术措施，可使钻孔随着深度的变化有规律地弯曲，进行定向钻进，如岩层上缓

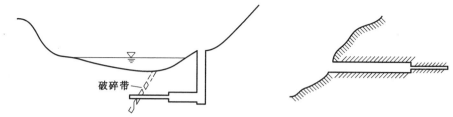

图 7.8 用水平钻孔勘探河底地质构造与斜坡

下陡时,如图 7.9(a)所示,或在一个孔中控制多个定向分支孔,共同钻探同一目的层,如图 7.9(b)所示。定向钻进的技术措施比较复杂。近年来,国内外广泛采用在一个孔位上钻多个不同方向的定向斜孔的布置方案,效果极佳,如图 7.9(c)所示。

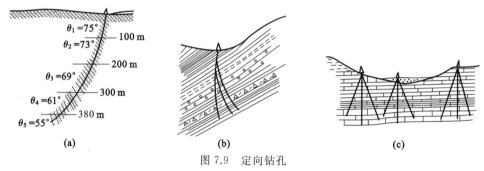

图 7.9 定向钻孔

(a)单孔定向;(b)多个定向分支孔;(c)一个孔位上钻多个定向斜孔

7.3.2.5 钻孔设计书的编制、钻孔观测编录及资料整理

钻探工作耗费资金较大,应尽可能使每一个钻孔都发挥综合效益,取得较多的资料。为此,工程地质人员除了编制整个工程地质勘探设计外,还应逐个编制钻孔设计书,以保证钻探工作达到预期的目的。

(1)钻孔设计书的编制

① 说明钻孔附近的地形、地质概况及钻孔的目的。钻孔的目的一定要充分说明,使施钻人员和观测、编录人员明确该孔的意义及钻进中应注意的问题,这对于保证钻进、观测和编录工作的质量都是至关重要的。

② 说明钻孔的类型、深度及孔身结构。应根据已掌握的资料,绘制钻孔设计柱状剖面图,说明将要遇到的地层岩性、地质构造和水文地质情况等,据此确定钻进方法、钻孔类型、孔深、开孔和终孔直径,以及换径深度、钻进速度和固壁方法等。

③ 说明工程地质要求。工程地质要求包括岩芯采取率、取样、试验、观测、止水与编录等各方面的要求。编录的项目及应取得的成果资料有:钻孔柱状剖面、岩芯素描(或照相)、钻进观测、试验记录图表及水文地质日志等。

④ 说明钻探结束后对钻孔的处理意见,留作长期观测,抑或封孔。

(2)钻孔观测与编录

钻孔观测与编录是对钻进过程所做的详细文字记载,也是岩土工程钻探最基本的原始资料。因此在钻进过程中必须认真、细致地做好观测与编录工作,以全面、准确地反映钻探工程的第一手地质资料。钻孔观测与编录的内容包括:

① 岩芯观察、描述和编录

对岩芯的描述包括地层岩性名称、分层深度、岩土性质等方面。不同类型的岩土,其岩性描述内容为:

a.碎石土　颗粒级配;粗颗粒形状、母岩成分、风化程度,是否起骨架作用;充填物的成分、性质、充填程度;密实度;层理特征等。

b.砂类土　颜色、颗粒级配、颗粒形状和矿物成分、湿度、密实度、层理特征。

c.粉土和黏性土　颜色、稠度状态、包含物、致密程度、层理特征。

d.岩石　颜色;矿物成分;结构和构造;根据风化程度及风化表现形式,划分风化带;坚硬程度;对节理、裂隙、发育情况,裂隙面特征及充填胶结情况,裂隙倾角、间距,进行裂隙统计,必要时做岩芯素描。

作为文字记录的辅助资料是岩土芯样。岩土芯样不仅对原始记录的检查核对是必要的,而且对施工开挖过程的资料核对,发生纠纷时的取证、仲裁,也有重要的价值,因此应在一段时间内妥善保存。目前已有一些工程勘察单位用岩芯的彩色照片代替实物。全断面取芯的土层钻孔还可用于制作土芯纵断面的揭片,便于长期保存。

通过对岩芯的各种统计,可获得岩芯采取率、岩芯获得率和岩石质量指标(RQD)等定量指标。

岩芯采取率是指所取岩芯的总长度与本回次进尺的百分比。总长度包括比较完整的岩芯和破碎的碎块、碎屑和碎粉物质。

岩芯获得率是指比较完整的岩芯长度与本回次进尺的百分比,它不计入不成形的破碎物质。

岩石质量指标(RQD)是指在取出的岩芯中,只选取长度大于 10 cm 的柱状岩芯长度与本回次进尺的百分比。岩石质量指标是岩体分类和评价地下洞室围岩质量的重要指标。该指标只有在统一标准的钻进操作条件下才具有可比性。按照国际通用标准,应采用直径 75 mm(N型)双层岩芯管金刚石钻头的钻具。

上述三项指标可反映岩石的坚硬和完整程度。显然,同一回次进尺的岩芯采取率最大,岩芯获得率次之,而岩石质量指标(RQD)值则最小。每回次取出的岩芯应按顺序排列,并按有关规定进行编号、装箱和保管,并应注明所取原状土样、岩样的数量和取样深度。

② 钻孔水文地质观测

钻进过程中应注意和记录冲洗液消耗量的变化。发现地下水后,应停钻测定其初见水位与稳定水位。如多层含水层,需分层测定水位时,应检查分层止水情况,并分层采取水样和测定水温,准确记录各含水层顶、底板标高及其厚度。

③ 钻进动态观察和记录

钻进动态能提供许多地质信息,所以钻孔观测、编录人员必须做好此项工作。在钻进过程中注意换层的深度、回水颜色变化、钻具陷落、孔壁坍塌、卡钻、埋钻和涌沙现象等,结合岩芯以判断孔内情况。如果钻进不平稳,孔壁坍塌或卡钻,岩芯破碎且采取率又低,就表明岩层裂隙发育或处于构造破碎带中。岩芯钻探时冲洗液消耗量变化一般与岩体完整性有密切关系,当回水很少甚至不回水时,则说明岩体破碎或岩溶发育,也可能揭露了富水性较强的含水层。国内水利水电勘察单位使用的钻孔摄影和钻孔电视,可以对孔内岩层裂隙发育程度及方向、风化程度、断层破碎带、岩溶洞穴和软弱泥化夹层等采集较为清晰的照片和图像,这无疑提高了钻探工作的质量和钻孔利用率。

(3) 钻探资料整理

钻探工作结束后,应进行钻孔资料整理。主要成果资料有:

① 钻孔柱状图

钻孔柱状图是钻孔观测与编录的图形化,它是钻探工作最主要的成果资料。土层钻孔和岩层钻孔的钻孔柱状图图形不同。该图将每一钻孔内岩土层情况按一定的比例尺编制成柱状图,并做简明的描述。在图上还应在相应的位置上标明岩芯采取率、冲洗液消耗量、地下水位、岩芯风化分带、孔中特殊情况、代表性的岩土物理力学性质指标以及取样深度等。如果孔内做过测井和试验,也应将其成果在相应的位置上标出。所以,钻孔柱状图实际上反映了钻探工作的综合成果。

② 钻孔操作及水文地质日志图。

③ 岩芯素描图及其说明。

7.3.3 工程地质坑探

7.3.3.1 工程地质勘探中常用的坑探工程类型及适用条件

坑探工程也叫掘进工程、井巷工程,它在岩土工程勘探中占有一定的地位。

与一般的钻探工程相比较,其优点是:勘察人员能直接观察到地质结构,准确可靠,且便于素描;可不受限制地从中采取原状岩土样和用于大型原位测试。尤其对研究断层破碎带、软弱泥化夹层和滑动面(带)等的空间分布特点及其工程性质等,具有重要意义。坑探工程的缺点是:使用时往往受到自然地质条件的限制,资金耗费大且勘探周期长,尤其是重型坑探工程不可轻易采用。

岩土工程勘探中常用的坑探工程有:探槽、试坑、浅井、竖井(斜井)、平硐和石门(平巷)。其中前三种为轻型坑探工程,后三种为重型坑探工程,如表 7.5 所示。

表 7.5　各种坑探工程的特点和适用条件

名称	特　　点	适用条件
探槽	在地表深度小于3～5 m的长条形槽子	剥除地表覆土,揭露基岩,划分地层岩性,研究断层破碎带;探查残坡积层的厚度和物质、结构
试坑	从地表向下,铅直的、深度小于3～5 m的圆形或方形小坑	局部剥除覆土,揭露基岩;做载荷试验、渗水试验,取原状土样
浅井	从地表向下,铅直的、深度为5～15 m的圆形或方形井	确定覆盖层及风化层的岩性及厚度;做载荷试验,取原状土样
竖井(斜井)	形状与浅井相同,但深度大于15 m,有时需支护	了解覆盖层的厚度和性质、风化壳分带、软弱夹层分布、断层破碎带及岩溶发育情况、滑坡体结构及滑动面等;布置在地形较平缓、岩层又较缓倾的地段

名称	特　点	适用条件
平硐	在地面有出口的水平坑道,深度较大,有时需支护	调查斜坡地质结构,查明河谷地段的地层岩性、软弱夹层、破碎带、风化岩层等;做原位岩体力学试验及地应力量测,取样;布置在地形较陡的山坡地段
石门(平巷)	不出露地面,而与竖井相连的水平坑道、石门垂直岩层走向、平巷平行	了解河底地质结构,做试验等

7.3.3.2　坑探工程设计书的编制、观测与编录

（1）坑探工程设计书的编制

坑探工程设计书是在岩土工程勘探总体布置的基础上编制的。其主要内容包括：

① 坑探工程的目的、类型和编号。

② 坑探工程附近的地形、地质概况。

③ 掘进深度及其论证。

④ 施工条件。包括岩性及其硬度等级,掘进的难易程度,采用的掘进方法(铲、镐挖掘或爆破作业等);地下水位,可能涌水状况,应采取的排水措施;是否需要支护及支护材料、结构等。

⑤ 岩土工程要求。包括掘进过程中应仔细观察、描述的地质现象和应注意的地质问题;对坑壁、顶、底板掘进方法的要求,是否许可采用爆破作业及作业方式;取样地点、数量、规格和要求等;岩土试验的项目、组数、位置以及掘进时应注意的问题;应提交的成果。

（2）坑探工程的观测与编录

坑探工程观察和编录是获得坑探工程第一性地质资料的主要手段。所以,在掘进过程中岩土工程师应认真、仔细地做好此项工作。观察、描述的内容包括：

① 地层岩性的划分。第四系堆积物的成因、岩性、时代、厚度及空间变化和相互接触关系;基岩的颜色、成分、结构构造、地层层序以及各层间接触关系;应特别注意软弱夹层的岩性、厚度及其泥化情况。

② 岩石的风化特征及其随深度的变化,做风化壳分带。

③ 岩层产状要素及其变化,各种构造形态;注意断层破碎带及节理、裂隙的研究;断裂的产状、形态、力学性质;破碎带的宽度、物质成分及其性质;节理裂隙的组数、产状、穿切性、延展性、隙宽、间距(频度),必要时作节理裂隙的素描图和进行统计测量。

④ 水文地质情况。如地下水渗出点位置、涌水点及涌水量大小等。

7.3.4　工程地质勘探的布置

布置勘探工作总的要求,应是以尽可能少的工作量取得尽可能多的地质资料。为此,做勘探设计时,必须熟悉勘探区已取得的地质资料,并明确勘探的目的和任务。将每一个勘探工程都布置在关键地点,且发挥其综合效益。在工程地质勘察的各个阶段中,勘探坑孔的合理布置、坑孔布置方案的设计必须建立在对工程地质测绘资料和区域地质资料充分分析研究的基础上。

7.3.4.1　勘探布置的一般原则

（1）勘探总体布置形式

① 勘探线　按特定方向沿线布置勘探点（等间距或不等间距），了解沿线工程地质条件，绘制工程地质剖面图。用于初勘阶段、线形工程勘察、天然建材初查。

② 勘探网　勘探网选布在相互交叉的勘探线及其交叉点上，形成网状（方格状、三角状、弧状等），用于了解面上的工程地质条件，绘制不同方向的剖面图、场地地质结构立体投影图。适用于基础工程场地详勘、天然建材详查阶段。

③ 结合建筑物基础轮廓及一般工程建筑物的设计要求，勘探工作按建筑物基础类型、形式、轮廓布置，并提供剖面及定量指标。例如：

桩基——每个单独基础有一个钻孔；

筏片、箱基——基础角点、中心点应有钻孔；

拱坝——按拱形最大外荷载线布置钻孔。

（2）布置勘探工作时应遵循的原则

① 勘探工作应在工程地质测绘基础上进行。通过工程地质测绘，对地下地质情况有一定的判断后，才能明确通过勘探工作需要进一步解决的地质问题，以取得较好的勘探效果。否则，由于不明确勘探目的，将有一定的盲目性。

② 无论是勘探的总体布置还是单个勘探点的设计，都要考虑综合利用。既要突出重点，又要照顾全面，点面结合，使各勘探点在总体布置的有机联系下发挥更大的效用。

③ 勘探布置应与勘察阶段相适应。不同的勘察阶段，勘探的总体布置、勘探点的密度和深度、勘探手段的选择及要求等均有所不同。一般地说，从初期到后期的勘察阶段，勘探总体布置由线状到网状，范围由大到小，勘探点、线距离由稀到密，勘探布置的依据由以工程地质条件为主过渡到以建筑物的轮廓为主。

④ 勘探布置应随建筑物的类型和规模而异。不同类型的建筑物，其总体轮廓、荷载作用的特点以及可能产生的岩土工程问题不同，勘探布置亦应有所区别。道路、隧道、管线等线形工程多采用勘探线的形式，且沿线隔一定距离布置一垂直于它的勘探剖面。房屋建筑与构筑物应按基础轮廓布置勘探工程，常呈方形、长方形、工字形或丁字形，具体布置勘探工程时又因不同的基础形式而异。桥基则采用由勘探线渐变为以单个桥墩进行布置的梅花形形式。

⑤ 勘探布置应考虑地质、地貌、水文地质等条件。一般勘探线应沿着地质条件等变化最大的方向布置。勘探点的密度应视工程地质条件的复杂程度而定，而不是平均分布。为了对场地工程地质条件起到控制作用，还应布置一定数量的基准坑孔（即控制性坑孔），其深度较一般性坑孔要大些。

⑥ 在勘探线、网中的各勘探点，应视具体条件选择不同的勘探手段，以便互相配合，取长补短，有机地联系起来。

总之，勘探工作一定要在工程地质测绘基础上布置。勘探布置主要取决于勘察阶段、建筑物类型和岩土工程勘察等级三个重要因素。此外，还应充分发挥勘探工作的综合效益。为搞好勘探工作，岩土工程师应深入现场，并与设计、施工人员密切配合。在勘探过程中，应根据所了解的条件和问题的变化，及时修改原来的布置方案，以期圆满地完成勘探任务。

7.3.4.2　勘探坑孔间距和深度确定的原则

(1) 勘探坑孔间距的确定

各类建筑勘探坑孔的间距是根据勘察阶段和岩土工程勘察等级来确定的。不同的勘察阶段,其勘察的要求和岩土工程评价的内容不同,因而勘探坑孔的间距也各异。初期勘察阶段的主要任务是选址和进行可行性研究,对拟选场址的稳定性和适宜性做出岩土工程评价,进行技术经济论证和方案比较,满足确定场地方案的要求。由于有若干个建筑场址的比较方案,勘察范围大,且勘探坑孔间距比较大。当进入中、后期勘察阶段,要对场地内建筑地段的稳定性做出岩土工程评价,确定建筑总平面布置,进而对地基基础设计、地基处理和不良地质现象的防治进行计算与评价,以满足施工设计的要求。此时勘察范围缩小,而勘探坑孔增多,因而坑孔间距是比较小的。

(2) 勘探坑孔深度的确定

确定勘探坑孔深度的含义包括两个方面:一是确定坑孔深度的依据;二是施工时终止坑孔的标志。概括起来,勘探坑孔深度应根据建筑物类型、勘察阶段、岩土工程勘察等级,以及所评价的岩土工程问题等综合考虑。除上述原则外,尚应考虑以下几点:

① 建筑物有效附加应力影响范围;

② 与工程建筑物稳定性有关的工程地质问题的研究的需要,如坝基可能的滑移面深度、渗漏带底板深度;

③ 工程设计的特殊要求,如确定坝基灌浆处理的深度、桩基深度、持力层深度等;

④ 工程地质测绘与物探对某种勘探目的层的推断,在勘探设计中应逐孔确定合理深度,明确终孔标志。对于规范不应机械执行,应结合实际地质条件灵活运用。

做勘探设计时,有些建筑物可依据其设计标高来确定坑孔深度。例如,地下洞室和管道工程,勘探坑孔应穿越洞底设计标高或管道埋设深度以下一定深度。

此外,还可依据工程地质测绘或物探资料的推断来确定勘探坑孔的深度。在勘探坑孔施工过程中,应根据该坑孔的目的和任务而决定是否终止,切不能机械地执行原设计的深度。例如,为研究岩石风化分带目的而施工的坑孔,当遇到新鲜基岩时即可终止。

7.3.5　勘探手段的选择和施工顺序

7.3.5.1　勘探手段的选择

勘探是工程地质勘察的重要方法,是获取深部地质资料必不可少的手段。勘探工作必须在调查测绘的基础上进行,其主要手段有:

(1) 挖探

① 坑探

坑探主要用来查明覆盖层的厚度和性质、滑动面、断层、地下水位及采取原状土样等。

② 槽探

槽探适用于基岩覆盖层不厚的地方,常用来追索构造线,查明坡积层、残积层的厚度和性质,揭露地层层序等。

(2) 简易钻探

① 小螺纹钻勘探

小螺纹钻勘探是指人工加压回转钻进,适用于黏性土和亚砂土地层,可取扰动土样。钻探深度小于 6 m。

② 钎探

钎探指用钎具向下冲入土中,常用来查明黄土陷穴、沼泽、软土的厚度及基底的坡度等。探深可达 10 m。

③ 洛阳铲勘探

洛阳铲勘探借助铲的重力冲入土中,钻成直径小、深度大的圆孔,同时可采取扰动土样。钻探深度一般可达 10 m,黄土层可达 30 m。

(3) 钻探

钻探是广泛采用的一种重要的勘探手段,它可以获得深部地层的可靠地质资料。

① 冲击钻进

冲击钻进分为人力冲击和机械冲击两种方法,适用于杂填土、黏性土层、黏土夹砾石、砂层、砂砾石层及卵石层等地层钻进,施工时可根据使用的设备合理选用。

② 回转钻进

回转钻进是利用钻机回转器或孔底动力机具转动钻头来破碎孔底岩石的钻进方法。它适用于在各类地层钻进各种角度、不同深度和口径的钻孔,是常用的钻进方法,主要有人力回转钻进和机械回转钻进两种。

人力回转钻进一般采用螺旋钻和勺钻,适用于浅孔的黏性土层和砂质黏土层钻进与采取扰动土样。

机械回转钻进适用于第四纪覆盖层和基岩地层钻进,是目前工程地质钻探常用的钻进方法。根据岩石可钻性、研磨性、完整程度、工程要求以及技术经济合理性,可分别采用不同的钻进方法与工艺。

③ 冲击回转钻进

冲击回转钻进是在钻头已承受一定静载荷的基础上,以纵向冲击力和回转切削力共同破碎岩石的钻进方法。早年的雏形为手持钎杆人工锤击凿岩,而后发展为两大类冲击回转钻进机构:一类是顶驱式,即在钻(钎)杆顶部用风动、液动或电动机构实现冲击,并同时回转钻(钎)杆;另一类是潜孔式,即以液压力或气压力驱动靠近孔底的冲击器,产生冲击载荷,同时由地面机构施加轴向压力和回转扭矩。前者因通过钻(钎)杆传递冲击能,孔深受到限制;而后者(也称潜孔锤)钻孔速度快,可以钻更深的孔。

冲击回转钻进最适用于粗颗粒的不均质岩层,在可钻性Ⅵ~Ⅷ级、部分Ⅸ级的岩石中,钻进效果尤为突出。近几年来,冲击回转钻进不仅应用于硬质合金钻进,还应用于金刚石钻进和牙轮钻进,所以,它既可钻进较软的岩层,又可钻进坚硬的岩层。冲击回转钻进应用于小口径金刚石钻进,不仅可提高钻进效率和钻头寿命,而且还可克服裂隙地层的"堵心",坚硬致密地层的"打滑",及某些地层的孔斜等问题。同时,在岩土工程的大口径施工中也有用武之地。

④ 振动钻进

振动钻进是工程地质勘察钻进中效率很高的一种钻进方法。振动钻进一般适用于浅孔(多在 20 m 以内)和松软岩土,并可用于起下套管和处理卡钻、夹钻事故。振动钻进的实质是用振动器带动钻杆和钻头产生周期性激振力,除了地表振动器和钻具对地层产生垂直静载外,还有钻具高频冲击振动所产生的动载,使周围岩层或土壤也产生振动。由于振动频率较高,岩层或土壤强度降低,在钻具和振动器自重及动载的联合作用下,使钻头吃入岩土层,从而实现钻进。在机械振动钻进中,目前应用最广泛的是双轴双轮振动器。

振动锤钻进一般采用无阀管钻,根据工程口径要求,其岩芯管可用直径为 89~168 mm 的无缝钢管制成,长度 1.5~2.5 m,管的轴向侧面开有 1~2 个窗口,长度一般为 500~700 mm,总宽度为岩芯管本体直径的 0.6~3.0 倍。黏性差的土层,窗口宽度小些,反之窗口宽度大些。管靴上部通过丝扣与岩芯管连接,下部有刃口,刃口锥度角为 10°~200°,并经淬火处理,管靴外径应比岩芯管外径大 24 mm,内径则应比岩芯管内径小 2~4 mm。

7.3.5.2 勘探工程的合理施工顺序

勘探工程的合理施工顺序,既能提高勘探效率,取得满意的成果,又可节约勘探工作量。为此,在勘探工程总体布置的基础上,须重视和研究勘探工程的施工顺序问题,即全部勘探工程在空间和时间上的发展问题。

一项建筑工程,尤其是场地地质条件复杂的重大工程,需要勘探解决的问题往往较多。由于勘探工程不可能同时全面施工,所以必须分批进行。这就应根据所需查明问题的轻重主次,同时考虑到设备搬迁方便和季节变化,将勘探坑孔分为几批按先后顺序施工。

先施工的坑孔,必须为后继坑孔提供进一步地质分析所需的资料。所以在勘探过程中应及时整理资料,并利用这些资料指导和修改后继坑孔的设计和施工。因此,选定第一批施工的勘探坑孔是具有重要意义的。

根据实践经验,第一批施工的坑孔应为:对控制场地工程地质条件具有关键作用和对选择场地有决定意义的坑孔;建筑物重要部位的坑孔;为其他勘察工作提供条件,而施工周期又比较长的坑孔;在主要勘探线上的坑孔。考虑到洪水的威胁,在枯水期应尽量先施工水上或近水的坑孔。由此可知,第一批坑孔的工程量是比较大的。

7.4 工程勘察原位测试

试验是工程地质勘察的重要环节,是对岩土的工程性质进行定量评价的必不可少的方法,是解决某些复杂的工程地质问题的主要途径。

7.4.1 土体原位试验

土体的原位试验是指通过现场的各种测试手段确定土体力学性质指标,主要有载荷试验、钻孔旁压试验、原位十字板剪切试验、静力触探试验和标准贯入试验,每个试验都有各自的特点和适用条件,下面分别介绍。

7.4.1.1 载荷试验

（1）目的

载荷试验的目的是研究地基土体在天然状态下的压缩变形特征,测定地基土体的变形模量(E_0),确定地基的容许承载力[R]。

载荷试验是一种大型模拟试验,在松软土地区进行大型建筑工程地质勘察时常常使用,尤其是在过去建筑经验较少的地区,更需进行载荷试验(图 7.10)。试验的具体位置一般布置在设计建筑荷重较大和建筑结构对地基变形要求较高的部位,或土体中具有不均匀和软弱土层的典型地段。

(a)   (b)

图 7.10 载荷试验

（2）原理

通过对放置在地基土表面上的方形（或圆形）承压板上逐级施加荷载,观测各级荷载下沉降量随时间的变化,逐级达到稳定为止,这样就测得各级荷重压力（p）相应的稳定沉降量（S）,以此绘制压力与沉降量的关系曲线（p-S）和沉降量随时间变化的 S-t 关系曲线,如图 7.11 所示。

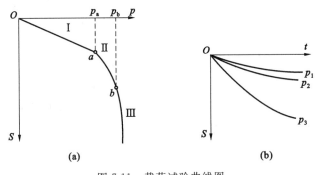

(a)   (b)

图 7.11 载荷试验曲线图

(a) p-S 曲线;(b) S-t 曲线

p_a—临塑荷载;p_b—极限荷载;Ⅰ—压密阶段;Ⅱ—变形阶段;Ⅲ—破坏阶段

（3）试验的装置

载荷试验的装置由沉压板、加荷装置和沉降观测装置等部分组成。其中沉压板一般为方形或圆形板;加荷装置包括压力源、载荷台架或反力架;加荷方式可采用重物加荷和油压千斤顶反压加荷两种方式;沉降观测装置有百分表、沉降传感器和水准仪等。

（4）应用

① 计算土的变形模量（E_0）

一般选用 p-S 关系曲线的直线段,用下式计算 E_0 值:

$$E_0 = (1-\mu^2)\frac{p}{S \cdot d} \tag{7.1}$$

式中 p——承压板上的总荷载（kPa）;

       S——与荷载 p 相应的沉降量（cm）;

       μ——土的泊松比;

d——按承压板面积(F)换算的相应圆面积的直径(cm),按下式计算:

$$d = 2\sqrt{\frac{F}{\pi}}$$ (7.2)

② 确定地基承载力

按下述方法确定地基承载力:

a.当 p-S 曲线上有明显的比例界限时,取该拐点所对应的荷载值;

b.当极限荷载 p_b 能够确定,且该值小于对应的临塑荷载 p_a 的 2 倍时,取极限荷载值的一半;

c.不能按上述两点确定时,如承压板面积为 0.25~0.50 m²,对于低压缩性土和砂土,可取 $S/b = 0.01 \sim 0.015$ 所对应的荷载;对于中高压缩性土,可取 $S/b = 0.02$ 所对应的荷载,但其值不应大于最大加载量的一半。

静力载荷试验时,同一土层参加统计的试验点不应少于三点,当试验实测值的极差不超过平均值的 30% ,取此平均值作为该土层地基承载力特征值 f_{ak}。

7.4.1.2 钻孔旁压试验

钻孔旁压试验是将旁压器安置在钻孔中,通入高压水使旁压器向孔壁施加水平压力,孔壁土体发生变形,测量压力与孔壁土体的变形,绘出压力-变形曲线,并据此求得地基承载力(图 7.12)。

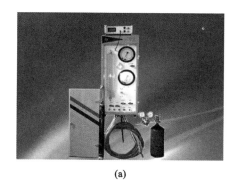

(a)   (b)

图 7.12 钻孔旁压试验

(a)钻孔旁压试验仪;(b)钻孔旁压施工现场

(1)试验目的

① 测定地基土体的变形模量(E_0);

② 确定地基的容许承载力$[R]$。

(2)基本原理

利用高压气体使量管中的水注入钻孔中的旁压器里,使其因增压膨胀而对孔壁施加侧向压力,引起孔壁土体产生变形,其大小由量管中水位的变化值反映出来。通过逐级加荷,并观测相应量管中的水位降,据此绘制压力与水位降的关系曲线。它与载荷试验结果的 p-S 曲线相似,同样反映出随压力变化土层的变形特征。用曲线上直线段终点相应的压力作为该土层的承载力$[R]$,并可按下式计算土层的变形模量(E_0):

$$E_0 = m(1 - \mu^2)\frac{p_a}{S - S_0}r^2$$ (7.3)

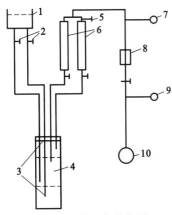

图 7.13　旁压仪结构图
1—水箱；2—开关；3—辅助套筒；
4—测量套筒；5—放气阀；6—测管；
7—输出压力表；8—调压阀；
9—输入压力表；10—气源

（3）试验仪器与主要设备

旁压仪有他钻式和自钻式两种，主要由旁压器、量测系统、加压系统等三部分组成，如图 7.13 所示。

旁压器是由三段互相隔离的套筒（直径为 52 mm）及弹性膜组成，上下两端为辅助套筒，其作用是使中段量测套筒的周围土体受压均匀，把复杂的空间问题简化为平面问题。

量测系统主要由压力表、测管、开关等组成。加压系统主要由高压氮气瓶或高压气筒、稳压气罐、调压阀等组成。此外，尚有适用于软岩的钻孔旁压仪。

① 准备工作

试验前，必须进行弹性膜约束力校正工作和旁压器及其他受压结构系统的综合变形校正工作，以便资料整理时予以扣除。

② 加压

首先把旁压器垂直提高到与测量套筒中点与测管刻度处持平，使水位下降到零时关闭调压阀，此时测量套筒不仅不受静水压力，而且其弹性膜处于不膨胀状态。仪器调零后，把旁压器下放到钻孔中预定测试深度。打开测管阀，使旁压器内产生静水压力，该压力即为第一级压力。再通过调压阀给出所需的试验压力，按稳定标准进行逐级加压。

③ 观测与读数

各级压力下观测水位降的时间：

a.对一般黏性土每 1 min 测读一次；

b.对饱和软黏土不少于 1.5 min 测读一次；

c.连续三次测读水位降的数值差不大于 0.1 mm 时，即认为该级压力下的水位降已达到相对稳定，然后方可施加下一级压力。

④ 结束试验

根据试验土层的性质和稠度状态，按预计其极限荷载的 1/10，不等间距地划分十个左右加压等级，其中初始各加荷等级的间距应小些，以后可适当放宽。

当某级压力下水位降明显增大或测管水位下降总值超过 35 cm 时，可认为土体已发生破坏，试验则可结束。

（4）资料的整理与应用

① 资料的整理

a.计算静水压力

静水压力是指自旁压器测量套筒的中点至量管水面垂直距离水柱产生的压力。当测试深度内有地下水时，则从地下水面算起。

按下式计算静水压力值（H）：

$$H = (h_1 + h_2)\gamma_w \tag{7.4}$$

式中　h_1——地面至量管中水面的高度（m）；

h_2——地面至测量套筒中点的距离或地下水埋深(m);

γ_w——水的重度。

b.计算作用于土体的各级实际压力(p)

$$p = p' + H - p_f \tag{7.5}$$

式中 p'——试验时施加的每级压力(kPa);

p_f——弹性膜约束力(kPa);

其他符号含义同前。

c.绘制 p-S 曲线(各级压力与相应水位间的关系曲线)。

② 成果应用

a.计算变形模量(E_0)

利用式(7.3)来计算变形模量值。

b.确定地基的容许承载力$[R]$

地基的容许承载力$[R]$与土的性质有关：对于均质土,可根据 p-S 曲线,以临塑荷载 p_a 作为地基的容许承载力$[R]$。

7.4.1.3 原位十字板剪切试验

(1)试验目的与基本原理

① 试验目的

原位十字板剪切试验是在钻孔中进行的,其目的是测定饱水软黏土的抗剪强度(图 7.14)。

② 基本原理

以原位十字形板头压入孔底需测定的土层中,通过在孔口地面上施加扭力,使十字板在土层中做等速转动,并把土体切出一个圆柱状的表面。根据已建立的扭力与土抗剪强度间的数学关系式,计算出地基土的抗剪强度(图 7.15)。

图 7.14 原位十字板剪切试验现场

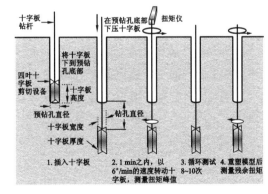

图 7.15 试验原理

③ 使用条件

a.适用的土层

由于饱水软黏土取样困难,易受扰动和改变天然应力状态,因此,室内试验结果的可靠性很差,其数值比十字板剪切试验值小 50%～100%。对于正常饱和软黏土,原位十字板剪切试验能够反映出软黏土的天然强度随深度而增大的规律。尤其是对于结构性较强的高塑性软土更显得突出,因此,在沿海软土分布地区常采用原位十字板剪切试验。

b.不适用的土层

(a) 含有砂层、砾石、贝壳等成分的软黏土;

(b) 含有粉砂夹层的软黏土。

在这些土层中,其测定结果往往偏大。故须先通过一定勘探工作,弄清地基中土体结构和岩性特征之后,再慎重决定是否采用本法。

④ 假设条件

　　(a)　　　　　　　　(b)

图 7.16　十字板剪切仪

原位十字板剪切试验的最大测试深度一般为 30 m。其试验结果是以假定土的内摩擦角等于 0°时的凝聚力来表示软黏土的抗剪强度的,是评定地基土体稳定性的重要数据。

(2) 仪器与主要设备

原位十字板剪切测试有两种方法:一种为钻孔十字板剪切测试,另一种为电测十字板剪切测试。其所用设备有所不同,下面分别叙述。

① 钻孔十字板剪切测试

a.设备

主要由十字板头、测力装置和导向传力装置三部分组成。

十字板头是由厚 3 mm 的长方形钢板呈十字形焊接于一根轴杆上(图 7.16),其规格、大小各不相同,可视土层的塑性状态而选用。

测力装置是仪器的主要部分,目前使用的有应力钢环测力装置和电阻应变式测力装置两种。由于后者的灵敏度比前者的高,故为目前较理想的一种测力装置。

导向传力装置是通过直径为 20 mm 的转轴杆把扭力传到十字板头上,而导轮和导杆只对轴杆起导向作用。轴杆与十字板头的连接方式有套筒式、牙嵌式和离合式三种。

b.测试方法

(a) 成孔

采用回旋钻进,并以旋转法下套管至预定试验深度以上 75 cm,然后用提土器清孔底,直到孔内残存扰动土的厚度小于 15 cm 为止。

(b) 试验

ⓐ 将十字板头徐徐压入土中,以约每 10 s 一转的速率旋转,每转一圈记录测力读数一次,要求在 3~10 min 内达到土柱剪坏前的最大扭力值,此读数即为使原状土体剪损的总作用力(P_0)值。

ⓑ 继续以同样速率旋转,待测力读数逐渐低到不再减小时,此值即为重塑土的总作用力(P_0')。

216

ⓒ 使连接轴杆与十字板的离合齿分离,再以同样速率旋转,则可测得轴杆与土体间的摩擦阻力及设备的机械阻力值 f_0。

c.资料整理

（a）计算原状软土的不排水抗剪强度（C_u）

$$C_u = R_0 (P_0 - f_0) \tag{7.6}$$

式中 P_0——土柱被剪损时的总作用力（N）；

$\quad f_0$——轴杆与设备的机械阻力（N）；

$\quad R_0$——十字板常数（cm^{-2}）。

$$R_0 = \frac{2R}{\pi D^2 \left(\dfrac{D}{3} + H \right)} \tag{7.7}$$

式中 R——转盘半径（cm）；

$\quad D, H$——十字板头的直径及高度（cm）。

（b）计算重塑土不排水抗剪强度（C_u'）

$$C_u' = R_0 (P_0' - f_0) \tag{7.8}$$

式中,P_0' 为重塑土剪损时的总作用力（N）；其余符号含义同前。

（c）绘制抗剪强度随试验深度的变化曲线。

（d）计算土的灵敏度（S）

$$S = \frac{C_u}{C_u'} \tag{7.9}$$

② 电测十字板剪切测试

电测十字板剪切测试在软土地区应用极广,也不用钻机配合,可独立测试。

a.设备

主要由压入主机、十字板头、扭力传感器、量测扭力仪表和施加扭力装置组成。

b.测试方法

测试方法包括十字板头扭力传感器的率定和正式测试两部分,详细测试方法可参阅参考文献[29]。

c.资料整理

在完成传感器率定和正式测试后,根据所获得的测试数据,按下式计算土的抗剪强度,即

$$C_u = 10 K \alpha R_y \tag{7.10}$$

$$C_u' = 10 K \alpha R_e \tag{7.11}$$

$$K = \frac{2}{\pi D^2 H (1 + \dfrac{D}{3H})} \tag{7.12}$$

式中 K——十字板头系数；

$\quad \alpha$——传感器率定系数；

R_y，R_e——原状土和重塑土剪切破坏时的最大读数值。

其他符号意义同钻孔十字板剪切测试。

（3）成果应用

以十字板剪切试验成果（C_u），按经验或半经验公式，用于估算地基容许承载力［R］，以及确定软土路堤的临界高度或极限高度等。

7.4.1.4 静力触探试验

（1）试验目的与原理

① 试验目的

通过静力触探试验进行场地土体分层，确定地基容许承载力，具体包括确定地基容许承载力［R］，求弹性模量（E_s）、变形模量（E_0），选择桩基的持力层，预估单桩承载力等。

② 试验的基本原理

静力触探是用静压力将一个内部装有阻力传感器的探头均匀地压入土中，由于土层的成分和结构不同，探头的贯入阻力各异，传感器将贯入阻力通过电信号和机械系统，传至自动记录仪，绘出随深度的变化曲线。根据贯入阻力与土强度间的关系，通过触探曲线分析，即可对复杂的土体进行地层划分，并获得地基容许承载力［R］、弹性模量（E_s）和变形模量（E_0）等指标；另外，还可据此选择桩基的持力层，预估单桩承载力等。

③ 不适用地层

对卵砾石和砾质土层不宜采用。

（2）仪器与主要设备

① 探头；

② 量测记录装置；

③ 压力传动装置；

④ 反力装置。

（3）试验技术要点与要求

使用电阻应变仪时，主要是通过电阻应变值随深度的变化来反映土体中各层的贯入阻力。首先，使探头在地表下 0.5 m 中处于不受压状态，并使其温度与地温基本一致，此时测读其电阻应变值，即初读数（ε_0）。然后连续均匀地按 0.5～1 m/min 的速度贯入探头，测记各深度的应变值，则可绘出电阻应变值随深度的变化曲线。

使用自动记录仪时，仪器经预热后，调整工作电压，既要考虑土层软硬情况，也要防止笔头所画的曲线超过记录纸宽度，并使探头处于不受压状态并与地温一致。然后，将笔头重新调零，再按 0.5～1 m/min 的速度贯入探头，则可得贯入阻力随深度的变化曲线。

（4）资料的整理与成果的应用

① 资料的整理

a.人工记录

采用电阻应变仪时，按下式计算任一深度的应变量（ε），以消除初读数的影响：

$$\varepsilon = \varepsilon_i - \varepsilon_0 \tag{7.13}$$

式中 ε_i——探头压入任一深度时的读数；

ε_0——初读数。

根据应变量(ε),按率定曲线换算成比贯入阻力 p_s(单桥探头),或按下式计算锥头阻力(q_c)及侧壁摩擦力(f_s)(双桥探头):

$$q_c = \alpha_1 \varepsilon_q, \quad f_s = \alpha_2 \varepsilon_f \tag{7.14}$$

式中　α_1, α_2——用应变仪率定成锥头传感器及侧壁传感器的率定系数;

$\varepsilon_q, \varepsilon_f$——锥头传感器及侧壁传感器的应变量。

b.自动记录

采用自动记录仪时,自动记录仪绘制出的贯入阻力随深度变化曲线,就是土体中各土层力学性质的柱状图,只需在其纵、横坐标上绘制比例尺,就可在图上直接量出 p_s 或 q_c、f_s 值的大小。

c.按下式计算各同一深度的侧壁摩擦力和锥头阻力的比值,称摩阻比(n),以百分数表示:

$$n = \frac{f_s}{q_c} \times 100\% \tag{7.15}$$

② 成果的应用

a.划分土层及绘制其剖面图;

b.利用各指标间的数理统计经验公式;

c.估算单桩极限承载力;

d.检验地基处理效果,静力触探可用以检验压实填土的密实度的均匀程度,其优点是迅速和经济;

e.判别饱和砂土和饱和粉土的地震液化。

7.4.1.5　标准贯入试验

标准贯入试验实质上仍属于动力触探类型之一,所不同的是其触探头不是圆锥形探头,而是标准规格的圆筒形探头(由两个半圆管合成的取土器,称之为贯入器)。因此,标准贯入试验就是利用一定的锤击动能,将一定规格的对开管式贯入器打入钻孔孔底的土层中,根据打入土层中的贯入阻力来评定土层的变化和土的物理力学性质。贯入阻力用贯入器贯入土层中的 30 cm 的锤击数 $N_{63.5}$ 表示,也称标贯击数。

标准贯入试验开始于 20 世纪 40 年代,在国外有着广泛的应用,在我国也于 1953 年开始应用。标准贯入试验结合钻孔进行,国内统一使用直径 42 cm 的钻杆,国外也有使用直径 50 cm 或 60 cm 的钻杆。标准贯入试验的优点:操作简单,设备简单,土层的适应性广,而且通过贯入器可以采取扰动土样,对土样进行直接鉴别描述和有关的室内土工试验,如对砂土做颗粒分析试验。本试验对不易钻探取样的砂土和砂质粉土物理力学性质的评定具有独特的意义。

标准贯入试验的技术要求:

(1) 钻进方法

为保证贯入试验用的钻孔的质量,采用回转钻进,当钻进至试验标高以上 15 cm 处,应停止钻进。为保持孔壁稳定,必要时可用泥浆或套管护壁。如使用水冲钻进,应使用侧向水冲钻头,不能用向下水冲钻头,以使孔底土尽可能少地扰动。扰动直径为 63.5～150 cm,钻进时应注意以下几点:

① 仔细清除孔底残土到试验标高。

② 在地下水位以下钻进或遇承压含水砂层时,孔内水位或泥浆面应始终高于地下水位足够的高度,以减少土的扰动;否则会产生孔底涌土,降低 $N_{63.5}$ 值。

③ 当下套管时,要防止套管下过头或套管内的土未清除;贯入器贯入套管内的土使 $N_{63.5}$ 值急增,不能反映实际情况。

④ 下钻具时要缓慢下放,避免松动孔底土。

(2) 标准贯入试验所用的钻杆应定期检查,钻杆相对弯曲应小于 1/1000,接头应牢固,否则锤击后钻杆会晃动。

(3) 标准贯入试验应采用自动脱钩的自由落锤法,并减少导向杆与锤间的摩阻力,以保持锤击能量恒定,因其对 $N_{63.5}$ 值影响极大。

(4) 进行标准贯入试验时,先将整个杆件系统连同静置于钻杆顶端的锤击系统一起下到孔底,在静重下对贯入器的初始贯入度需做记录。如初始贯入试验,$N_{63.5}$ 值记为零。标准贯入试验分两个阶段进行:

a.预打阶段　先将贯入器打入 15 cm,如锤击已达 50 击,贯入度未达 15 cm,则记录实际贯入度。

b.试验阶段　将贯入器再打入 30 cm,记录每打入 10 cm 的锤击数,累计打入 30 cm 的锤击数即为标贯击数 $N_{63.5}$。当累计数已达 50 击(国外也有定为 100 击的),而贯入度未达 30 cm 时,应终止试验,记录实际贯入度 S 及累计锤击数 n,并按下式换算成贯入 30 cm 的锤击数 $N_{63.5}$:

$$N_{63.5} = 30n/\Delta S \tag{7.16}$$

式中　n——所选取的任意贯入击数(次);

　　　ΔS——与 n 相对应的贯入量(cm)。

(5) 标准贯入试验可在钻孔全深度范围内等距进行,间距为 1.0 m 或 2.0 m。也可仅在砂土、粉土等预试验的土层范围内等间距进行。

7.4.2　岩体原位试验

7.4.2.1　岩体变形特性静力法(静弹模)试验

(1) 试验目的与基本原理

① 意义

在较小的荷载作用下,岩体应力与应变关系曲线近似于直线,表现为弹性体。

用静力法测定岩体的弹性模量,其大小说明岩体的变形特性,为修建在岩体上或岩体中的大型工程建筑物提供了设计依据。特别是对大型水工建筑物的天然地基、有压隧洞等,岩体的变形参数更具有特殊的重要意义。

② 目的

影响岩体变形的因素较多,各类岩体的变形特性差别也较大。但在逐级循环加荷条件下,各类岩体的总变形量中,均包括因结构面压缩而产生的永久变形和岩石产生的弹性变形两部分,故本试验的结果可得到变形模量 E_0 和弹性模量 E_s 两个变形指标。

③ 分类

根据试验点的位置和加荷方式的不同,静力法又可分为:

　　a.承压板载荷试验;

　　b.水压洞室试验;

　　c.狭缝试验;

　　d.钻孔变形试验等。

它们的基本原理是相同的,操作技术也大同小异,故这里只重点介绍常用的承压板载荷试验。由于它与土体载荷试验一样,加荷的反力较大,因而一般是在勘探平硐中进行。

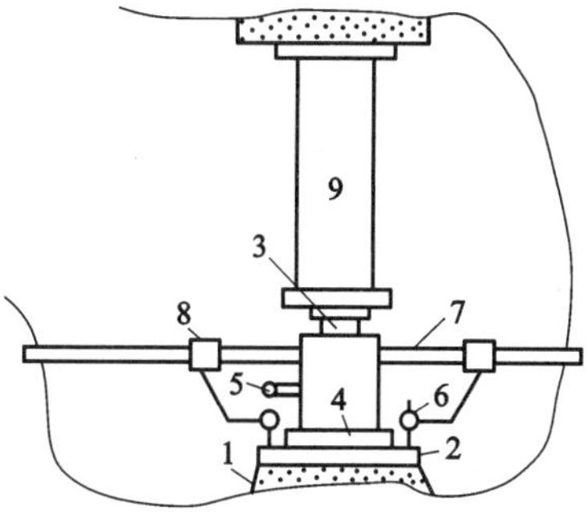

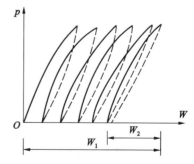

图 7.17　承压板载荷仪装置
1—水泥砂台;2—承压板;3—岩体试件;
4—千斤顶;5—压力表;6—千分表;
7—U 形钢梁;8—磁性表架;
9—传力柱

（2）仪器与主要设备

承压板载荷仪装置主要由加压系统、传力系统、量测系统等三部分组成,如图 7.17 所示。

加压系统包括液压千斤顶或压力钢枕、油泵、高压胶管及快速接头;传力系统包括传力柱、承压板等;量测系统包括压力表、千分表、磁性表架等。

（3）试验技术要点及要求

① 试验准备

在平硐中选择具有代表性的试样位置,其周边距洞壁的距离不小于承压板直径的 1 倍。试件表面经整平后浇筑薄层水泥砂浆,把承压板平压于其上,待养护后达到强度。

② 加荷

试验的最大荷载应等于拟建建筑物设计压力的 1.2 倍,但一般不超过岩石强度的比例极限,并按 5～10 级等分取整法确定级压力的大小,然后根据需要可选用连续循环加/卸荷法或逐级一次（或多次）循环加/卸荷法进行,待一级荷载变形稳定后施加下一级荷载。

③ 读数

加荷（或卸荷）后即测读变形量一次,以后每隔 10 min 测读一次,当千分表相邻两次变形读数之差（ΔW）与同级压力的第一次变形读数和前一级压力的最后一次变形读数差（W）的比值（$\Delta W/W$,绝对值）小于 5%时,则认为变形稳定。

（4）资料整理及成果应用

① 资料整理

绘制压力（p）与变形（W）关系曲线,如图 7.18 所示。

② 成果应用

按布西涅斯克公式计算变形模量（E_0）和弹性模量（E_s）：

图 7.18　一级多次循环加荷岩体变形曲线
（实线为加荷,虚线为卸荷）
W_1—总变形量;W_2—弹性变形量

$$E_0 = pb(1-\mu^2)\omega/W_1 \tag{7.17}$$

$$E_s = pb(1-\mu^2)\omega/W_2 \tag{7.18}$$

式中　p——承压板单位面积上的力($\times 10^5$ Pa);

　　　b——承压板的直径(或边长)(m);

　　　μ——泊松比;

　　　W_1——岩体的总变形量(永久变形与弹性变形之和)(m);

　　　W_2——岩体的弹性变形量(m);

　　　ω——与承压板形状有关的刚度系数(圆形取 0.79,方形取 0.88)。

7.4.2.2　岩体抗剪试验

(1)试验目的与基本原理

① 试验目的

岩体破坏的主要形式是剪切破坏。岩体的抗剪强度主要取决于岩石的性质、风化程度和结构面的特性及其组合等。通过试验,可获取评价坝基、地下洞室围岩以及岩质边坡等稳定性所必需的参数。

② 基本原理

岩体抗剪强度的测定方法及其基本原理与室内岩块抗剪试验相似,但由于岩体的特殊性,其抗剪试验方法有三种,故相应地得到三种抗剪强度:

a.抗剪断强度　当岩体试件中没有破裂结构面时,在任一法向应力作用下,岩体能抵抗破坏的最大剪应力称为抗剪断强度,即

$$\tau = \sigma\tan\varphi + c \tag{7.19}$$

b.抗剪强度或摩擦强度　若岩体试件中存在未胶结的结构面(如断层、节理等),则在任一法向应力作用下,结构面抵抗破坏的最大剪应力称为抗剪强度或摩擦强度,即

$$\tau = \sigma\tan\varphi \tag{7.20}$$

c.抗切强度　若岩体试件上的法向应力等于零,则岩体抵抗破坏的最大剪应力称为抗切强度,即

$$\tau = c \tag{7.21}$$

(2)仪器与主要设备

仪器设备主要由加荷系统、传力系统和测量系统三部分组成。岩体抗剪试验装置如图 7.19 所示。

其中,加荷系统包括油泵和千斤顶;传力系统包括传力柱、滚轴组和钢垫板;测量系统包括压力表、千分表及磁性表架等。

(3)试验技术要点与要求

① 试验准备

在平硐中首先选择岩性、结构、风化程度等主要地质特征具有相似性的典型地段,其长度应能满足制作五个以上试件;各试件受力的大小和方向与裂隙相对位置等,应尽量接近工程实际的工作条件,选用的法向应力一般稍大于设计法向应力。

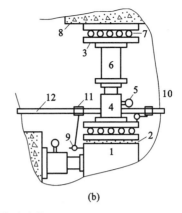

(a)   (b)

图 7.19　岩体抗剪试验装置

1—岩体试件；2—水泥砂浆；3—钢垫板；4—千斤顶；5—压力表；6—传力柱；

7—滚轴组；8—混凝土；9—千分表；10—围岩；11—磁性表架；12—U 形钢梁

同一组试件不少于 5 块，各试件的尺寸、面积一般不小于 70×70 cm^2，试件高度一般采用断面线性尺寸的 $0.5 \sim 0.8$ 倍，各试件的间距应大于试件边长的 1.5 倍，以免受相邻试件变形的影响。剪切方法与室内剪切试验相同。

② 试验

单点法剪切试验适用于中小工程，它是在一个试件上进行五次试验，其要点是：

首先把稍大于设计的平均法向应力均分为五个整数等级。当前一级法向应力的剪切变形量（或速度）出现明显增大的趋势时，则施加下一级法向应力，但须保证在最后一级法向应力下把试件剪切到完全破坏。

（4）资料整理与成果应用

分别绘制位移与剪应力关系曲线和正应力与剪应力关系曲线，从而求得抗剪强度参数 c 和 φ 值。

7.4.2.3　点荷载试验

（1）试验目的

测定岩石点荷载强度，作为岩石强度分级的指标之一。也可以推测与其有关的其他强度参数，如单轴抗压强度和抗拉强度。

（2）试验方法

采用未经加工的岩石试件，在点荷载仪（图 7.20）上施加集中压缩载荷至试件压裂破坏，点荷载试验仪器包括：

① 加载系统　由摇式油泵、承压框架、球端圆锥状压板组成。油泵出压力一般约为 50 kN；加载框架应有足够的刚度，要保证在最大破坏荷载反复作用下不产生永久性扭曲变形；圆锥状压板球面曲率半径为 5 mm，圆锥的顶角为 60°，采用坚硬材料制成。点荷载试验示意图如图 7.21 所示。

图 7.20　点荷载仪

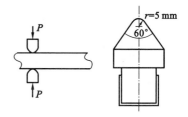

图 7.21　点荷载试验示意图

② 油压表　量程约为 10 MPa,其测量精度应保证达到破坏荷载读数(P)的 2%,整个荷载测量系统应能抵抗液压冲击和振动,不受反复加载的影响。

③ 标距测量部分　采用 0.2 mm 刻度钢尺或位移传感器,应保证试件加荷点间的测量精度达±0.2 mm。

④ 卡尺或钢卷尺。

⑤ 地质锤。

（3）操作步骤

① 试件制备

a.试件分组:将肉眼可辨的、工程地质特征大致相同的岩石试件分为一组,如果岩石是各向异性的(如层理、片理明显的沉积岩和变质岩),还应再分为平行和垂直层理加荷的两组,每组试件约需 15 块。

b.本试验可用岩芯样,以及规则或不规则岩块样,对不同形状试件的尺寸要求如下:岩芯径向试验,试件的径长比应大于 1.0;轴向试验,试件的径长比应小于或等于 1.0;不规则岩块样,其长(L)、宽(W)、高(h)应尽可能满足 $h \leqslant W \leqslant L$,试件高度($h$)一般控制在 0.5～10 cm,使之能满足试验仪器加载系统对试件尺寸的要求。另外,试件加荷点附近的岩面要修平整。

c.根据试验要求对试件进行烘干或饱水处理。其中烘干试件是在 105～110 ℃下烘干 12 h;饱水试件是先将试件逐步浸水,按试件高的 1/4、1/2、3/4 及 1 等份将试件全部浸入水中(如试件高度很小,允许按 1/2、1 等份浸水)6 h,自由吸水 48 h,然后用煮沸法或真空抽气法使试件饱和。

② 描述试件

描述内容:除岩性外,重点应对其结构构造特征(如颗粒粗细,排列以及节理、层理等发育特征)及风化程度等进行描述。

③ 试件尺寸粗测

对岩芯样及规则样,分别量测各试件的长(L)、宽(W)、高(h)的尺寸;对不规则岩块样,可过试件中心点测量试件的长(L)、宽(W)、高(h)的尺寸。

④ 安装试件

试件安装前,先检查试验仪器的上、下两个加荷锥头是否准确对中,然后将试件放置在试验仪中,摇动手摇油泵升起下锥头,使加荷锥头与试件的最短边方向(即 h 方向)紧密接触,注意让接触点尽量与试件中心重合。若需要测定结构面(层理、片理、节理等)的强度,则应确保两加荷点的连线在同一结构中。

⑤ 加荷

试件安装后,调整压力表指针到零点,在 $10\sim60\ \text{s}$ 内以能使试件破坏(相当于每秒 $0.05\sim0.1\ \text{MPa}$)的加荷速度匀速加荷,直到试件破坏,记下破坏时的压力表读数(F)。

⑥ 描述试件破坏的特点

正常的试件破坏面应同时通过上、下两个加荷点,如果破坏面只通过一个加荷点,便产生局部破坏,则该次试验无效,应舍弃。破坏面的描述还应包括破坏面的平直或弯曲等情况。

⑦ 破坏面尺寸测量

试件破坏后,须对破坏面的尺寸进行测量,测量的尺寸包括上、下两加荷点间的距离(D)和垂直于加荷点连线的平均宽度(W_f),其方法如图 7.22 所示,图中分岩芯径向试验、岩芯轴向试验和不规则块体试验三种情况说明了 D 和 W_f 的测量方法,测量误差不超过 $\pm0.2\ \text{mm}$。

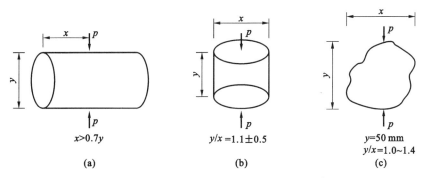

图 7.22 点荷载试验对试件形状和尺寸的要求

(a)岩芯径向试验;(b)岩芯轴向试验;(c)不规则块体试验

⑧ 重复试验

重复步骤③至⑦,对其余试件进行试验。

⑨ 计算及成果资料整理

a.计算试件破坏荷载

$$P=CF \tag{7.22}$$

式中 P——试件破坏时总荷载(N);

C——仪器标定系数(mm^2),为千斤顶的活塞面积,一般在各仪器的说明书中都有该仪器的标定系数供参考;

F——试件破坏时的油压表读数(MPa)。

b.计算试件的破坏面面积和等效圆直径的平方值

$$A_f=DW_f \tag{7.23}$$

$$D_e^2 = \frac{4A_f}{\pi} \tag{7.24}$$

式中　A_f——试件的破坏面面积（mm²）；

$\quad\quad D$——在试件破坏面上测量的两加荷点之间的距离（mm）；

$\quad\quad W_f$——试件破坏面上垂直于加荷点连线的平均宽度（mm）；

$\quad\quad D_e$——等效圆直径（mm），为面积与破坏面面积相等的圆的直径。

c.计算岩石试件的点荷载强度

$$I_s = \frac{P}{D_e^2} \tag{7.25}$$

式中，I_s 为试件点荷载强度（MPa），其余符号意义同前。

d.求平均值

当测得的点荷载强度数据在每组 15 个以上时，将最高值和最低值各删去 3 个；如果测得的数据较少，则仅将最高值和最低值删去，然后再求其算术平均值，作为该组岩石的点荷载强度。最后结果取至小数点后两位。

（4）试验报告内容

① 整理记录表格。

② 整理试件描述资料。

（5）注意事项

① 由于岩石点荷载强度一般都比较低，因此在试验中一定要控制好加荷速度，慢慢加压，使压力表指针缓慢而均匀地前进。

② 安装试件时，上、下加荷点应注意对准试件的中心，并使其加荷面垂直于加荷点的连线。

③ 在对软岩进行试验时，加荷锥头常有一定的嵌入度，因此，在测量加荷点距离 D 时，应将卡尺对准试件破坏面上加荷锥留下来的两个凹痕底进行量测。

7.4.2.4　回弹锤击试验

（1）基本原理

根据刚性材料的抗压强度与冲击回弹高度在一定条件下存在着某种函数关系的原理，利用岩体受冲击后的反作用，使弹击锤回跳的数值即为回弹值（R）。此值愈大，表明岩体愈富弹性、愈坚硬；反之，说明岩体软弱，强度低。

据研究，岩体回弹值（R）和岩体重度（γ）的乘积与岩体抗压强度呈线性关系，如图 7.23 所示，因此只要测得回弹值和重度，即可按图 7.23 求取岩体的抗压强度。

用回弹仪测定岩体的抗压强度具有操作简便及测试迅速的优点，是岩土工程勘察对岩体强度进行无损检测的手段之一。特别是在工程地质测绘中，使用这一方法能较方便地获得岩体抗压强度指标。

（2）仪器设备

① 回弹仪　如图 7.24 所示，回弹仪由弹击系统（包括冲击锤、弹簧和弹击杆）和量测系统组成。测试前应进行检查校验。

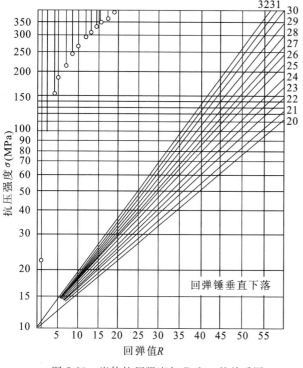

图 7.23 岩体抗压强度与 R 和 γ 的关系图

图 7.24 镀锌层锤击试验装置

② 其他 记录表、文具等。

（3）试验要点

① 在具有代表性的岩体表面，按岩体分别选择约 0.5 m² 的平整面干净的岩面（以能容纳均匀分布的测点 20 个左右为宜）作为一个测区，每种岩性的测区数不宜少于 10 个。各测区内测点间的间距应大于 3 cm，每个测点只测试一次。

② 以弹击杆垂直岩面对准测点中心，用力把弹击杆匀速压入仪器外壳内，直至冲击锤脱落而产生冲击回弹，记录其回弹值。

③ 重复施测所测点（一般约 20 个）。

④ 在施测岩体中取代表性岩杆，测定其重度。

（4）资料整理

将岩性、结构和风化程度等相近的各测点归并一组，把明显不合理的测定值舍去，要求每个测点参加的统计数不少于 16 个，计算其平均回弹值，然后据该值和其重度查图 7.23，求各测区岩体的抗压强度，并以平均抗压强度值作为岩体的抗压强度。

7.5 工程地质长期观测

工程地质长期观测是在长期观测站上观测工程地质条件的某些要素，如水文地质条件、物理地质作用以及各种工作地质作用等随时间变化的规律，了解其变化的过程和发展趋势，并用以预测和评价它们对工程建筑和地质环境的影响。

7.5.1 孔隙水压力观测

孔隙水压力对岩土体变形和稳定性有很大的影响,因此在饱和土层中进行地基处理和基础施工过程中以及研究滑坡稳定性等问题时,监测孔隙水压力很有必要。其具体监测目的如表 7.6 所示。

表 7.6 孔隙水压力监测目的

项　　目	监测目的
加载预压地基	估计固结度以控制加载速率
强夯加固地基	控制强夯间歇时间和确定强夯深度
预制桩施工	控制打桩速率
工程降水	监测减压井压力和控制地面沉降
研究滑坡稳定性	监控和治理

监测孔隙水压力所用的孔隙水压力计型号和规格较多,应根据检测目的、岩土的渗透性和监测期长短等条件选择,其精度、灵敏度和量程必须满足要求。

孔隙水压力监测点的布置视不同目的而异,一般是将多个压力计顺孔隙水压力变化最大的方向埋置,以形成监测剖面和监测网,各点的埋置深度可不相同,以能观测到孔隙水压力变化为准。压力计可采用钻孔法或压入法埋设:压入法只适用于软土;采用钻孔法时,当钻达埋置深度后先将孔底填入少量砂子,待置入测头后再在周围和上部填砂,最后用膨胀性黏土将钻孔全部严密封堵。由于埋设压力计时会改变土体中的应力和孔隙水压力的平衡条件,所以经过一定时间待其恢复原状后才能进行正式观测。

7.5.2 斜坡岩土体变形和滑坡动态观测目的

(1)进行预报

在滑坡、崩塌发生前对斜坡上岩土体变形的发展情况进行观测,以预报滑坡、崩塌的发生。

(2)提供整治依据

滑动后观测其动态及其与周围环境因素的关系,准确测定滑动带位置,为滑坡的整治提供可靠依据。

(3)信息化施工

在整治滑坡的过程中,监测滑坡的发展变化情况,预测其发展趋势,做出险情预报。

(4)检验整治效果

整治之后的观测目的则在于检验整治措施的效果,以及测定作用于抗滑结构上的土压力,以检验设计的正确性。

7.5.2.1 斜坡岩土体变形的观测

(1)斜坡岩土体失稳破坏的前兆

① 斜坡岩土体的失稳过程:斜坡岩土体的失稳破坏一般都不是突然发生的,破坏前总有

相当长时期的变形期。斜坡岩土体变形和滑坡如图 7.25 所示。

图 7.25　斜坡岩土体变形和滑坡

② 失稳破坏的信号:有些变形迹象可作为斜坡上部分岩土体即将失稳破坏的信号,例如斜坡上张裂缝的出现和不断扩大就是这样的信号。

③ 监测的时间:这种裂缝一旦出现,就应对它进行监测。

④ 监测的内容:包括增快的速度和向两端延伸的情况。

⑤ 失稳破坏的判别:如果拉开的速度突然增大,或裂缝外侧的岩土体出现显著的垂直下降位移或转动,则预示着该部分岩土体即将失稳破坏。

（2）斜坡岩土体失稳破坏监测方法

① 精确的监测方法

精确的监测方法是指重复测量固定于裂缝两侧的标桩,标桩按正方形的四个角埋置,裂缝的两侧各设两个。测量时即测正方形周边的变化,也测对角线的变化,以分别求出拉开和平移分量。同时,还应观测其垂直位移。

② 资料的整理

根据历次观测的结果,绘制出总位移和时间的关系曲线,并预测破坏的时间。

7.5.2.2　滑坡地面位移观测点的布置

（1）原理

用经纬仪重复测量观测线上各观测点的位移方向和距离,就可以精确地判定滑坡各部分的地面位移矢量及其随时间的变化情况。

（2）观测点布置形式

可按不同形式的观测线或观测网布置。

（3）观测点布置间距

观测点布置间距应能最有效地将滑坡各部分位移的不均匀性和方向性反映出来,因此在变形比较强烈和复杂部位的观测点应适当加密一些。

7.5.2.3　滑动面位置观测

准确地确定滑动面的位置是进行滑坡稳定性分析和整治的前提条件,但仅用钻探的方法往往难以达到目的。若配合滑动面的长期观测工作,则可以顺利地解决这一问题,特别是对于已经开始蠕动的滑坡,其效果更为显著。

目前最常用的观测方法,是在聚氯乙烯管上贴电阻应变片,然后将其埋置在穿过滑动面的钻孔中,观测由于滑动使管子产生的变形。滑动面上下岩土体的相对位移引起管子变形,使电阻应变片的电阻发生变化,通过测量电阻,找出电阻急剧变化带,即为滑动带。

7.5.3 地下建筑围岩变形及围岩压力观测

在对地下建筑物的设计和施工进行工程地质论证时,其中心问题就是评价和预测岩土体的稳定性,了解围岩压力的大小及其分布特征,以便对其进行控制。这决定着地下工程的开挖程序、支护的必要性,以及支护类型和强度的选择,从而确保地下工程的施工安全。

观测围岩变形和位移,可采用钻孔多点伸长仪。它不仅可以测出不同深度处围岩的位移量,而且还可以得出任意两点之间的相对位移量。根据观测资料可绘出变形梯度曲线,求出应力集中区的界面,绘出应力释放带。

围岩压力的分布及其随时间的变化也可以通过观测确定。沿支护的周边安置多个测力计,就可以观测围岩压力的分布。洞室开挖后,每隔一定时间进行一次观测,便可获得围岩压力随时间变化的资料。

7.5.4 建筑物沉降和变形观测

这是一项非常重要的工作,因为它可以最正确地判断建筑物地基岩土的变形性质及其在空间上的均质性和变异性。这类观测可以得出建筑物可能沉陷量的理论计算值,并对所采用的计算方法、计算因式、计算数据的可靠性得出结论。这类观测可以有力地证实有关建筑物的稳定性和所发生现象的危险性的结论。它们可为设计人员和建筑人员提供在建筑场地不同的地质条件下正确选择建筑物结构和建筑材料的资料。

根据已有的规范,基础地基的沉陷、湿陷和隆起的观测主要靠对专设水准点(埋设在建筑物上的测标)的重复水准测量。这种测量的精度,对于高级建筑物以及建在坚硬和半坚硬岩层上的建筑物来说,应为±1 mm;对于坐立在可压缩土层上的建筑物,应为±2 mm;而对于修建在堆土、湿陷性黄土、泥炭化以及其他高压缩性土层上的建筑物,则应为±5 mm。

水准点测标一般埋设在建筑物周边(某些情况下也可在其内部)大致同一高程处的墙壁、柱子和基础上,以及屋角、沉降缝两侧,纵横墙壁的搭接处,或按单元埋设。水准点要埋设在便于水准测量的地方,其间距通常为10~15 m。观测时要将所有水准点测标都和位于被观测建筑物以外的基准点连接起来。根据沉陷速度的不同,可每月、每季度观测一次,或间隔时间更短一些。

对于进行建筑物沉陷观测的地段,需要有其工程地质条件方面的详细资料。在地质剖面上应当标出基础埋置深度及其地基承受的作用荷载。

根据观测结果,计算建筑物沉陷量的最大值、最小值和平均值,确定沉陷的不均匀程度或均匀程度,倾斜和隆起的存在等,并与建筑标准、规范或建筑物设计中规定的该类建筑物的极限允许值进行比较。

在进行建筑物沉陷观测的同时,最好也观测其所有的变形——裂缝和断裂的出现及其扩展,以及其他形式的破坏和毁损,以便确定其危险程度。进行这类观测时要对变形做各种测量、素描和照相,要埋设或粘贴各种标记,并对所有变形都要进行详细描述。

7.6 工程地质勘察资料整理

岩土工程勘察的最终成果是编制勘察报告书和必要的附件。其内容包括图件的编制,岩土物理力学性质指标的整理,反演分析,工程地质分析评价及编写报告书等。

7.6.1 岩土物理力学性质指标的整理

在勘察中,必须对所得的大量岩土物理力学性质指标数据加以整理,才能取得有代表性的数值,并将其用于岩土工程的设计计算。

7.6.1.1 指标基本值的计算

计算指标的算术平均值 f_m:

$$f_m = \frac{\sum\limits_{i=1}^{n} f_i}{n} \tag{7.26}$$

式中 f_i——岩土某项指标数据;

n——统计单元内数据的个数。

当统计指标数据较多时,可将指标的变化范围适当分成间隔的整数区段(一般分为 $7 \sim 10$ 个区段),再计算平均值。设分为 j 区段,各区段的平均值为 f_{m1}、f_{m2}、$\cdots$、f_{mj},相应区段的数据个数(频数)为 n_1、n_2、$\cdots$、n_j,则平均值的计算式为:

$$f_m = \frac{n_1 f_{m1} + n_2 f_{m2} + \cdots + n_j f_{mj}}{n_1 + n_2 + \cdots + n_j} = \frac{\sum\limits_{i=1}^{j} n_j f_{mj}}{\sum\limits_{j=1}^{j} n_j} \tag{7.27}$$

算术平均值 f_m 虽具有代表性,但并不能反映指标的离散程度。指标的离散特征用标准差(均方差)σ_f 表示:

$$\sigma_f = \sqrt{\frac{1}{n-1}\left[\sum\limits_{i=1}^{n} f_i^2 - \left(\sum\limits_{i=1}^{n} f_i\right)^2\right]} \tag{7.28}$$

式中 σ_f——标准差。

标准差 σ_f 愈大,表明数据愈分散,测定的精度愈差;反之亦然。

为了比较不同组的试验数据的离散程度,需要采用变异系数 δ:

$$\delta = \frac{\sigma_f}{f_m} \tag{7.29}$$

根据变异系数的大小,可将指标的变异性划分为不同的等级(表 7.7)。在土工测试中,通常变异系数的范围为 $0.10 \sim 0.25$,对于大于 0.30 的数据需要特别慎重地对待。

表 7.7　指标的变异性分级

变异系数	$\delta < 0.1$	$0.1 \leqslant \delta < 0.2$	$0.2 \leqslant \delta \leqslant 0.3$	$0.3 < \delta \leqslant 0.4$	$\delta > 0.4$
变异性	很低	低	中等	高	很高

对于主要的岩土指标,需分析其在深度方向和水平方向的变异规律。这样,有助于正确掌

握岩土指标的变异特性,并按变异特性划分力学层或分区统计指标,或者在岩土力学计算中引入指标变异规律的函数,以估计复杂变化条件下岩土的真实指标。

岩土指标在深度方向上的变异,可划分为相关型与非相关型两类。相关型参数随深度呈有规律的变化(正相关、负相关),可按式(7.30)、式(7.31)确定变异系数:

$$\delta = \frac{\sigma_r}{f_m} \qquad (7.30)$$

$$\sigma_r = \sigma_f \sqrt{1-r^2} \qquad (7.31)$$

式中 σ_r——剩余标准差;

 r——相关系数;

 其他符号含义同前。

非相关型参数按式(7.29)确定变异系数。按变异系数不同,岩土指标随深度的变异特征可划分为均一型($\delta < 0.3$)和剧变型($\delta \geqslant 0.3$)。

7.6.1.2 岩土指标的标准值和设计值计算

岩土指标的标准值f_k是岩土指标的可靠性估值,按以下公式计算:

$$f_k = f_m \cdot \gamma_s \qquad (7.32)$$

$$\gamma_s = 1 \pm \left(\frac{1.704}{\sqrt{n}} + \frac{4.678}{n^2} \right) \delta \qquad (7.33)$$

式中 f_m——岩土指标的平均值;

 γ_s——统计修正系数;

 n——参加统计数据的个数;

 δ——变异系数。

岩土指标的设计值f_d是岩土工程极限状态设计时,满足极限状态方程最不利组合的代表值,其值按下式确定:

$$f_d = \gamma f_k \qquad (7.34)$$

式中 γ——岩土指标的分项系数;

 其他符号含义同前。

根据岩土工程类型的不同,按有关设计规范或规定取值。

7.6.2 图件的编制

图件编制是利用已搜集的和现场勘察的资料,经整理分析后,绘制成工程地质图。工程地质图是建筑工程用的地质图,有平面和剖面两种。常用的图有综合工程地质图、工程地质分区图、工程地质剖面图、钻孔柱状图和探坑或探井展视图等。

7.6.2.1 综合工程地质图

综合工程地质图在建筑工程中较常用。图上应表示出地貌单元、地层分布、地质构造、不良地质现象,以及场地的其他建筑条件。必要时应附岩土的物理力学性质等资料。绘制时,先将野外测绘的岩层露头、地质界线等按要求的比例尺绘在地形图上,注明岩层类型及产状要素,根据露头彼此间的关系绘出地层界线和构造线;再将勘察所得的各种地质资料,如不良地质现象、水文地质条件等,用规定的符号绘在图上,并标明方位、比例尺和绘出图例;此外,在同一图纸上绘勘探线剖面图及综合柱状图,这样就是完整的综合工程地质图。

7.6.2.2 工程地质分区图

工程地质分区图是对建筑场地进行工程地质条件分区的图件,是以综合工程地质图为基础绘制的。绘制时,可根据场地的稳定性、适宜性及地层的工程地质条件,并综合地形地貌、地质构造、不良地质现象、岩土性质及地下水等因素进行工程地质区(段)的划分。

7.6.2.3 工程地质剖面图

工程地质剖面图的绘制直接用钻孔、探井等勘探资料绘制。绘图时,先绘水平坐标,定出钻孔或探井间的距离,然后绘纵坐标,定各钻孔或探井的地面标高,各标高点连线表示地面,再在钻孔(或探井)线上用符号与一定比例尺按岩层由上而下的次序表明其厚度和岩性,将同地质时代的同种岩层连线后,绘上岩层符号、图例和比例尺,即工程地质剖面图。绘图比例尺常采用 1:100~1:500。

7.6.2.4 柱状图的绘制

(1)综合柱状图的绘制　综合柱状图是将勘探的地层绘成综合的柱状,用来表示勘察地区地层的剖面。绘制时,按各地层的新老次序由上而下地绘成柱状,然后注明岩土性质、厚度及地质时代等,即综合柱状图。绘图比例尺可采用 1:50~1:200。

(2)钻孔柱状图的绘制　钻孔柱状图是用钻孔的勘探资料绘制的。绘制法与综合柱状图相同。图上应注明钻孔编号,岩土名称、特点、厚度及埋藏深度,地下水位和取样深度等。

7.6.3 工程地质分析评价

(1)初步勘察应对场地内拟建建筑地段的稳定性做出评价,并进行下列主要工作:

① 搜集拟建工程的有关文件、工程地质和岩土工程资料,以及工程场地范围的地形图;

② 初步查明地质构造、地层结构、岩土工程特性、地下水埋藏条件;

③ 查明场地不良地质作用的成因、分布、规模、发展趋势,并对场地的稳定性做出评价;

④ 对抗震设防烈度大于或等于 6 度的场地,应对场地和地基的地震效应做出初步评价;

⑤ 季节性冻土地区,应调查场地土的标准冻结深度;

⑥ 初步判定水和土对建筑材料的腐蚀性;

⑦ 初步勘察高层建筑时,应对可能采取的地基基础类型、基坑开挖与支护、工程降水方案进行初步分析评价。

(2)详细勘察应按单体建筑物或建筑群提供详细的岩土工程资料和设计、施工所需的岩土参数;对建筑地基做出岩土工程评价,并对地基类型、基础形式、地基处理、基坑支护、工程降水和不良地质作用的防治等提出建议。主要应进行下列工作:

① 搜集附有坐标和地形的建筑总平面图,场区的地面整平标高,建筑物的性质、规模、荷载、结构特点,以及基础形式、埋置深度、地基允许变形等资料;

② 查明不良地质作用的类型、成因、分布范围、发展趋势和危害程度,提出整治方案的建议;

③ 查明建筑范围内岩土层的类型、深度、分布、工程特性,分析和评价地基的稳定性、均匀性和承载力;

④ 对需进行沉降计算的建筑物提供地基变形计算参数,预测建筑物的变形特征;

⑤ 查明河道、沟浜、墓穴、防空洞、孤石等其中对工程不利的埋藏物;

⑥ 查明地下水的埋藏条件,提供地下水位及其变化幅度;

⑦ 在季节性冻土地区,提供场地土的标准冻结深度;

⑧ 判定水和土对建筑材料的腐蚀性。

(3) 查明工程地质、水文地质条件,并提供有关设计参数。

(4) 预测工程对既有建筑的影响,工程建设产生的地质环境变化,以及地质环境变化对工程的影响。

(5) 提出各类建筑物工程措施意见。

(6) 预测施工、运营过程中可能出现的工程地质问题,并提出相应的防治措施和合理的施工方法。

7.6.4 工程地质勘察报告

工程地质勘察报告是岩土工程勘察的总结性文件,一般由文字报告和所附图表组成。此项工作是在岩土工程勘察过程中所形成的各种原始资料编录的基础上进行的。为了保证勘察报告的质量,原始资料必须真实、系统、完整。因此,对将进行岩土工程分析所依据的一切原始资料,均应及时整编和检查。

7.6.4.1 工程地质勘察报告的基本内容

岩土工程勘察报告的内容,应根据任务要求、勘察阶段、地质条件、工程特点等情况确定。鉴于岩土工程勘察的类型、规模各不相同,目的、要求、工程特点和自然地质条件等差别也很大,因此只能提出报告的基本内容。一般包括下列各项:

(1) 委托单位、场地位置、工作简况,勘察的目的、要求和任务,以往的勘察工作及已有资料的情况;

(2) 勘察方法及勘察工作量的布置,包括各项勘察工作的数量布置及依据,以及工程地质测绘、勘探、取样、室内试验、原位测试等方法的必要说明;

(3) 场地工程地质条件分析,包括地形地貌、地层岩性、地质构造、水文地质和不良地质现象等内容,并对场地稳定性和适宜性做出评价;

(4) 岩土参数的分析与选用,包括各项岩土性质指标的测试成果及其可靠性和适宜性,评价其变异性,提供标准值;

(5) 工程施工和运营期间可能发生的岩土工程问题的预测、监控及预防措施的建议;

(6) 根据地质和岩土条件、工程结构特点及场地环境情况,提出地基基础方案、不良地质现象整治方案、开挖和边坡加固方案等岩土利用、整治和改造方案的建议,并进行技术经济论证;

(7) 提出对建筑结构设计和监测工作的建议,工程施工和使用期间应注意的问题,下一步岩土工程勘察工作的建议等。

7.6.4.2 工程地质勘察报告应附的图表

工程地质勘察报告应附必要的图表,主要包括:

(1) 场地工程地质图(附勘察工程布置图);

(2) 工程地质柱状图、剖面图或立体投影图;

(3) 室内试验和原位测试成果图表;

(4) 岩土利用、整治、改造方案的有关图表;

(5) 岩土工程计算简图及计算成果图表。

7.6.4.3 工程地质勘察单项报告

除上述综合性岩土工程勘察报告外,也可根据任务要求提交单项报告,主要有:

(1)岩土工程测试报告;

(2)岩土工程检验或监测报告;

(3)岩土工程事故调查与分析报告;

(4)岩土利用、整治、改造方案报告;

(5)专门岩土工程问题的技术咨询报告。

最后需要指出的是,工程地质勘察报告的内容可根据岩土工程勘察等级酌情简化或加强。例如,对三级岩土工程勘察可适当简化,以图表为主,辅以必要的文字说明即可;而对一级岩土工程勘察,除编写综合性勘察报告外,还应对专门性的岩土工程问题提交研究报告或监测报告。

7.7 工程地质勘察报告实例

7.7.1 前言

7.7.1.1 工程简介

工程名称:××村委会村办经济设施还迁工程。

工程概况:天津市西青区××村委会拟在本村外环线 14 号桥北侧——原仓库场地,兴建村办经济设施还迁工程,某院已于 2007 年对其进行了岩土工程详细勘察,并提交了岩土工程详细勘察报告,现因甲方拟建物规划发生变更,故委托该院进行场地岩土工程补充勘察。

拟建××村委会村办经济设施还迁工程规划方案变更后,包括 4 栋 23 层楼,3 栋 27 层楼,拟采用框架-剪力墙结构,桩基础;1 栋 4 层为公共建筑,拟采用框架结构,箱形基础或桩基础;整个场地均有一层地下车库,埋深约 5.00 m,其范围详见钻孔位置图。

根据《岩土工程勘察规范》(GB 50021—2001)(2009 年版)第 3.1 条,本工程重要等级为一级,场地复杂程度等级为二级,地基复杂程度等级为二级,综合确定本次工程勘察等级为甲级。

7.7.1.2 勘察目的和任务

根据任务书要求,本次勘察的目的和任务如下:

(1)查明不良地质作用的类型、成因、分布范围、发展趋势和危害程度,提出整治方案的建议;

(2)查明建筑范围内岩土层的类型、深度、分布、工程特性,分析和评价地基的稳定性、均匀性和承载力,论证采用天然地基基础形式的可能性,对持力层基础埋深等提出建议;

(3)查明河道、沟浜、墓穴、防空洞、孤石等其中对工程不利的埋藏物;

(4)查明地下水的埋藏条件,查明地下水位和其变化幅度以及对建筑材料的腐蚀性,提供主要地层的渗透系数,确定基坑开挖工程应采取的地下水控制措施,当采用降水措施时,应分析评价降水对周围环境的影响;

(5)在抗震设防区应划分场地类型和场地类别,并对饱和砂土和粉土进行液化判断;

(6)对基坑工程的设计、施工方案提出建议;

(7)对不良地质作用提出防治意见,并提供所需技术参数;

(8)在季节性冻土区,提供场地土的标准冻结深度。

235

7.7.1.3　勘察依据

（1）勘察合同；

（2）《岩土工程勘察规范》（GB 50021—2001）（2009 年版）；

（3）《天津市岩土工程技术规范》（DB/T 29—20—2017）；

（4）《建筑地基基础设计规范》（GB 50007—2011）；

（5）《建筑抗震设计规范》（GB 50011—2010）（2016 年版）；

（6）《土工试验方法标准》（GB/T 50123—2019）；

（7）《标准贯入试验规程》（YS/T 5213—2018）。

7.7.1.4　完成的勘察工作量

根据拟建物性质及《岩土工程勘察规范》（GB 50021—2001）（2009 年版）等有关规范要求，本场地勘察共完成勘探孔 36 个，其中在原有详勘报告（27 个勘察孔）基础上，针对规划变更，本次补充勘察共布置施工勘察孔 10 个（17、28、29、30、31、32、33、34、35、36，其中 17 号孔由 30.00 m 加深至 65.00 m），具体完成工作量如表 7.8 所示。

表 7.8　勘察工作量一览表

孔类	孔深（m）	孔数	孔　号	试验项目
原状取土孔	80.00	4	2,4,8,12	常规物性、压缩、直剪快剪、固结快剪
	70.00	2	6,14	
	65.00	6	17,23,27,30,32,34	
	30.00	4	15,19,26,28	
标准贯入孔	65.00	4	29,31,33,35	砂土含量高的做颗分试验
	60.00	4	3,7,11,13	
	50.00	5	1,5,10,24,25	
	30.00	1	36	
静力触探孔	30.00	2	18,22	连续贯入
	29.20	1	20	
	28.70	1	16	
	27.90	1	21	

7.7.2　场地工程地质条件

7.7.2.1　拟建场地概况

勘察时，场地地势较平坦，各孔孔口标高介于 −0.32～−0.35 m。

7.7.2.2　场地地层分布及土质特征

根据本次勘察资料，该场地埋深 80.00 m 深度范围内，地基土按成因年代可分为以下 9 层，按力学性质可进一步划分为 17 个亚层，现自上而下分述之：

（1）人工填土层（Qml）（地层编号 1）

全场地均有分布，厚度 0.70～2.00 m，底板标高为 −0.55～−2.05 m，该层从上而下可分为 2 个亚层。

（2）全新统上组陆相冲积层（Q_4^3al）（地层编号 2）

厚度 1.80～3.40 m，顶板标高为－0.55～－2.05 m，该层从上而下可分为 2 个亚层。本层土水平方向上土质较均匀，分布稳定。

（3）全新统中组海相沉积层（Q_4^2m）（地层编号 3）

厚度 11.20～12.90 m，顶板标高为－3.33～－4.32 m，该层从上而下可分为 3 个亚层。本层土水平方向上土质较均匀，分布尚稳定。

（4）全新统下组沼泽相沉积层（Q_4^1h）（地层编号 4）

厚度 0.90～2.60 m，顶板标高为－15.07～－16.87 m，主要由粉质黏土组成，呈浅灰色，可塑状态，无层理，属中压缩性土，仅在 1 号孔附近分布。本层土水平方向上土质较均匀，分布较稳定。

（5）全新统下组陆相冲积层（Q_4^1al）（地层编号 5）

厚度 0.90～3.80 m，顶板标高为－17.14～－18.35 m，主要由粉质黏土组成，呈灰黄色至黄灰色，可塑状态，无层理，含铁质，属中压缩性土。本层土水平方向上土质较均匀，分布稳定。

（6）上更新统第五组冲积层（Q_3^eal）（地层编号 6）

厚度 7.40～11.60 m，顶板标高为－18.65～－21.32 m，主要由粉质黏土组成，呈黄褐色，可塑状态，无层理，含铁质，属中压缩性土。局部夹粉土透镜体。本层土水平方向上土质较均匀，分布稳定。

（7）上更新统第四组滨海潮汐带沉积层（Q_3^dmc）（地层编号 7）

厚度 4.50～8.00 m，顶板标高为－27.65～－30.46 m，主要由粉砂组成，呈灰色至黄灰色，密实状态，无层理，含贝壳，属低压缩性土。局部夹粉质黏土透镜体。本层土水平方向上土质较均匀，分布稳定。

（8）上更新统第三组冲积层（Q_3^cal）（地层编号 8）

厚度 14.00～18.00 m，顶板标高为－33.68～－36.53 m，该层从上而下可分为 2 个亚层。本层土水平方向上土质较均匀，分布稳定。

（9）上更新统第一组冲积层（Q_3^aal）（地层编号 9）

本次勘察钻至最低标高－80.23 m，未穿透此层，揭露最大厚度 29.70 m，顶板标高为－49.70～－52.35 m，该层从上而下可分为 4 个亚层。本层土水平方向上土质较均匀，分布稳定。

7.7.2.3 物理力学指标统计

（1）一般物理力学指标统计

当子样个数大于或等于 6 时，上下各舍去 10%，提供界限最大值、界限最小值、算术平均值、标准差、变异系数和子样个数；当子样个数小于 6 时，仅提供界限最大值、界限最小值、算术平均值和子样个数。（成果略）

（2）静力触探指标、标贯指标统计

标准贯入击数提供最大值、最小值、算术平均值、子样个数，静力触探锥头阻力 q_c、侧壁摩阻力 f_s 提供厚度加权平均值，如表 7.9 所示。

表 7.9 静力触探指标及标贯指标

地层编号	静力触探指标		标贯试验击数 N(击)			
	锥头阻力 q_c (kPa)	侧壁摩阻力 f_s (kPa)	最大值	最小值	算术平均值	子样数
1b						
⋮	…	…				
8b			58.0	10.0	21.8	110

（3）抗剪强度指标统计

根据室内试验结果，结合各层土性质，提供埋深−16.50 m 以上各层土固结快剪指标 C、φ 值（峰值）及埋深 18.00 m 以上直剪快剪指标 C、φ 值（峰值），如表 7.10 所示。

表 7.10 抗剪强度指标

地层编号	岩 性	固 结 快 剪		直 剪 快 剪	
		C(kPa)	φ(°)	C(kPa)	φ(°)
1b	素填土	32	13		
⋮	…	…			
8b	粉质黏土	30	17		

（4）分级荷重下压缩模量指标统计

提供埋深 50 m 以上各层土分级荷重下的压缩模量算术平均值，如表 7.11 所示。

表 7.11 分级荷重下压缩模量指标

地层编号	E_s(2～4)(MPa)	E_s(4～6)(MPa)	E_s(6～8)(MPa)
2a	6.66		
⋮	…	…	
7	22.30	31.4	40.92

（5）地基土承载力特征值

根据《天津市岩土工程技术规范》（DB/T 29—20—2017），按层位及标高提供地基土承载力特征值 f_{ak}，如表 7.12 所示。

表 7.12 地基土承载力特征值

地层编号	标 高(m)	岩 性	f_{ak}(kPa)
2a	−2.50 以上天然土	黏土	110
⋮	…	…	…
8b	−43.00～−52.00	粉质黏土	170

（6）地基均匀性评价

根据本次勘察资料综合分析,该场地地层属海陆交互沉积土层,地基土竖向成层分布,除填土外,土层由上至下土质渐好,水平向分布尚稳定,总体上属均匀地基。

7.7.3　场地地下水概况

7.7.3.1　地下水位及类型

勘察期间测得场地地下潜水水位如下:

初见水位不明显。静止水位埋深 0.40～0.86 m,相当于标高 −0.39～−0.95 m。表层地下水属潜水类型,主要由大气降水补给,以蒸发形式排泄,水位随季节有所变化。一般年变幅在 0.50～1.00 m。抗浮设计水位可按 0.00 m 考虑。

7.7.3.2　地下水的腐蚀性

本次勘察在 1、5、28 号孔各取地下水样一组,进行室内水质检分析试验,分析结果表明,场地地下水属弱碱性水,pH 值为 7.72～8.00。

根据《岩土工程勘察规范》(GB 50021—2001)(2009 年版)有关条款判定,本场地地下水在长期浸水的情况下,对混凝土结构无腐蚀性;对钢筋混凝土结构中的钢筋无腐蚀性;对钢结构有中等腐蚀性,腐蚀介质为 $Cl^-+SO_4^{2-}$。在干湿交替的情况下,对混凝土结构无腐蚀性;对钢筋混凝土结构中的钢筋有中等腐蚀性,腐蚀介质为 $Cl^-+SO_4^{2-}$;对钢结构有中等腐蚀性,腐蚀介质为 $Cl^-+SO_4^{2-}$。

7.7.3.3　浅层地基土渗透性

根据室内试验结合各层土性质,提供埋深 −16.50 m 以上各层土渗透系数及渗透性,如表7.13 所示。

表 7.13　浅层地基土渗透性

地层编号	岩性	垂直渗透系数 K_V(cm/s)	水平渗透系数 K_H(cm/s)	渗透性
2a	黏土	1.00×10^{-8}	1.00×10^{-8}	不透水
⋮	...	...	...	...
3c	粉质黏土	2.51×10^{-6}	3.79×10^{-6}	微透水

7.7.3.4　冻深

本场地标准冻结深度为 0.60 m。

7.7.4　场地地震效应

7.7.4.1　抗震设防烈度

根据《建筑抗震设计规范》(GB 50011—2010)(2016 年版),本场地抗震设防烈度为 7 度,设计基本地震加速度为 $0.15g$,属设计地震第一组,为抗震不利地段。

7.7.4.2　饱和粉土液化判定

根据本次勘察资料,本场地埋深 20.00 m 以上饱和粉土(地层编号 3)位于埋深 7.0～13.5 m 段,根据本次勘察标准贯入试验资料,按《建筑抗震设计规范》(GB 50011—2010)第

4.3.4 条第 4.3.4-1 式、第 4.3.4-2 式对其液化情况进行判定,判定结果如表 7.14 所示(其中 $N_0 = 8$)。

表 7.14　饱和粉土液化判定

孔号	静止水位 d_w(m)	标贯点深度 d_s(m)	黏粒含量 ρ_c(%)	标准贯入击数		液化判定
				临界值 N_{cr}(击)	实测值 N(击)	
1	0.6	7.15	17.6	—	10.0	不液化
		8.65	15.2	—	11.0	不液化
		10.15	5.5	11.0	19.0	不液化
		11.65	20.8	—	15.0	不液化
⋮	…	…				
35	0.6	8.15	6.8	8.8	12.0	不液化
		10.15	3.8	13.2	15.0	不液化
		12.15	4.2	13.9	19.0	不液化

另据宏观调查,1976 年唐山地震波及天津时,本场地无喷砂冒水现象,结合本次勘察资料综合分析,判定该场地属不液化场地。

7.7.4.3　场地土类型及场地类别

按《天津市岩土工程技术规范》(DB/T 29—20—2017)第 14.2.8-1 式及第 14.2.5-1 式、第 14.2.5-2 式估算,根据本次勘察 7、8、14、27 号孔现场波速试验结果,本场地埋深 20.00 m 以上地基土等效剪切波速 $v_{se} = 159.0$ m/s。根据区域覆盖层厚度(>50 m),按《建筑抗震设计规范》(GB 50011—2010)(2016 年版)判定本场地土为中软土,属Ⅲ类场地。

7.7.5　地基基础评价

7.7.5.1　天然地基评价

人工填土层之杂填土(地层编号 1a)土质杂乱松散,不能利用;素填土(地层编号 1b)土质结构性差,欠均匀,砂黏、软硬不均匀,填垫年限小于 10 年,不能利用。上组陆相冲积层黏土、粉质黏土(地层编号 2a,2b)土质较好,强度较高,但由于本次拟建场地均有一层地下车库,埋深约 5.00 m,基础底板深度大于该层底板埋深,因此无法利用。海相沉积层粉质黏土(地层编号 3a)土质一般,强度尚可,可考虑作为本次拟建 4 层公共建筑浅基础持力层。粉土(地层编号 3b)土质较好,粉质黏土(地层编号 3c)土质一般。其下各土层水平方向分布较均匀、稳定,无软弱下卧层分布。

7.7.5.2　桩基础评价

因拟建的 23～27 层楼荷重大,高度高,无法采用浅基础,应采用桩基础,其中车库局部受水浮力作用有上浮可能性,建议采用抗拔桩。

(1)桩端持力层选择

第一桩端持力层:位于埋深 30.0～35.0 m 段,为上更新统第四组滨海潮汐带沉积层

（Q_3^dmc），粉砂（地层编号7），水平方向分布较均匀、稳定，天然含水率 w 算术平均值为 21.3%，孔隙比 e 算术平均值为 0.61，压缩模量 $E_{s(1-2)}$ 算术平均值为 19.6 MPa，标贯实测击数算术平均值为 49.7 击，静力触探锥头阻力 q_c 厚度加权平均值 25.75 MPa，土质较好，强度较高，可作为本次拟建物的桩端持力层。可将桩端置于标高 $-29.5 \sim -32.5$ m。

第二桩端持力层：位于埋深 38.0 ~ 50.0 m 段，为上更新统第三组冲积层（Q_3^cal），粉质黏土（地层编号 8b），水平方向分布较均匀、稳定，天然含水率 w 算术平均值为 25.4%，孔隙比 e 算术平均值为 0.71，压缩模量 $E_{s(1-2)}$ 算术平均值为 5.7 MPa，标贯实测击数算术平均值为 21.8 击，土质及强度一般，亦可作为本次拟建物的桩端持力层。可将桩端置于标高 $-39.0 \sim -45.5$ m。

采用上述桩端持力层时，拟建物不会产生过大沉降及不均匀沉降。

（2）桩型选择

结合场地周围环境及场地土质条件综合分析，建议本次拟建物采用钻孔灌注桩。

（3）沉桩可能性及对周围环境影响分析

由于本次拟建物采用钻孔灌注桩，且本场地 50 m 以上无坚硬土层分布，因此不会有沉桩困难。施工时做好泥浆护壁工作，废泥浆及时外运，避免对周围环境造成污染。

（4）桩基参数

根据《建筑桩基技术规范》（JGJ 94—2008），按层位及标高提供钻孔灌注桩极限侧阻力标准值 q_{sik}、极限端阻力标准值 q_{pk}，如表 7.15 所示。

表 7.15　桩基参数

地层编号	标高（m）	岩性	钻孔灌注桩	
			q_{sik}（kPa）	q_{pk}（kPa）
2a	−2.50 以上天然土	黏土	34	
⋮	…	…	…	…
8b	−38.00 ~ −51.50	粉质黏土	60	650

注：钻孔灌注桩 q_{pk} 值仅适用于孔底回淤土厚度不大于 10 cm 的情况。

（5）单桩竖向极限承载力标准值 Q_{uk} 估算

根据《建筑桩基技术规范》（JGJ 94—2008），用物性法按表 7.15 参数对钻孔灌注桩的单桩竖向极限承载力标准值 Q_{uk} 进行估算，估算条件及结果如表 7.16 所示。

表 7.16　单桩竖向极限承载力标准值 Q_{uk}

桩端持力层	桩顶标高（m）	桩端标高（m）	桩长（m）	桩径（m）	Q_{uk}（kN）	估算孔号
第一	−5.0	−32.5	27.5	$\phi = 0.6$	2667	4
					2788	12
				$\phi = 0.8$	3650	4
					3811	12

桩端持力层	桩顶标高（m）	桩端标高（m）	桩长（m）	桩径（m）	Q_{uk}（kN）	估算孔号
第二	−5.0	−40.0	35.0	$\phi=0.6$	3495	4
					3657	12
				$\phi=0.8$	4742	4
					4958	12

7.7.6 基坑开挖支护与降水

由于本场地地势较开阔，场地周围无永久性建筑，静止水位埋深为 0.40～0.86 m，因此基坑开挖形式一般可采用深层搅拌桩及隔水帷幕隔水，放坡开挖，降水形式可采用大口井加明渠降水。当局部可能因施工占地、不具备放坡条件时，可采用深层搅拌桩重力式挡墙或钻孔灌注桩、钢板桩等进行支护。

7.7.7 结论与建议

（1）本次拟建的 4 层公共建筑可采用天然地基浅基础，以海相沉积层粉质黏土（地层编号3a）为浅基础持力层，将人工填土及设计槽底标高以上土层全部清除，大致清平槽底，然后可回填适当厚度的土石屑垫层，分层碾压或夯实至设计基底标高。4 层公共建筑独立时，可采用箱形基础；与地下室连为一体时，可采用桩基础。

（2）本次拟建的 23～27 层楼荷重大、高度高，无法采用浅基础，应采用桩基础。本次拟建的 4 层公共建筑浅基础不能满足设计要求时，亦可采用桩基础。建议采用钻孔灌注桩。建议采用第一或第二桩端持力层，根据荷载大小及布桩优化情况，调整设计桩端位置。

（3）本场地地下水静止水位埋深 0.40～0.86 m，相当于标高 −0.39～−0.92 m。表层地下水属潜水类型，主要由大气降水补给，以蒸发形式排泄，水位随季节有所变化。一般年变幅在 0.50～1.00 m。抗浮设计水位可按 5.0 m 考虑。场地地下水属弱碱性水，pH 值为 7.72～8.00。本场地地下水在长期浸水的情况下，对混凝土结构无腐蚀性；对钢筋混凝土结构中的钢筋无腐蚀性；对钢结构有中等腐蚀性，腐蚀介质为 $Cl^-+SO_4^{2-}$。在干湿交替的情况下，对混凝土结构无腐蚀性；对钢筋混凝土结构中的钢筋有中等腐蚀性，腐蚀介质为 $Cl^-+SO_4^{2-}$；对钢结构有中等腐蚀性，腐蚀介质为 $Cl^-+SO_4^{2-}$。

（4）本场地抗震设防烈度为 7 度，设计基本地震加速度为 0.15g，属设计地震第一组，为抗震不利地段。本场地土为中软土，属 Ⅲ 类场地。由于本次拟建物采用钻孔灌注桩，且本场地50 m 以上无坚硬土层分布，因此不会有沉桩困难。

（5）设计单桩承载力应结合试桩结果综合确定。

（6）钻孔灌注桩施工时，应做好泥浆护壁与孔底回淤土处理工作，确保成桩质量。为减小沉降，提高单桩承载力，拟建 23～27 层酒店式公寓亦可采用后压浆成桩工艺。

（7）基坑开挖应做好隔水降水工作，防止对周围环境产生不良影响。

（8）建筑物施工及使用期间应做好下列监测工作，发现问题时应及时采取补救措施：

① 基坑内外地下水位变化；

② 周围道路、建筑物等的沉降变形；

③ 拟建物的长期沉降变形观测。

本 章 小 结

（1）本章阐述了工程地质勘察的目的、任务与分类；工程地质测绘的内容、测绘的范围、比例尺及精度、工程地质测绘的方法和程序；工程地质勘探，包括工程物探、工程钻探、坑探以及各种勘探线的布置等；工程勘探原位测试，包括岩土的原位测试、测试仪器及应用等；长期观测，包括孔隙水压力观测、岩土体变形及滑坡动态观测、围岩变形及围岩压力观测、建筑物沉降和变形观测；工程地质评价及报告的编写。最后结合实例，对本章知识点的综合应用进行了演示。

（2）通过本章的学习，应掌握工程地质勘探的目的、任务和分类；工程地质测绘的内容、测绘的方法和程序；工程勘察原位测试、测试仪器及应用；工程地质评价及报告的编写等内容。

思 考 题

7.1 什么是工程地质勘察？工程地质勘察的任务是什么？

7.2 工程地质勘察可分为哪些阶段？试简述各个阶段的任务要求。

7.3 工程地质测绘的最终成果是什么？工程地质测绘的主要内容有哪些？

7.4 工程地质勘探的主要方式有哪些？试简述工程地质勘探的主要任务。

7.5 什么是电法勘探？什么是地震勘探？

7.6 勘探孔一般有哪些类型？

7.7 什么是坑探？坑探有哪几种？

7.8 什么是现场原位测试？它有哪些主要方法？

7.9 静力载荷试验有哪两类？它们分别适用于什么地层？

7.10 静力触探试验有哪些用途？适用于哪些土层？

7.11 圆锥动力触探有什么作用？有哪几种类型？

7.12 什么是标准贯入试验？为什么要对标准贯入试验的实测锤击数进行修正？标准贯入试验有哪些作用？

7.13 岩土的物理力学指标应按什么分别统计？工程勘察成果资料中通常要提供岩土的哪些参数指标？

7.14 现场监测的目的和任务是什么？哪些建筑物需要进行沉降监测？

7.15 工程地质勘察报告的主要包括哪些内容？

8　工程建设中主要工程地质问题

学习指导

章节序号	知识点	能力要求
8.1	工程建设与工程地质问题	了解工程建设与工程地质问题的关系
8.2	①区域稳定问题 ②地基稳定问题 ③地基施工条件 ④边坡稳定性问题 ⑤工业与民用建筑工程地质勘察要点	①理解区域稳定性、地基稳定性、地基施工条件以及边坡稳定性问题 ②了解工程地质勘察要点
8.3	①道路工程主要工程地质问题 ②道路工程地质勘察要点 ③桥梁工程主要工程地质问题 ④桥梁工程地质勘察要点	①理解道路工程地质特点,以及出现的工程地质问题 ②了解道路工程的勘察各阶段要点 ③理解桥梁工程出现的工程地质问题 ④了解桥梁工程的勘察各阶段要点
8.4	①围岩稳定性 ②地下水、地温与有害气体 ③隧道与地下工程地质勘察要点	①掌握围岩稳定性的含义 ②了解围岩特殊的问题 ③了解初步勘察阶段与详细勘察阶段的内容
8.5	①港口工程中的主要工程地质问题 ②港口工程地质勘察要点	①理解港口工程趋于稳定所涉及的主要工程地质问题 ②了解选址勘察、初步设计阶段勘察、施工图设计阶段勘察内容
8.6	①水利工程建设中的主要工程地质问题 ②水利工程勘察要点	理解水利工程库区的主要工程地质问题;了解水利工程的勘察各阶段要点

8.1 概　述

工程建设是根据设计要求和建设场地的工程地质条件进行的,而不同类型的工程对工程地质条件的要求也不相同,因此在建设的过程中不可避免会遇到各种各样的地质情况和问题。充分认识这些工程地质问题,以及针对这些问题做好相应的工程地质勘察工作,对于工程建设是非常重要的。本章对工业与民用建筑、道路与桥梁工程、隧道与地下工程、港口工程、水利工程五个方面的主要工程地质问题进行了分析,同时针对这五个工程方向指出了其地质勘察工作的要点。

8.2　工业与民用建筑工程中的主要工程地质问题

8.2.1　区域稳定性问题

区域稳定性是工程建设中首先必须注意的问题,特别是对于一些高层结构、大型地下结构等重要建筑物,它直接影响着工程建设的安全和使用。建筑场地及其邻近地区的地形地貌、地层岩性、地质构造、水文地质、自然地质作用以及一些不良地质现象(如滑坡、地震等)都是影响区域稳定性的重要因素,特别是在新地区选择建筑地址时更应注意。因为一旦建筑场地误选在不稳定的区域,只能按照该场地的地质条件和环境进行工程设计,没有充分的选择余地,会给建筑物的设计、建造和运营带来危害。

8.2.2　地基稳定性问题

地基稳定性主要是研究地基的强度和变形问题。对于工业与民用建筑来说,建筑物的破坏往往是地基发生不均匀沉降或地基强度不足等因素所引起的。例如地基的强度不足时,会引起地基隆起,甚至使建筑物倾覆;地基土的变形量过大,特别是不均匀沉降过大,会引起建筑物的沉陷、倾斜、开裂,以致倒塌破坏,或影响正常使用。

为了使建筑物的勘察、设计、施工做到安全、经济、合理,确保建筑物的安全和正常使用,必须研究地基的稳定性,查明组成建筑物地基的土层、岩土性质(物理性质、力学性质)及地下水状况等地质条件,提出合理的地基承载力以及防治地基产生过量变形的措施。

8.2.3　地基施工条件

在工业与民用建筑中最常见的地基施工问题有流砂、基坑涌水、基坑边坡与坑底失稳、黄土湿陷等。近来随着对基础工程施工质量重视程度的逐渐加强,这方面的问题更为突出。地基的施工条件恶化一般均与地下水有关,在地下水埋藏浅的地方,当基底设计标高低于地下水位时进行基坑开挖,涌水是一个重要问题,岩土工程勘察时必须对涌水量进行计算。当坑底隔水层过薄而下伏承压水压力较大时很有可能发生突发性冒顶而导致基坑的大量涌水(图 8.1)。在开挖深基坑时,坑壁和坑底的稳定性也是一个重要问题,尤其是在软土地区。因此,在进行工程勘察时,对于地基的施工条件必须做好充分的调查,针对容易发生问题的地基做好防治措施。

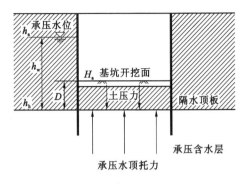

图 8.1　地基施工条件(基坑涌水)

8.2.4　边坡稳定性问题

在山区的斜坡上修建建筑物,边坡稳定是一个需要重视的工程地质问题。斜坡上建筑物的建造给边坡增加了外荷载,破坏了其原有的平衡,往往导致边坡失稳而滑动,使建筑物被破坏。因此,对斜坡地区建筑物的建设必须做出稳定性评价,对不稳定地段提出防治措施。

8.2.5　工业与民用建筑工程地质勘察要点

针对上述工业与民用建筑中的主要工程地质问题的简述,在进行工程勘察时需要注意以下几个方面的工作:

(1)了解整个建筑区域内的总体稳定性,对场地地层、构造、岩性、不良地质作用等工程地质条件进行勘察。在平原地区,因第四纪沉积物较厚,应主要了解该地区的地震历史情况、地震砂土液化可能性、区域性地面沉降的预测等;在山区,应主要了解滑坡、坍塌、泥石流等不良地质现象的分布及趋势。

(2)查明建筑区域内的地层分布和岩土的物理力学性质,对地基土体进行室内试验以及一定数量的现场原位测试;确定合理的地基承载力,并对地基的均匀性和稳定性做出评价,为工程的设计和施工提供所需的计算指标及资料。

(3)查明地下水的埋藏条件、补给和排泄条件、水位变化幅度与规律及化学成分,测定并评价地基土体的渗透性。对基坑工程,当存在高承压水层时,应分析基坑底的隆起以及发生涌水的影响,为基坑支护和工程降水提出可靠的建议。

(4)在斜坡地区应评价边坡的稳定性(图 8.2)。

图 8.2　土质边坡稳定性

8.2.6 工程案例

1941年修建的加拿大特朗斯康谷仓是建筑工程界著名的软弱地基发生破坏的例子。因设计时忽略了地基持力层下部的软弱土层,在建成后第一次装料时就发生整体倾倒(图8.3)。又如1949年后修建的四川铁路,在通过62 m厚的淤泥层地区时,地基表层为0.6~1.0 m的可塑性黏土,路堤填筑完工时,8 m高的桥头路堤一次性整体滑塌下沉4.3 m,坡脚地面隆起2 m。

图8.3　工程地质问题

太焦铁路刘瓦沟大桥焦作段桥台,1971年12月施工,1972年8月竣工,1974年复测时发现台顶比设计高程低32 mm,1975年4月全线贯通测量时,台顶低于设计高程159 mm,向太原方向位移48 mm,向下游偏移164 mm,桥跨缩短48 mm。经过详细勘察,桥台基础位于古滑坡体上,该土层极为松散并有空洞,是造成桥台下沉的主要原因。古滑坡堆积层下的基岩面上有一层强度极低的可塑性黏土层,层面向沟谷方向倾斜,倾角6°~11°,其倾向与线路呈72°交角,与桥台位移方向一致,在桥台自重和填土荷载等作用下,堆积体沿黏土层面产生蠕动变形,造成桥台水平位移。

8.3　道路与桥梁工程中的工程地质问题

8.3.1　道路工程主要工程地质问题

8.3.1.1　道路工程地质特点

道路是延伸很长的线型建筑物,其一般由三类建筑物组成:第一类为路基、路面工程,它是道路的主体建筑物(包括路堤和路堑);第二类为桥隧工程(如桥梁、隧道、涵洞等),它们是为了使道路能跨越河流、深谷、不良地质现象和水文地质地段,穿越高山或使道路从河、湖、海底通过;第三类是道路的防护结构物,如护坡、挡土墙等。在不同的道路中,各建筑物的比例也不同,这主要取决于道路所经过地区的工程地质条件的复杂程度。

道路往往要穿越许多地质条件复杂的地区和不同的地貌单元,如道路沿线往往会遇到山高谷深、地质复杂、不良地质现象发育或道路需要穿越大的溶洞和暗河等问题。因此,道路工程在选线时一定要查明各备选线路方案沿线的工程地质条件,在满足设计要求的前提下,经过技术经济比较,选出最优方案。

8.3.1.2　道路工程的主要地质问题

(1)路基边坡稳定性问题

道路都要有一定的限制坡度,而通过的地形又比较复杂,在整个道路沿线上往往会形成各种类型的边坡,包括天然边坡、傍山路线的半填半挖的路基边坡以及深路堑的人工边坡等。因此,路基边坡的稳定性就成为道路工程的主要工程地质问题。

具有一定坡度和高度的边坡在重力作用下,其内部应力状态也在不断变化。当剪应力大于岩土体的强度时,边坡即发生不同形式的变化和破坏。其破坏形式主要表现为滑坡、崩塌和错落。土质边坡的变形主要取决于土的矿物成分,特别是亲水性强的黏土矿物及其含量。岩质边坡的变形主要取决于岩体中各种软弱结构面的性状及其组合关系,它们对边坡的变形起着控制作用。

由于开挖路堑形成的人工边坡,一方面加大了边坡的陡度与高度,破坏了边坡原有的平衡,增加了向边坡外下方的剪应力及张应力,易使边坡失稳;另一方面开挖(往往是爆破)不仅破坏了边坡岩体的原生结构,更重要的是切断了边坡内各类软弱结构面(层面、节理面、断裂面及古滑动面等),为边坡岩体的失稳创造了条件;同时,开挖也使本来处于地表下的岩体暴露于地表,因而在各种营力作用下加速风化,也会导致边坡岩体强度降低。

(2)路基基底稳定性问题

路基基底稳定性问题多发生于填方路段,主要表现为滑移、挤出和塌陷(图8.4)。一般路堤和高填路基对路基基底都要求具有足够的承载力,路基不产生较大沉降,以免发生失稳破坏。基底土的变形性质和变形量的大小主要取决于基底土的力学性质、基底面的倾斜程度、软土层和软弱结构面的性质与产状等。如路基底下有软弱的泥质夹层,当其倾向与坡向一致时,在其下方开挖取土或在其上方填土加重,都会引起路堤发生整体滑移。此外,水文地质条件也是促使基底不稳定的因素,它往往使基底发生较大的塑性变形而造成路基的破坏。尤其是经过河漫滩和阶地的路基,若基底下分布有较厚的饱和淤泥层,在高填路堤的压力下,往往使基底产生挤出变形。

(3)道路的冻害问题

道路的冻害包括冬季路基土体因冻结作用而引起路面冻胀和春季因融化作用而使路基翻浆等现象(图8.5),结果都会使路基产生变形破坏,甚至形成显著的不均匀冻胀,影响道路的安全和正常使用。道路的冻害具有季节性,冬季在负温的长期作用下,土中的水分重新分布,形成平行于冻结界面的冻层,使土体体积增大而产生路基隆起的现象。在地下水埋深较大的地区,其冻胀量一般为 30～40 mm,最大可达 60 mm;在冻结深度大于地下水埋深或毛细管带接近地表的地区,因地下水补给丰富,其冻胀量较大,一般为 200～400 mm,最大可达 600 mm。在春季,地表冰层融化较早,而下层尚未解冻,上层融化的水分难以下渗,使上层土含水量增大,故在外荷载作用下,容易产生翻浆现象。

图 8.4　路基基底稳定性问题　　　　　　　　　　图 8.5　道路的冻害问题
（承载力不足,出现滑移、塌陷）　　　　　　　　（冬季路基土体冻结导致路面冻胀）

8.3.2 道路工程地质勘察要点

道路工程地质勘察的主要目的是查明道路沿线不良的地质作用和不利于边坡稳定的地质条件,取得沿线各不良地质条件与不同地质条件地段的纵横地质剖面资料,同时查明填方地段所用路基填料的变形及强度性质。在勘察过程中按照不同的阶段,有以下几个勘察要点:

8.3.2.1 道路选线方案阶段

此阶段的工作主要是按指定的道路起讫点及所经过的地区选定可能修建道路的路线方案。在勘察过程中,并不要求查明全部工程地质条件,但对路线方案与路线布设起控制作用的特殊地质,以及不良地质地区的勘察应作为重点,查明其地质问题,并提出合理的工程措施。勘察的方法一般应尽量利用已有的地形地质资料进行研究分析,对复杂的地貌及不利地质条件可作详细的补充地质勘察。

8.3.2.2 定线勘察阶段

此阶段是在选线方案的基础上,定出一条经济合理、技术可行的线路。在道路中线两侧一定范围内地带进行工程地质勘察,查明该路线所经过区域的复杂不良地质现象状况,分析其影响道路安全的程度,一般可综合利用钻探、坑探与物探方法。对路基和路堑边坡的岩(土)体,可通过勘探与试验工作分析其稳定性。

8.3.2.3 确定道路线路后的勘察工作

此阶段的勘察工作主要是为各不同地形和不同工程地质条件路段的路基路面设计和提供具体的工程地质剖面及有关岩土体的物理力学性质。该阶段需要较多的坑、槽探及钻探工作和一定数量的岩土体物理力学性质试验。同时,应提供填方路段填料的变形及强度指标、填土及路堑边坡的允许坡度参考值等参数。

8.3.3 桥梁工程主要工程地质问题

桥梁工程是由正桥、引桥和导流建筑物等工程组成。正桥是桥梁的主体,位于河岸桥台之间,桥墩位于河中;引桥是连接正桥与路线的建筑物,常位于河漫滩或阶地上;导流建筑物包括护岸、护坡、导流堤等,是保护桥梁等各种建筑物不受河流冲刷破坏的附属工程。桥梁结构可分为梁桥、拱桥和钢架桥等,不同类型的桥梁对地基地质条件有不同的要求,所以工程地质条件是选择桥梁结构的重要依据。桥梁工程主要包括以下两方面的工程地质问题:

(1)桥墩台地基稳定性问题

桥墩台地基稳定性主要取决于墩台地基中岩土体承载力的大小,它对选择桥梁的基础和确定桥梁的结构形式起决定作用。当桥梁为静定结构时,由于各桥孔是独立的,对工程地质条件的适应范围较广;但超静定结构的桥梁,对各墩台之间的不均匀沉降特别敏感;拱桥受力时,在拱脚处产生垂直和向外的水平力,因此对拱脚处地基的地质条件要求较高。

(2)桥墩台的冲刷问题

桥墩和桥台的修建,使原来的河槽过水断面减少,局部增大了河水流速,改变了流态,对桥基产生强烈冲刷(图8.6)。有时流水可把河床中的松散沉积物局部或全部冲走,使桥墩台基础直接受到流水冲刷,威胁桥墩台的安全。

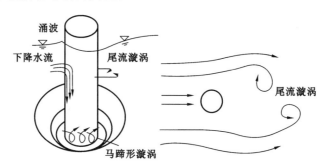

图 8.6　桥梁工程主要工程地质问题(桥墩台冲刷问题)

因此,查明这些工程地质问题,研究分析其发生和发展的规律,正确地预防与处理,对于桥梁的设计与施工具有十分重要的意义。

8.3.4　桥梁工程地质勘察要点

8.3.4.1　初步勘察阶段

此阶段的目的是查明桥址各线路方案的工程地质条件,为选择最优方案、初步论证基础类型和施工方法提供必要的工程地质资料。具体任务是:

(1) 查明河谷的地质与地貌特征,覆盖层的性质、结构及厚度,以及基岩的地质构造、岩石性质与埋藏深度等;

(2) 确定桥基范围内的岩石类型,提供其变形及强度性质指标;

(3) 查明桥址区内第四纪沉积物及软弱夹层状况,含水层中水位、水头高以及地下水的性质,并进行抽水试验,以研究岩石的渗透性;

(4) 查明物理地质现象,评价滑坡及岸边冲刷对桥址区岸坡稳定性的影响,查明不良地质现象的分布、河床下岩溶发育情况和区域地震基本烈度等问题。

8.3.4.2　详细勘察阶段

此阶段的勘察任务是为选定的桥址方案提供桥梁墩台施工设计所需的工程地质资料,具体任务是:

(1) 为最终确定桥墩基础埋置深度提供地质依据;

(2) 提供地基附加应力分布层内各类岩石的变形及强度性质指标,提供地基承载力参考值;

(3) 查明并分析水文地质条件对桥基稳定性的影响;

(4) 查明各种物理地质作用对桥梁工程的不利影响,并提出预防与处理措施建议;

(5) 查明在施工过程中可能发生的不良工程地质作用,并提出预防与处理措施建议。

8.3.5　工程案例

8.3.5.1　公路坍塌

云南省新平彝族傣族自治县县城至三江口二级公路(新三公路)试通车的第二天发生坍塌事故,造成 2 死 2 伤。在新三公路 K25+450 到 K26+480 路段,共有 3 处损毁,其中 2 处坍塌、1 处路面开裂。发生事故的路段位于半山腰上,双向四车道都已坍塌,大量石块、泥土和混凝土被冲进路旁的河谷,翻下河谷的那辆汽车破损严重。公路坍塌的地方路基松软,踩上去有明显的下沉。被冲毁的挡墙主要由砖石砌成，而钢筋混凝土挡墙相对完好。公路边坡的砂浆防护层多处出现开裂。

相关部门调查分析：该公路沿途地质脆弱、灾害频发，一直是洪涝和地质灾害较为严重的地区。事故主要原因是单点暴雨导致公路路基松软，公路上方的沟渠和涵洞被堵塞，最后积水形成如同瀑布一般的冲击力，导致公路路基垮塌。

灾情发生后，云南省国土资源厅和交通运输厅分别派出了专家组到现场进行调查。专家组认为：事发路段地形横坡陡峻，工程地质条件差，强降雨加大了静水压力，形成坍塌，属强降雨诱发的自然灾害。

8.3.5.2　桥梁垮塌

1999 年 1 月 4 日，重庆綦江彩虹桥突然整体垮塌（图 8.7），只剩下东西两端桥墩，事故造成 40 人死亡，14 人受伤。该桥于 1996 年 2 月建成。

 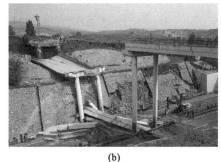

(a)　　　　　　　　　　　　　(b)

图 8.7　桥梁垮塌事故

8.4　隧道与地下工程中的工程地质问题

隧道与地下工程泛指修建于地下岩土体内，具有一定空间规模的各种形式和用途的建筑。随着我国建筑业的飞速发展，隧道与地下工程的数量越来越多，规模也越来越大，目前已广泛用于交通、采矿、水利水电、国防等部门，如地铁、地下变电站、过江隧道、地下人防工程等。隧道与地下工程在修建过程中都需要在地下开挖洞室，由于地应力的存在，地下洞室的开挖势必会破坏原来地下岩土体的平衡状态，引起地下洞室周围一定范围内的岩土体发生应力重分布，使地下岩土体产生变形、位移甚至破坏。在工程中将开挖后地下洞室周围发生应力重新分布的岩土体称为围岩。因此，隧道与地下工程在修建时的突出工程地质问题是围岩稳定性问题。此外，在开挖地下洞室的过程中所遇到的地下水、地温及有害气体等问题也是隧道与地下工程修建过程中的主要工程地质问题。

8.4.1　围岩稳定性

8.4.1.1　围岩稳定性的含义

所谓的围岩稳定性，是指在一定时间内，在一定的地质力和工程力作用下岩体不产生破坏和失稳的性质。地下洞室开挖前的岩土体一般因处于天然应力平衡状态而保持稳定，这种应力状态称为一次应力状态或初始应力状态。洞室开挖后围岩应力发生重分布，出现二次应力，破坏了原来岩土体的应力平衡状态,往往会导致围岩产生变形和破坏,严重时还会导致地下洞室支护结构发生破坏。因此,地下洞室开挖后围岩的稳定性取决于二次应力与围岩强度之间的关系:如果洞室周边应力小于岩体的极限强度,则围岩稳定;否则,洞室周边岩土体将产生较大的塑性变形或破坏。

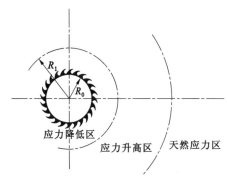

图 8.8　围岩的应力变化区
R_0—开挖半径;R_1—松动圈半径

地下洞室的围岩在开挖过程中一旦松动,如不加支护,则会向深部发展,形成具有一定范围的应力降低区,称为塑性松动圈。在松动圈形成过程中,原来周边集中的高应力逐渐向深处转移,形成新的应力升高区,该区岩体被挤压紧密,称为承载圈。此圈之外为天然应力区,如图 8.8 所示。工程中,如果洞室周围岩土体非常软弱或处于塑性状态,在洞室开挖后,由于塑性松动圈的扩展,承载圈很难形成。

此时洞室周围岩土体处于不稳定状态,开挖洞室比较困难。如果洞室周围岩体坚硬完整,则周围岩体承担了二次应力,不会产生塑性松动圈。因此,地下工程施工时确定洞室围岩的松动圈范围对于洞室的稳定性非常重要。当松动圈形成时,要保持地下洞室的稳定就需要设置支撑或洞室的衬砌。

8.4.1.2　围岩变形破坏的特点

由于岩体在强度和结构方面的差异,洞室围岩变形与破坏的形式多种多样,主要的形式有脆性破裂、块体滑移、弯曲折断、松动解脱、塑性变形等。围岩变形破坏的特点、方式和岩体结构条件之间的关系见表 8.1。

表 8.1　围岩变形破坏的常见形式及特点

变形机制	变形方式	变形特征	岩体结构条件
脆性破裂	岩爆、开裂	洞室开挖时围岩岩爆或岩柱劈裂	整体状及块状岩体,岩性坚硬
块体滑移	滑落、滑动、转动	块体沿结构面滑动,在洞顶表现为崩塌,在洞壁表现为滑动,在动荷载作用下产生倒塌	裂隙块状岩体,受结构面切割的块状岩体或层状岩体
弯曲折断	弯曲、折断、塌落	岩层向临空面弯曲、折断并崩塌,在边墙上表现为倾倒	层状岩体、薄层或软硬相间岩体
松动解脱	塌落、边墙垮塌	表现为崩塌或滑动,岩体碎裂松动,解脱分散	岩体为块状夹泥碎裂结构,镶嵌结构
塑性变形	塑性破坏、底鼓收缩	表现为围岩的塑性变形,洞径收缩,或局部挤出和剪切破坏	碎块碎裂结构及层状碎裂结构,松散结构

（1）坚硬完整岩体的脆性破裂

在坚硬完整的岩体中开挖地下洞室，围岩一般是稳定的。但是在高地应力地区，经常产生岩爆。岩爆是储存有很大弹性应变能的岩体，在开挖卸荷后，能量突然释放所形成的破裂属脆性破裂。它与岩石性质、地应力积聚水平及洞室断面形状等因素有关。

（2）块体滑移

块状、厚层状及一些坚硬层状岩体构成的围岩稳定性较好。此类围岩破坏常因结构面交切组合成不同形状的块体，在重力和围岩应力作用下以滑移、塌落等形式出现，如图8.9所示。分离块体的稳定性取决于块体的形状有无临空条件、结构面的光滑程度及是否夹泥等。

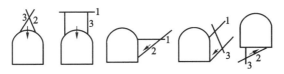

图8.9　块状结构围岩中的块体滑移、塌落

1—层面；2—断层；3—节理

（3）层状弯折和拱曲

岩层的弯曲折断是层状围岩变形失稳的主要形式，在夹有软岩的层状结构岩体中最为常见。在平缓岩层中，当岩层较薄或软硬相间时，洞室顶板易下沉弯曲折断，如图8.10（a）所示；在倾斜岩层中，当层间结合不良时，顺倾向一侧拱脚以上部分岩层易弯曲折断，逆倾向一侧边墙或顶拱易滑落掉块，如图8.10（b）所示；在陡倾或直立岩层中，因洞室周边的切向应力与边墙岩层近似于平行，所以边墙容易向洞内弯曲，如图8.10（c）所示。

（4）碎裂岩体的松动解脱

碎裂岩体处于构造挤压破碎、节理密集以及岩脉穿插的破碎地段，在张力和振动力作用下容易松动、解脱，在洞室顶部则易产生崩落，在边墙上则表现为滑塌或碎块的坍塌，如图8.11所示。

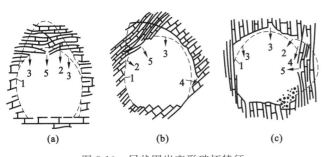

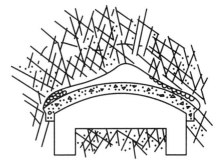

图8.10　层状围岩变形破坏特征

（a）平缓岩层；（b）倾斜岩层；（c）直立岩层

1—设计断面；2—破坏区；3—崩塌；

4—滑动；5—弯曲、张裂及折断

图8.11　某地下工程洞顶

岩体松动、解脱及顶拱破裂

（5）松散围岩的塑性变形

松散围岩是指强烈构造破碎、强烈风化或新近堆积的松散岩体。在重力、围岩应力和地下水的作用下产生塑性变形，导致围岩破坏。常见的塑性变形和破坏形式有边墙挤入、底鼓及洞径收缩等。

由于岩体结构类型的不同，变形与破坏的表现形式也不一样。因此，在进行工程地质勘察工作时应当抓住导致岩体变形和破坏的核心问题。例如，对松软和碎裂的岩体要注意它的泥质的含量，评价它的塑性变形及整体抗剪强度；对层状岩体应注重对层面特征产状和层厚等问题的调查，因为岩层的弯曲变形与此有密切关系；对于块状岩体，一般要分析结构体的形态与产状特征，尤其是不稳定结构体，常常造成崩塌或滑动。

8.4.1.3　围岩稳定性的影响因素

地下洞室围岩的稳定性一方面与开挖、支护等施工方式有关，另一方面根据上述围岩变形破坏特点可知，主要由洞室周边的岩性、岩体结构、地质构造等因素决定。

（1）岩性

坚硬完整的岩石对围岩的稳定性影响较小，而软弱岩石则由于岩石强度低、抗水性差、受力容易变形和破坏等原因，对围岩稳定性影响较大。如果地下洞室围岩强度较低、裂隙发育、遇水软化，特别是具有较强膨胀性围岩，则二次应力使围岩产生较大的塑性变形或较大的破坏区域，给围岩的稳定带来重大影响。

（2）岩体结构

块状结构的围岩，其稳定性主要受结构面的发育和分布特点所控制，围岩压力主要来自最不利的结构面组合，同时受结构面和临空面的切割关系的影响；碎裂结构围岩的破坏往往是由于变形过大，发生连续性的破坏而坍塌，其稳定性在几种岩体结构中是最差的。

（3）地质构造

地质构造对于围岩稳定性起重要作用。地下洞室轴线与岩层的走向、地下洞室位置与褶曲位置及断层破碎带的关系等均会直接关系到地下洞室的稳定性，如图 8.12 所示，具体内容在 2.5 节已述及。

图 8.12　围岩稳定性的影响因素（地质构造）

(a)垂直于岩层走向穿过褶皱地区的隧道；(b)褶皱地区平行于岩层走向的隧洞

（4）构造应力影响

构造应力随地下洞室的埋深增加而增大，因此地下洞室埋藏得越深，稳定性越差。特别是一些地质构造复杂的岩层中构造应力比较明显，应尽量避免。

（5）地下水的影响

围岩中地下水的赋存、活动状态，既影响着围岩的应力状态，又影响着围岩的强度，如作用

254

于衬砌的静水压力给衬砌施加了额外的荷载,地下水对岩石的溶解和软化作用也会降低岩石的强度,降低围岩的稳定性。当洞室位于含水层或地下洞室围岩透水性较强时,这些影响更加明显。

(6)工程因素

除上述天然因素外,地下洞室的埋深、几何形状、跨度、高度,洞室立体组合关系及间距,施工方法,围岩暴露时间及衬砌类型等工程因素,对围岩应力大小和性质影响也很大,均关系到洞室的稳定性。

8.4.1.4 地下洞室围岩稳定性的分析方法

由于不同结构类型的岩体变形和失稳的机制不同,且不同类型的地下洞室对稳定性的要求不同,围岩稳定性分析和评价的方法很多,目前主要有以下几种方法:

(1)围岩稳定性分类法

围岩稳定性分类法是以大量的工程实践为基础,以稳定性观点对工程岩体进行分类,并以分类指导稳定性评价。具体有:按围岩的强度或岩体力学属性分类法、按围岩稳定性的综合分类法、按岩体质量等级的围岩分类法等。

(2)工程地质类比法

根据大量实际资料分析统计和总结,按不同围岩压力的经验数值作为后建工程确定围岩压力的依据。该方法的适用条件是被比较的两个工程具有相似的工程地质特征。该方法是一种较常用的传统方法。

(3)岩体结构分析法

对地下围岩结构利用赤平极射投影法进行图解分析,用于初步判断岩体的稳定性。

(4)数学力学计算分析法

该方法是在研究岩体结构特征的基础上建立地质力学模型,通过理论分析计算(如有限元法)得到确定围岩压力的定量指标,从而判断围岩稳定性。岩体稳定性的分析已由定性方法向定量方法发展,数学和力学的方法已得到广泛的应用。

8.4.2 地下水、地温与有害气体

隧道与地下工程修建过程中的工程地质问题除了围岩稳定问题外,还存在一些特殊的地质问题。

8.4.2.1 地下水

当地下洞室穿越含水层时,不可避免会使地下水涌进洞室内,给施工带来困难。地下水也常是造成地下洞室塌方和使围岩丧失稳定的重要因素。

(1)涌水问题

在地下洞室穿过储水构造、充水洞穴或断层破碎带时,会遇到突发性的大量涌水(图8.13),危害较大。地下工程施工时,有时会因涌水问题不能解决,不得不放弃整个地下洞室。因此,在地下洞室工程地质勘察中,应将洞室是否出现突然涌水问题列为重点工程地质问题进行研究。洞室的涌水量取决于含水层的厚度、透水性、富水性、补给来源等因素,当预计地下水对洞室影响较大时,应通过勘探、试验等方法,查明水文地质要素,计算洞室涌水量,并作为排水设计的依据。

255

(a)   (b)

图 8.13 地下水(涌水问题)

(2)浸水问题

地下水的活动会改变岩石的物理力学性质,降低岩石强度,并能加速岩石风化破坏。地下水在软弱结构面中活动,会起到软化和润滑作用,常造成岩块坍塌。某些特殊土区域还会因地下水的浸水作用,造成岩体体积膨胀,地层压力增大,对洞室稳定有较大危害。

此外,在勘察地下水的水质时也要做好充分的调查。硫酸盐溶液,即硫化水易对混凝土造成腐蚀,对流自含石膏和硬石膏层的水也应特别注意。

8.4.2.2 地温

在常温层以下,地下洞室的温度一般随着深度加深而升高。在饱和空气中,当温度超过25 ℃时,劳动效率就会降低;温度达到35 ℃时,劳动效率几乎下降为零,必须采取增加通风量、喷水或冷却空气的方法才能改善工作环境。因此,对地下洞室内的温度应进行预测。一般将地温升高1 ℃所需下降的深度称为地温梯度,地温梯度受地形起伏、岩层导热率和含水率、地下水温度及火山活动等因素的影响而有所不同。

根据地温梯度,可利用下式近似计算地下洞室的温度:

$$t = t_0 + \frac{H-h}{T} \tag{8.1}$$

式中　t——隧道内预测温度(℃);

　　　t_0——常温层温度(℃);

　　　H——地下洞室深度(m);

　　　h——常温层深度(m);

　　　T——地温梯度(m),平均为33 m,山岭地区为40～50 m。

此外,在钻孔中安放温度计也能够测到地温,当温度达到稳定时做出量测,并可以等温线的形式标绘在地下洞室纵剖面上。

8.4.2.3 有害气体

在开挖地下洞室时,经常会遇到对人体有害的有毒、易燃、易爆气体。这些气体往往存在于岩石的空隙中或处于压力之下,有时会有受压气体突然进入地下洞室中,使岩体受爆炸力破坏的情况发生。因此,在地质勘察期间应注意气体危害的可能性,查明洞室所经过地层中含有的各种有害气体,并提出相应的防护措施。

常见的有害气体包括:易燃、易爆气体,如甲烷(CH_4);无毒的窒息性气体,如二氧化碳(CO_2);易燃的有毒气体,如硫化氢(H_2S)等。有些易燃的有毒气体溶于水后会生成酸溶液,对地下洞室的混凝土、金属、石灰浆等材料有腐蚀作用。一般情况下,在地下洞室通过煤系及含油、碳和沥青的地层时,需要注意碳氢化合物的溢出,特别是甲烷;在地下洞室通过含碳地层时,常会遇到二氧化碳气体;在硫化矿床或其他含硫的地层中需要注意硫化氢气体。

8.4.3 隧道与地下工程地质勘察要点

8.4.3.1 初步勘察阶段

此阶段的目的主要是查明地下洞室所在区域的地形、地貌、岩性、构造等,以及它们之间的关系和变化规律,推断不完全显露或隐埋深部的地质情况,选择优良的地下建筑位置和最佳轴线方位。通过测绘主要弄清对地下洞室有控制性的地质问题(如地层、岩性、构造),进而对地下工程地质与水文地质条件做出定性的评价,根据测绘成果编制各方案线路的工程地质剖面图。

勘察的主要内容如下:

(1)调查各比较线路地段的地貌、地层岩性和地质构造等条件,查明是否有不良的工程地质因素存在,如工程地质性质不良岩层的分布,洞室附近缓倾角裂隙、与洞线平行或交角很小的裂隙的分布及断层破碎带存在等情况;

(2)调查洞室附近不良地质现象的分布,分析山体的稳定性;

(3)调查洞室沿线的水文地质条件,并注意是否有岩洞洞穴、矿山采空区等老窟窿存在;

(4)进行洞室围岩初步分类。

本阶段的勘察方法以工程地质测绘为主,辅以必要的勘探、试验工作,查明建筑场区的工程地质条件,判明是否有不良工程地质因素。测绘比例尺一般为1∶5000～1∶25000。

本阶段勘探以物探工作为主,用以探测覆盖层厚度、古河道、岩溶洞穴、断层破碎带与地下水分布等。钻探的孔距一般为200～500 m,一般布置在洞室进出口、地形低洼处及存在工程地质问题的地段。钻孔深度一般应钻至设计高程以下10～20 m。在钻进过程中,应注意收集水文地质资料,并根据需要进行地下水动态观测和抽、压水试验。试验以室内岩土物理力学试验为主,必要时可进行少量的原位岩体试验。

8.4.3.2 详细勘察阶段

该阶段的主要任务是详细查明已选定位置或路线的工程地质条件,为最终确定轴线位置、设计支护与衬砌结构、确定施工方法和施工条件提供所需资料。详细勘察阶段的内容主要围绕三个方面:一是核对初步勘察阶段地质资料,用钻孔进一步确定洞室设计高程的岩土体性质及地质结构;二是勘探查明初步勘察未查明的地质问题;三是对初步勘察阶段提出的重大地质问题做深入细致的调查。其具体内容有:

(1)查明地下建筑沿线地区的工程地质条件,重点调查地下洞室经过的严重不良地质、特殊地质地段。在地形复杂地段应注意过沟地段、傍山浅埋段和进出口边坡的稳定条件;在地质条件复杂地区,应查明松散、软弱、膨胀、易溶及岩溶化岩层的分布,以及岩体中各种结构面的分布、性质及其组合关系,并分析它们对围岩稳定性的影响。

(2)查明地下建筑地段水文地质条件,预测掘进时涌水的可能性、位置与最大涌水量;在可溶岩分布区,还应查明岩溶发育规律,主要洞穴的发育层位、规模、充填情况和富水性。

(3)确定岩体的物理力学参数,进行围岩分类,研究与评价地下建筑围岩和进出口边坡的稳定性,并提出处理建议。对大跨度洞室,还应查明主要软弱结构面的分布和组合关系,结合地应力评价洞室围岩的稳定性,提出处理建议。

（4）实地复核、修改、补充初步勘察地质资料,对初步勘察遗漏、隐蔽的工程地质问题,应适当加大勘察范围。

在本阶段,工程地质测绘、勘探及试验等工作同时展开。工程地质测绘主要是补充校核初步勘察阶段所选定的洞室地段的工程地质资料,在进出口、傍山浅埋地段、过沟地段等地质条件复杂地段可进行专门性工程地质测绘,比例尺一般为1∶1000～1∶2000,钻探孔距一般为100～300 m。在水文地质条件复杂地段,还应布置适当的水文地质钻孔,并进行水文地质观测和抽、压水试验。坑探主要布置在进出口等地段,以查明这些地段的工程地质条件。同时,结合钻探和坑探,以围岩分类为基础,分组采取岩样进行室内岩石物理力学性质试验及原位岩体力学试验,测定岩石和岩体的物理力学参数。

8.4.4 工程案例

8.4.4.1 宜万铁路隧道特大突水事故

2004 年 8 月 1 日开工建设的宜万铁路马鹿菁隧道主长 7879 m。2006 年 1 月 22 日 10 时 40 分许,隧道平导洞进行爆破后突然大面积透水。通过连接两洞的横向通道,水铺天盖地涌入正洞。当时涌水量很大,约有 2 m 高。正洞内离洞口约 1000 m 的地方,有 11 人(7 名工作人员、4 名民工)。当天上午 11 时许,水开始漫到洞外,沿着山坡倾泻而下。两洞都已大量积水,20 多台抽水机在不停地工作。由于涌水似瀑布一样,洞外还有部分土地和房屋被冲毁(图 8.14)。

主要原因:

（1）当地连续降雨,事故发生地段地表雨水与地下岩腔及断层水系相通,并存有大容量承压水体,地质构造复杂。

（2）在设计和施工过程中,虽然也做了多方面的地质勘测工作,但由于认知水平的局限,工作措施不到位,未能发现不明承压水体。

（3）施工过程中,对岩层变化及实测出主要发育的岩溶裂隙水超压先兆分析判断不够,未能采取有效措施。

因此,当隧道岩体揭露后,造成岩溶水压的承载失衡,才导致了突水突泥重大事故的发生。

8.4.4.2 董家山隧道特大瓦斯爆炸事故

2005 年 12 月 22 日 14 时 40 分,四川省都江堰至汶川高速公路董家山隧道工程发生特大瓦斯爆炸事故(图 8.15),造成 44 人死亡,11 人受伤,直接经济损失 2035 万元。

图 8.14 宜万铁路隧道特大突水事故　　　　图 8.15 董家山隧道特大瓦斯爆炸事故

后经调查组认定指出,隧道工程施工地段正处于煤系地层,瓦斯涌出量增大。在掌子面进行拱架连接连筋焊接施工时,多次出现局部轻微燃烧情况。在进行二次衬砌浇筑作业时,防水板内瓦斯浓度较高。有关单位对本地区隧道瓦斯危害性认识不足,对隧道中瓦斯预测、判断技术手段相对落后,对瓦斯隧道等级未能正确界定和提前预报,导致该隧道按低瓦斯隧道进行施工、监理,存在重大安全隐患,是本次事故的主要原因。

8.5　港口工程中的工程地质问题

港口是指处在自然或人为的保护之下,可让船只安全停泊、装卸物资和躲避风浪的水域。港口往往是沿海国家的门户、海上活动的中心,也是发展海陆交通的重要枢纽。据统计,全世界共有港口约 9800 个,可用于国际通航的约有 2000 个。我国海岸线绵延曲折,航海历史悠久,近年来,大多数海港经过扩建和改建,吞吐量不断增大,码头岸线和万吨级以上的深水泊位成倍增加,各种专业码头不断涌现,港口面貌大为改观。

港口的种类很多,性质和用途也各不相同,按其成因可分为天然港和人工港。天然港是指天然地形所形成的港,它主要分布在海港和河口处。例如美国加州海岸,特别是其南段,海湾河口很少,所以港口也很少,而大西洋岸由于海湾、河口多,所以港口也多。因为那里常有陆地伸入海中作为天然屏障,只需要经常保持足够的水深和增设一些人工码头设施即可使用。人工港则是由人工修建的防波堤围筑而成。

港口有水域和陆域两大部分。水域包括港航道、港池和锚地,是供船舶航行、运转、锚泊和停泊装卸之用的。港口的岸上部分称为陆域部分,它是指与水面相毗连、与港务工作直接有关的港区,以供旅客上下船、货物装卸、货物堆存和运转之用,建有码头、栈桥、船坞、船台、仓库、动力站、油库、办公楼、车间与宿舍等建筑物。

8.5.1　港口工程中的主要工程地质问题

由于港口工程建筑物的种类较多,各自所处的自然环境也不同,因此它们可能遇到的工程地质问题也必然是多种多样的。这里主要探讨港口工程区域稳定,防波堤和码头等建筑物的地基稳定,以及港口地址选择所涉及的主要地质问题等。

8.5.1.1　港口工程区域稳定问题

港口工程一般沿海岸建设,其选址过程、建设过程及运营阶段不仅受到地壳运动的制约,同时也受到海洋洋面变迁的影响。一般情况下,可以认为海平面的升降是影响海岸发育和港口建设的全球性因素,而新构造运动则是控制海岸发育和港口稳定性的区域性条件。大部分海岸线的变迁是在这两种作用下共同发展的,只是有些地区在不同的时间各自起到的作用大小不同而已。据统计,近年来,全球海平面呈上升趋势,平均的海平面上升速率为每年 1.0～1.5 mm,且还有不断加速之势;构造运动会直接影响到区域内的海岸升降大小,往往是控制海岸演变、导致海岸地形差异的主导因素。我国沿海地区,由于受西太平洋活动构造带的影响,新构造运动比较活跃,其幅度通常大于洋面升降的幅度。

（1）地质构造运动对我国海岸发育和港口稳定性的影响

根据我国海岸线的方向和新华夏系构造带走向间的关系,我国海岸类型可分为南北两部分。杭州湾以北的海岸线跨越了几个不同的隆起带和沉降带,由于不同构造带板块运动的差异较显著,因而海岸地形也具有明显的差异。杭州湾以南,浙、闽、粤隆起带受到南岭构造带的交接作用影响而呈弧形分布,海岸线也顺应构造线走向呈弧形弯曲。

我国东部广泛发育的 X 形断裂构成的棋盘状构造,对局部海岸地形的控制较为突出,不同方向断裂板块的交汇处常形成岛屿、海峡。这些断裂的活动性与地震发育程度直接关系到港口的稳定性。由于我国沿海一带处于环太平洋地震带的西缘,因此,地震对港口稳定性的影响不容忽视。

大多数港湾在构造运动阶段基本上属于下降区,周围的山地多属于上升区,两者的交接地段是升降过渡区,故常常是断裂发育所在,地质情况最不稳定。因此,在港口建设时应尽量避免在此地段建设码头、仓库等重型建筑物。在港口建设前必须查清港口的地质构造,特别是断裂的活动情况。对处于相对下降的港湾,建港后随着海岸的下降港口将会有被淹没的危险,因此必须判明其下降的速度,以便合理地布置建筑物;对处于相对上升的港湾,建港后港池将会随地壳的上升而变浅,从而使港口失效,所以在建港前也必须判明其上升的速度。

(2)海平面升降变化对港口建设的影响

除了地质构造运动对港口建设有较大影响外,由于温室效应导致的冰川融化等问题也会使海平面发生升降变化,从而影响到港口的建设和使用。因此,港口建设时必须做出合理的规划和防治措施,正确布置港口建筑物的位置。

8.5.1.2　防波堤和码头的地基稳定问题

不同类型的建筑物对地基允许承载力的要求是不同的,防波堤和码头是港口的重型建筑物,正确地确定地基承载力对保证码头和防波堤的安全稳定性具有重要的意义。港口的码头和防波堤主要部分有时会完全建于海底上,有时会因地基平整度不高而发生地基倾斜,从而导致建筑物承受偏心荷载,使其稳定性下降;同时,作用在防波堤和码头上较大的波浪效应也会在基底产生偏心力,易于使地基发生破坏。因此,这类建筑物对地基允许承载力的要求较高,在地质勘察时应对地基的承载力进行认真评价,提出合理的地基承载力。在选择场址时,尽量将此类建筑物修建在基岩或砂砾岩石地基上。防波堤和码头的主要结构形式分别见图 8.16 和图 8.17。

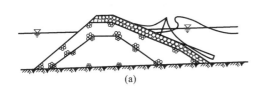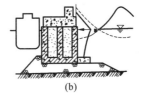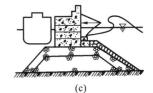

图 8.16　防波堤的主要结构形式

(a)斜坡堤;(b)直墙堤;(c)混成堤

8.5.1.3　港口位置选择的工程地质问题

在港口建设中港址的比较选择是经常遇到的一项重要工作。正确地进行港址比较选择才能够做到在工程地质条件较为优越的地方建设港口,这对节省投资、充分发挥港口效益,以及港口建设的合理布局都有重大意义。选择港址时必须根据对港址的要求,全面研究各比选港址的工程地质条件,特别是其中的地质构造、地形地貌和岩土工程地质性质等,抓住区域稳定性、建筑物配置和地基稳定性等主要工程地质问题进行具体分析对比,才能做好港口位置的选

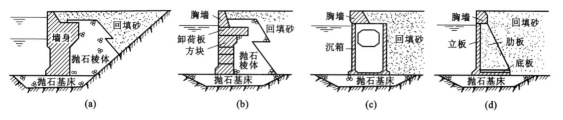

图 8.17　码头的主要结构形式

(a)整体砌筑式码头;(b)带卸荷板方块码头;(c)沉箱码头;(d)扶壁式码头

择。除上述要求外,在选择港口位置时,还需要考虑以下几个问题:

(1)港口应具有宽阔的水域,以便船舶自由进出和回旋。港池和航道要求有较大的水深,以便较大吨位的船舶进出和停泊。一般港址的天然水深很少能满足要求,而开挖岩石的航道和港池因成本较高,是不可取的,纯泥质港池因运营期间港池维护性挖泥量较大,也不是理想的场地。因此,需要调查基岩埋深标高,以便于通过疏浚达到水深要求。

(2)港口水域最好有天然的掩护,如需要建造防波堤,则应选择水域地质条件好、承载力高、有利于水工建筑物建设的地方。

(3)港口海岸受波浪、海流和潮汐的影响发生冲蚀作用和堆积作用是普遍存在的,冲蚀作用可使边岸坍塌,使原有岸线后退;堆积作用可使水下坡地回淤,以致水深变浅,海床增高。这些海岸线后退和海床增高都会对港口工程有影响,因此在选择港口时,应对这些不利因素做出评价。

(4)港址所在地要有方便的船舶靠锚地,海底不能有太多的岩石,但也不能有太多砂或全是淤泥。

(5)港口岸线要有足够的纵深,以便港口效率的提高;要有足够的陆域面积和良好的地基条件,能保证港口作业区和各种建筑物的布置。

(6)港址应尽量选择对抗震有利的地段。

8.5.2　港口工程地质勘察要点

8.5.2.1　选址工程地质勘察(选址勘察)

选址勘察的目的是粗略地了解拟建址的工程地质条件,为综合评价港址的建设适宜性提供工程地质资料。采用的勘察方法主要是收集已有的资料和现场踏勘。当需要布置勘探工作时,河港勘探点间距顺岸向一般为 300～500 m,距垂岸向 100～200 m;海港勘探点间距一般为 500～1000 m,当基岩埋藏较浅时可适当加密。勘探深度一般均不超过 40 m。

8.5.2.2　初步设计阶段工程地质勘察(初勘)

初勘的目的是为在已选定的港址上为合理地确定建筑的总体布置、结构形式、基础类型和施工方法等提供工程地质资料。全面调查港址区的工程地质条件,是为研究关键性工程地质问题和合理地布置勘探工作提供依据。经调查后尚需进行工程地质测绘时,测绘的范围视具体情况而定,比例尺一般采用 1:2000～1:5000。勘探工作应在充分考虑港址特点、建筑物类型、已有工程地质资料的基础上来布置。勘探点中取原状试样的钻孔不得少于 1/2,取样间距一般为 1 m,其余为标贯孔。勘探点的间距和勘探深度视工程类型及地质条件而定。此外,场地内的每一地貌单元和可能布置重型建筑物的地段至少应有一个控制性勘探点。

8.5.2.3　施工图设计阶段工程地质勘察(施勘)

施勘的目的是为地基基础设计、施工、拟定防治不良地质因素的措施提供工程地质资料。本阶段采用的主要勘察手段是勘探和测试。勘探工作必须根据工程类型、建筑物特点、基础类型、荷载情况、岩土性质,并结合所需查明的问题的特点来确定勘探点位置、数量和深度等。港口建筑物各项地基计算所需的岩土物理力学指标及取样要求,应根据岩土类别及分布特征按设计计算的需要确定。重点取土区的取样间距一般为1 m,土层变化大时则应增加取样,非重点取土区的取样间距一般不超过2 m。当地基岩土不易取样或不宜做室内试验时,应采用现场载荷试验、静力触探、原位十字板剪切试验等方法进行原位测试。

8.6　水利工程中的工程地质问题

水利工程是对天然水资源进行控制、调节、治理和开发利用,以达到减轻或消除水旱灾害、治理水土流失和水污染、充分利用水资源、保护水环境的目的而修建的工程。根据其目的,水利工程主要是建造一些不同性质、不同类型的水工建筑物,如挡(蓄)水建筑物(水坝、水库等)、输水建筑物(输水渠道、隧洞等)、取水建筑物(进水闸、扬水站等)、泄水建筑物(溢洪道、泄洪洞等)等,若干水工建筑物配套形成一个综合的"水利枢纽"。对大多数水利工程来说,挡水坝、引水渠和泄水道是三项较重要的工程,而挡水坝又是所有水工建筑物中最主要的建筑。水坝建成后,其上游一定范围内便积蓄地表水成为水库区。水工建筑物及其他建筑物对地质条件的要求不同,主要表现在:

(1)各种建筑物以及水对岩土体产生荷载作用,这就要求岩土体有足够的强度和刚度,以满足水工建筑物稳定性要求;

(2)水工建筑物周围水体易向地质体渗入或漏失,从而引起地质环境的变化,导致岸坡失稳、库周浸没等问题,同时也会因水文地质条件改变而导致库区淤积和坝体下游冲刷等问题。

因此,对于水利工程中的水工建筑物还有很多地质问题需要进一步研究,在此,主要围绕坝区和库区建设时的工程地质问题进行探讨。

8.6.1　水利工程建设中的主要工程地质问题

8.6.1.1　水利工程坝区工程地质问题

水利工程中的水坝按照使用的材料和结构形式的不同有很多类型,如按材料可分为土坝、堆石坝、混凝土坝等;按结构形式可分为重力坝、拱坝和支墩坝等;按高度分为低坝、中坝和高坝。不同类型的坝体对地质条件要求不同,但其面临的工程地质问题却是相似的,即坝区渗漏问题和坝基稳定问题。

(1)坝区渗漏问题

水库蓄水后,坝上、下游形成一定的水位差,在该水位差的作用下,库水将从坝区岩土体内的空隙向坝下游渗出,称为坝区渗漏。坝区渗漏是水利工程遇到的常见问题,一旦渗漏量过大,就会影响水库的效益或危及坝体安全,因此,坝区渗漏是必须防治的工程地质问题。岩层的透水性是产生渗漏的基本条件,根据岩层透水情况的不同,渗漏的形式可分为均匀渗漏和集中渗漏两种。均匀渗漏是通过砂砾石层、基岩均布风化裂隙等透水层进行的;集中渗漏是通过断裂破碎带、岩溶孔洞等集中透水地段进行的。

① 松散岩层坝区的渗漏

松散岩层坝区的渗漏主要产生于强透水性的砂、砾石层。从土体成因来看,冲积物分选性好,细粒含量较少,透水性较大;洪积物、坡积物一般大小混杂、分选性差、透水性较低。同一成因的沉积物随着沉积时代由新到老,其透水性一般会变小。因此,松散岩层坝区的渗漏条件分析应从第四纪地貌和成因类型开始,查明岩土体粗细颗粒分布和结构组合情况。此外,在河谷地区建坝,中下游河段的阶地,掩埋在古河床或现代河床冲积物中的砂卵石层、冲积层往往是造成渗漏的主要通道,应予以注意。

② 裂隙岩体坝区的渗漏

裂隙岩体的渗漏主要取决于岩体裂隙数量、断层的发育程度、充填物性质及其透水性。由于坝基(肩)岩体中断裂构造的存在,往往是构成坝区渗漏的主要条件。在坝区发育的顺河断裂、裂隙密集带、岸坡卸荷裂隙带、纵谷陡倾和横谷向上游缓倾的各种原生结构面,是造成坝区强烈渗漏的通道(图8.18)。山区河流由于受岩性、构造、水文等因素影响,河谷深切基岩,侵蚀沟谷发育,因而河谷的地貌及覆盖条件对坝区渗漏起到了一定程度的控制作用。在倾斜岩层地区,对于纵向河谷,因沿层面渗透路径最短,故应注意沿层面走向的渗漏,而横向河谷,岩层倾向下游时,应注意沿倾向的渗漏。

③ 岩溶坝区的渗漏

岩溶坝区的渗漏主要受地下岩溶通道的影响,如溶洞、暗河、落水洞等,它们之间往往相互连通,形成大规模的集中渗漏通道(图8.19),对坝区水库蓄水极为不利。

图8.18 裂隙岩体坝区渗漏通道

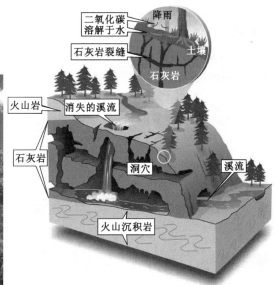

图8.19 岩溶坝区渗漏通道

(2)坝基(肩)稳定问题

除了渗漏问题外,在大坝自重及水压等外力作用下,可能导致坝基岩体产生稳定问题、变形稳定问题和滑动稳定问题。

① 坝基变形稳定问题

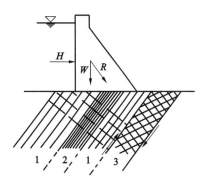

图 8.20　岩性不均一的坝基剖面
1—砂岩;2—页岩;3—断层带

一般坝基产生失稳破坏的形式主要是压缩变形和滑动破坏。对于坚硬完整的坝基岩体,其压缩变形往往较小,当变形均匀一致时,对坝体的稳定没有明显的影响,但当发生不均匀沉陷或一侧岩体变形较大时,则可在坝体中产生拉应力,使坝体产生裂缝,甚至使整个坝体遭到破坏。影响坝基产生不均匀沉降变形的主要地质因素有:

a.坝基岩性不同,变形模量有较大差别。一般情况下,黏土页岩、泥岩、强烈风化的岩石及松散沉积物,尤其是淤泥、含水量较大的黏土层等,都是容易产生较大沉降的岩土层。岩性不均一的坝基剖面如图 8.20 所示。

b.坝基或两岸岩体有较大的断层破碎带、裂隙密集带、卸荷裂隙带等软弱结构面,尤其是当张开性裂隙发育且裂隙面垂直于压力方向时,容易产生较大的沉降变形。此外,软弱结构面的产状和分布位置对坝基岩体的变形也有显著影响,如软弱岩层分布在表层时就容易产生较大的沉降变形,而分布在坝趾附近时则容易导致坝身向下游倾覆,分布在坝踵附近时则容易导致坝基岩体的拉裂。

c.岩体内存在溶蚀洞穴或被潜蚀掏空的现象,产生塌陷而导致不均匀沉降。

② 坝基(肩)滑动稳定问题

对于一般的重力坝,坝体主要是依靠自重与坝基岩体间的摩擦力来维持稳定性。一旦坝基存在地质缺陷,产生的摩擦力不能维持平衡时,坝体有可能沿软弱面产生整体剪切滑移,导致坝体失稳破坏。因此,坝基岩体的滑动破坏常是混凝土坝、砌石坝等重力坝型设计时应考虑的重要因素。根据滑动面位置,坝基滑动破坏分为表层滑动、浅层滑动和深层滑动三种类型。

a.表层滑动指发生在坝底与基岩接触面上的平面剪切破坏。当坝基岩体坚硬完整,不具有控制性的软弱结构面存在,且岩体强度远大于坝体材料接触面强度时,就可能产生该类型的破坏,如图 8.21(a)所示。

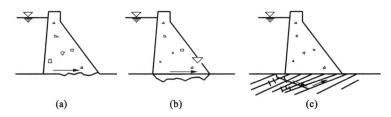

图 8.21　坝基滑动破坏的形式
(a)表层滑动;(b)浅层滑动;(c)深层滑动

b.当坝基浅部岩体强度相对于接触面及深部岩体强度偏低时,便有可能成为产生沿浅部岩体剪切滑动的薄弱部位,造成坝基的浅层滑动。尤其是坝基浅部岩体软弱破碎或坝基风化层较厚时容易发生,如图 8.21(b)所示。

c.深层滑动发生在坝基岩体的较深部位,主要是沿软弱结构面发生剪切破坏,滑动面常由两三组或更多的软弱面组合而成,如图 8.21(c)所示。

对于拱坝,它主要依靠拱的结构把大部分的荷载传给两岸的山体,对坝肩岩体产生轴向推力、径向剪力和力矩。因此,拱坝的稳定性除了要适当考虑坝基的稳定外,还必须研究坝肩的稳定性。坝肩的滑移面一般为倾向下游河床方向的平缓或倾斜的软弱结构面,有时倾向上游的缓倾角结构面也构成滑移面。

8.6.1.2 水利工程库区工程地质问题

(1) 水库渗漏问题

库区渗漏指库水通过渗漏通道向外邻谷或洼地的渗漏(图 8.22),大多数水库均存在漏水问题,只是严重程度不一。如北京的天开水库,设计库容为 1300 万 m^3,库区为震旦系硅质灰岩,溶蚀裂隙发育,岩层呈单斜构造,且倾向下游。每年雨季水库蓄水后,多则 50 天,少则 10 多天,库水全部漏失,同时下游地区在水库蓄水期间到处冒泉,给人们的生产生活造成很大影响。库区渗漏一般受地形地貌、岩石性质、地质构造、水文地质条件等因素影响,在库区勘察时应综合分析,并进行准确评价。

图 8.22 水库渗漏

(2) 库岸滑坡

库岸滑坡(图 8.23)一般是由于库水位上升或暴雨促发的,一些古滑坡也可能复活。在勘察水库时应查明其位置和可能的体积。特别是靠近坝前的滑坡对大坝威胁最大,如柘溪水电站的坝前大滑坡使坝前水位突然升高,造成溢流而损失;黄河三门峡水库的修建,导致库周的黄土台地大量崩塌,影响了居民点和周围城市的安全,原因是库水位的上升使黄土强度大大降低。

(3) 水库淤积

水库建成后,河水流速减小,由上游携带的泥

图 8.23 库岸滑坡

沙便在库区沉积下来,堆积于库底,这种现象称为淤积问题。到目前为止,我国已建成 8 万多座水库,总库容近 5000 亿 m^3,由于泥沙淤积,总库容减少约 40%。黄河三门峡水库就因泥沙淤积问题严重,长期不能发挥设计效益。

(4) 水库浸没

水库水位抬高后,库区周围地区的地下水位也随之上升,这时,地下水位可能接近或高出地面,导致库岸农田土壤盐碱化、沼泽化,建筑物地基恶化,矿坑充水坍塌等,这种现象称为水库浸没问题。

(5) 水库诱发地震问题

修建大水库会诱发地震,世界上约有 100 座水库蓄水后诱发地震。水库诱发地震与库容、

地质构造与岩性、库水渗透条件、区域构造活动等因素有关。水库对地震的影响表现在：一是水体对库床及库岸岩体的压力容易使处于不稳定状态的岩体失衡；二是库水的渗透和通过裂隙所形成的水压力及水的化学作用，对岩体固有结构的破坏与改变。

8.6.2　水利工程勘察要点

8.6.2.1　坝址工程地质勘察要点

（1）选择坝址阶段

此阶段的目的是查明各比较坝址的工程地质条件，为坝址的选定提供地质依据，重点调查各坝址范围内的岩石性质、地层构造和物理地质作用等地质条件。主要内容有：

① 了解河床及两岸第四纪地层厚度、分布和物质组成，尤其是软土层与砂砾卵石层的分布；

② 了解基岩岩性、分类，如软弱夹层分布、厚度、性质，分析其与工程的关系；

③ 了解坝区断裂带的产状、延伸、性质、规模、充填物质，尤其是顺河断裂和缓倾角断裂，分析其对工程的影响；

④ 了解风化带的厚度、分布规律和强度特点；

⑤ 了解坝区水文地质条件、岩土体透水性，以及岩溶发育程度，分析渗漏可能性；

⑥ 初步分析存在的崩塌、滑坡等不良地质条件和危害程度。

（2）选定坝址后的勘察要点

要求更详细地了解所选定坝址的工程地质条件，为选定坝轴线、坝型及枢纽总体布置提供地质资料和数据，对各种不利地质条件做更详细的勘探和调查。

① 在查明场地第四纪土层分布和厚度基础上，测定各土层的力学强度参数、渗透系数等；

② 分段分类提出岩体的有关物理力学性质指标，进一步查明坝基（肩）岩体内软弱夹层的物质组成、连通情况、组合关系以及力学参数；

③ 了解岩体各风化带的物理力学性质和抗水性，确定开挖深度并提出处理措施；

④ 查明对工程有影响的断裂破碎带的产状、宽度、构造岩体的物理力学性质等，并提出处理措施；

⑤ 查明岩体水文地质结构、各层的渗透系数、渗漏带的边界条件，预测渗漏量和基坑涌水量，并确定防渗处理范围和深度；

⑥ 查清坝基（肩）的工程地质条件，针对不稳定的结构体存在情况，对坝基（肩）稳定性做出评价。

8.6.2.2　水库区勘察要点

（1）一般性勘察阶段

以地质测绘方法为主，全面查明库区地质情况，基本确定可能发生渗漏、浸没、坍岸和崩滑的地段。初步评价其影响程度，以便为选坝址提供参考资料。主要内容应围绕库区工程地质问题开展：

① 调查库区水文地质条件，分析各种渗漏的可能性、渗漏的途径和形式，估算渗漏量，并分析其对库区影响及处理的可能性；

② 根据地形地貌条件、水文地质条件和地层分布情况，分析浸没的可能性，并初步预测浸

没区范围;

③ 调查对工程有影响的滑坡、泥石流分布,初步评价其稳定性;

④ 对库区地震可能性做出判断。

(2) 专门性勘察阶段

在已选定坝址及初步确定水位高程后,对可能发生渗漏、浸没、坍岸和崩滑地段进行详细的地质测绘、勘探,岩土的物理力学性质试验和水文地质试验以及长期观测工作,为这些不良的工程地质问题提供定量分析研究及预防处理的地质资料。

8.6.2.3 引水建筑系统工程地质勘察要点

(1) 选择引水道类型及线路方案的工程地质勘察阶段

此阶段主要是对各引水系统线路方案的沿线工程地质条件进行全面的研究和比较,为选择最优的路线及引水建筑类型提供必要的工程地质资料。

(2) 选定引水线路的工程地质勘察

详细查明已选定线路的工程地质条件,以确定引水建筑系统的中心线、隧洞进出口位置,并提供编制各段引水建筑物初步设计所需的地质资料。在渠道线上的勘察重点应是:

① 要通过斜坡地段的边坡稳定条件;

② 可能渗漏和湿陷地段的情况及其可能的规模;

③ 深挖、高填及不良地质条件地段的工程地质条件。

在此阶段更要提供各不同地形与地质条件渠道工程设计所需的岩土物理力学性质指标及参考数据。

本 章 小 结

(1) 工业与民用建筑工程中的主要工程地质问题包括区域稳定问题、地基稳定问题、地基施工条件、边坡稳定性问题。因此,在进行工程地质勘察时,应对建筑区域内总体稳定性进行评价,勘察场地地层、构造、岩性、不良地质作用等工程地质条件,确定地基岩土体的物理力学指标和合理的承载力。此外,还需查明地下水的性质,为基坑支护、边坡稳定性和工程降水提供所需的水文地质资料。

(2) 道路工程的主要地质问题包括路基边坡稳定性问题、路基基底稳定性问题和道路的冻害问题三个方面,其中路基边坡稳定和路基基底稳定是最常见的地质问题。道路工程的勘察工作按照道路工程的建设过程分为三个阶段:选线方案阶段、定线勘察阶段和定线后的勘察阶段。每一阶段勘察的目的和重点有所不同。桥梁工程的主要地质问题反映在桥墩台地基稳定问题和桥墩台的冲刷问题上,其勘察工作包括初步勘察阶段和详细勘察阶段。初步勘察阶段的目的是查明桥址各线路方案的工程地质条件,为选择最优方案、初步论证基础类型和施工方法提供必要的工程地质资料;详细勘察阶段的任务是为选定的桥址方案提供桥梁墩台施工设计所需的工程地质资料。

(3) 隧道与地下工程中的主要工程地质问题有围岩稳定问题,以及地下水、地温和有害气体等问题,其中围岩稳定问题是隧道与地下工程最主要和常见的地质问题。围岩发生变形破坏的主要形式有脆性破裂、块体滑移、弯曲折断、松动解脱、塑性变形等,其稳定性受到岩性、岩体结构、地质构造等因素影响。隧道与地下工程初步地质勘察阶段的主要任务是查明各主要方案线路的工程地质条件,为确定最优线路方案及洞室的初步设计提供必要的地质资料;详细勘察阶段的主要任务是详细查明已选定位置或路线的工程地质条件,为最终确定轴线位置、设计支护和衬砌结构、确定施工方法和施工条件提供所需资料。

(4)港口工程中的主要工程地质问题包括港口区域稳定问题、防波堤和码头的地基稳定问题、港口位置选择的工程地质问题等,其勘察工作分为选址勘察、初步勘察和施工勘察。

(5)水利工程的主要地质问题是坝区的稳定问题(坝基渗漏稳定、坝基变形稳定、坝基滑动稳定),水库区的渗漏、库岸滑坡、水库淤积、浸没和水库蓄水引发的地震问题。水利工程地质勘察要点按照水工建筑物的类型(坝址工程、水库区、引水建筑系统)和工程建设阶段有所不同。

思 考 题

8.1 工业与民用建筑工程中的主要工程地质问题有哪些?

8.2 工业与民用建筑工程的勘察要点有哪些?

8.3 道路工程的主要工程地质问题有哪些?

8.4 道路工程勘察要点有哪些?

8.5 桥梁工程的主要工程地质问题及初步勘察阶段的要点是什么?

8.6 什么是围岩稳定性?其影响因素有哪些?

8.7 围岩变形破坏的方式有哪些?其特征是什么?

8.8 隧道与地下工程详细勘察阶段的勘察要点是什么?

8.9 选择港口位置时需要考虑哪些问题?

8.10 港口工程初步勘察阶段的要点是什么?

8.11 水利工程中库区建设遇到的工程地质问题有哪些?

9 环境工程地质

章节序号	知识点	能力要求
9.1	①环境工程地质概念 ②现阶段研究重点	理解环境工程地质的含义,了解现阶段环境工程地质的研究重点
9.2	①工程建设分类 ②工程建设对地质环境的作用 ③主要环境工程地质问题	①了解工程建设的分类 ②理解主要环境的工程地质问题 ③理解工程建设对地质环境的作用
9.3	①环境工程地质调查 ②环境工程地质的评价方法 ③环境工程地质区划 ④环境工程地质图系的编制 ⑤地质年代表	①了解环境工程地质的内容与方法 ②理解环境工程地质评价的目标以及评价的步骤与方法 ③了解环境工程地质区划的原则以及分级 ④了解编制环境工程地质图的目的、原则,各图组包括的内容

9.1 环境工程地质概述

9.1.1 环境工程地质的产生背景

环境问题,古已有之。西亚的美索不达米亚平原、我国的黄河流域,都曾是人类文明的发祥地,但后来由于大规模毁林垦荒,又不注意培育林木,结果造成严重的水土流失,以致良田美景逐渐沦为贫壤瘠土。从 20 世纪 50 年代开始,随着工业经济的快速发展,一系列污染事件不断发生,形成了第一轮环境问题。到了 20 世纪 80 年代,新一轮经济的快速发展使环境与发展的矛盾再次突出。随着人类工程、经济活动的规模和范围日益扩大,引起了具有代表性的问题——环境工程地质问题,专业人士必须解决工程活动对地质环境的作用所产生的新问题,这就形成了现代工程地质学的新分支——环境工程地质。

国际交流与协作为环境工程地质的创立做了组织准备,对加速环境工程地质问题的研究起到了重要推动作用。1970 年,国际地质科学联合会(IUGS)正式成立了“地球科学与人类”专业委员会;1972 年,第二十四届国际地质大会将“城市与环境地质”列为第一专题;1979 年,国际工程地质学会(IAEG)在波兰召开首次"人类工程活动对地质环境变化的影响"专题讨论会;1980年,在巴黎第二十六届国际地质大会上,国际工程地质协会一致通过了《国际工程地质协会关于参与解决环境问题的宣言》(以下简称《宣言》)。《宣言》倡议所有从事工程地质和相邻学科的人员,在设计和修建任何工程时,不仅要注意工程设施的可靠性及经济效益,而且必须考虑保护环境和合理利用环境的问题;要求查明工程地质条件,并在空间、时间上进行定量的预测评价;要求开展以了解某些地区地质环境为目的的区域地质调查,编制世界性的分类环境工程地质图。环境工程地质问题的研究,在经过多次各种类型的与人类活动有关的地质灾害的教训、长期的思想孕育和组织准备后,已开始在全世界普遍开展。《宣言》已成为现代工程地质学向环境工程地质学进军的时代标志,同时也肯定了已有的环境工程地质问题。

9.1.2 环境工程地质的基本概念

我国的《地质词典》(1986年)对环境工程地质的定义是:它是工程地质学的一个分支,是研究由于人类工程经济活动所引起的(或诱发的)区域性和有害的工程地质作用的学科。环境工程地质研究这些作用产生的条件和机制,提出减弱或消除它的工程措施,为制订利用、保护和改造地质环境方案提供依据。我国著名的工程地质学家刘国昌教授(1982年)提出:环境地质的中心问题是环境工程地质问题。从广义上来说,其包括第一环境与第二环境:所谓第一环境,即自然环境,它是在区域工程地质条件下发生、发展的,具有显著区域性规律;所谓第二环境,即人类的工程经济活动的影响,除与自然工程地质条件有关外,更主要与人类的工程经济活动有关,故区域性规律不明显。中国工程院院士胡海涛(1984年)曾经提出过一个比较全面的论述:"环境工程地质学是在区域工程地质学研究基础上,主要研究由于人类工程经济活动引起的地质环境的变化,以及这种变化所造成的影响,其目的是改造、利用和保护地质环境。环境工程地质学以其研究领域的广泛性、研究内容和方法的综合性、环境评价的预测性和改造利用地质环境的能动性,以及以人类活动为主导的动力因素来区别于传统工程地质学。"一般认为:环境工程地质是研究与人类工程经济活动有关的合理开发、利用、改造和保护工程地质环境的一门学科。

环境工程地质,是人类工程经济活动不断加剧的必然产物。换句话说,在现代科学技术条件下,人类的工程创造给人类带来了极大利益,同时也给人类环境带来了极大影响,出现了各种不良的工程地质现象,直接或间接地对人类环境产生反作用。为了解决这个问题,人们开展了环境工程地质研究。环境工程地质的主要研究目标,是为了合理地进行工程开发,在满足人类发展需要的同时保护地质环境,使人类工程经济活动与地质环境保持良好的协调关系,从而更有利于人类的生存、生活和生产的发展。

环境工程地质的主要研究内容是在查明工程地质条件和自然地质作用的基础上,探索人类工程与地质环境的相互作用,从定性分析到定量评价、由静态认识到动态观测,着重于研究各种工程环境系统的演化及其发展趋势,提出合理、经济的防治措施,为制定人类工程经济活动的发展规划提供科学依据。因此,它是一门应用型学科,是工程地质学与环境科学之间的边缘学科,也是现代工程地质学的一门分支学科。

9.1.3 现阶段我国环境工程地质的研究重点

针对现阶段环境工程地质学研究现状和我国现代经济建设发展趋势,为了解决工程建设中所出现的环境工程地质问题,合理利用和保护地质环境,为进一步改善人类生存环境做出应有贡献,今后的一段时间内,我国环境工程地质研究必须在深度和广度上有一个大的发展,将微观研究和宏观研究推向深化,同时加强结合。

9.1.3.1　加强环境工程地质学的理论与方法的研究

(1)在普遍揭示各类工程建设有关工程地质问题的研究中,要观其表征,寻其发生、发展规律,深入分析工程建设与地质环境的依存关系和相互作用机理。因此,要有目的、有组织地开展各类工程建设期后效应的研究工作。

(2)努力应用系统论的理论与方法开展环境工程地质研究,逐步组织不同类型的地区、不同工程组合类型的建设区开展这种示范研究。

(3)加速各类问题的数据库及其信息系统的建设。

9.1.3.2　加速区域性环境工程地质研究

(1)针对国家制定的国土整治规划和经济建设的战略,不失时机地开展重点经济开发区和生态环境脆弱区的治理开发过程中的区域环境工程地质评价工作,为有关地区经济发展(区域开发)的战略决策提供基础性的依据。

(2)工程地质学家已经有能力与社会各界协同研究区域资源开发、生产力布局和环境整治问题。

9.1.3.3　注意地质灾害的形成规律、趋势预测及减灾对策的研究

这种研究既要注意自然地质作用、人类行为以及它们的联合作用所产生的地质灾害本身,又不能孤立地研究地质灾害,而且必须把各种自然灾害间的相互关系摸清,即应当考虑自然灾害的相关性、综合性、地区性和社会性。同时,要在地质灾害规律研究的基础上,把注意力用于预测、预报、预警和减灾及防治的研究,并付诸实践。

9.1.3.4　开展环境工程地质制图研究

要求图件能够反映所属地区的工程地质环境特性的区域规律,一方面要表征环境工程地质评价所需的实际资料,另一方面要预测规划的建设项目可能引起的工程地质环境变化的趋势。显然,这类图件既有服务于不同目的的需要,又必须有各种因素的分析图件和综合图件,所以是一套系列图件。同时,要积极积累资料,在区域图件编制的基础上,编制全国性图件,为国家高层次的国民经济发展地区生产力布局和国土整治规划的战略决策提供基础性资料,努力实现我国资源、环境的合理开发和保护,加速改善人类生存环境的进程。

9.2　工程建设与环境工程地质

9.2.1　工程建设分类

当你漫步在城市的大街小巷时,你总可以看到一幢幢住宅、办公楼、文体建筑正在兴建或正在使用;当你看报纸、电视时,也总可以看到宏大的建设工程,如青藏铁路、三峡工程、长江大桥、高速公路、"西电东送"工程等正在建设,或已开始投入使用。这些工程统称为建设工程或建造工程。这些工程对发展我国经济、提高人民的生活水平、建设小康社会起着重要的作用。建设工程的种类很多,涉及国民经济和人民生活的方方面面。从工程特点和行业分工的角度,建设工程大致可以分为以下十余类:

（1）房屋建筑工程。包括各类工业与民用房屋建筑、高耸结构、大跨结构、风景园林建筑工程，文物保护与维修、消防工程等。

（2）道路工程。包括公路、铁道、桥梁、隧道、涵洞工程，交通运输规划、交通控制工程等。我国将道路工程分为三块，公路工程归交通运输部管理，铁路工程归国家铁路局管理，城市道路归各城市主管，是市政工程的一部分，归住房与城乡建设部管理。此外，机场跑道归民航总局管理。

（3）港口与航道工程。包括港口、海岸、航道、通航建筑、水上交通管制等工程。

（4）水利水电工程。包括城市防洪，水利、水电及输水隧道等工程。

（5）电力工程。包括火电站建设及设备安装，送变电工程及核电等工程。

（6）矿山建设工程。包括煤矿、铁矿、有色矿、铀矿、建材工业等建设工程。

（7）冶炼工程。包括冶炼、炉窑、冶炼设备安装等工程。

（8）石油化工工程。包括化工、石油和管道等工程。

（9）市政公用工程。包括城市给排水、城市燃气、城市交通（道路、轨道交通、立交桥）、城市管道、桥涵等工程，一般还包括城市防洪工程。

（10）通信工程。包括电信、广播电视及各类信息工程。

（11）机电安装工程。包括环保、电子、设备监造和安装、电梯安装、智能化建筑等工程。

以上这些工程各有特点，建设这些工程要花费大量的人力、物力和财力。建设合理，工程质量优良，可以收到巨大的社会效益和经济利益；决策失误、质量低劣则会劳民伤财，浪费国家宝贵的资源。项目经理是保证工程进度、施工安全和质量的重要负责人，为了保证正确决策，做到建设合理、效益显著、群众称誉、造福子孙，他们必须具备必要的知识和良好的个人素质。

9.2.2 工程建设对地质环境的作用

9.2.2.1 城镇环境工程地质

城镇环境工程地质是城市社会的载体，其质量的优劣、容量的大小及其变化直接影响城市社会的发展，同时也受其本身规律的支配及城市社会生活的严重影响。近几十年来，城市化进程迅猛，城市工程建设得到前所未有的高速发展。现代城市的工程建设已经引起或遇到了日益严重的环境工程地质问题，表现在如下几个方面：

（1）城市水资源开发引起的环境工程地质问题

许多专家认为，80%的城市地质灾害是无节制地开采地下水造成的。我国许多城市由于超采地下水而引起了地面沉降、地面塌陷等环境工程地质问题，如我国上海、天津、西安、太原等城市均出现地面沉降，其中上海累计沉降量达 2.63 m，天津达 1.78 m。据不完全统计，全国各地因开采地下水而引起的地面塌陷已多达 800 余处。

（2）城市地表工程建设引起的环境工程地质问题

随着城市人口的增加，城市用地短缺，在城市中心区大量建设高层建筑的同时，有的山地城市建设还向山坡开发土地，有的占用农业耕地，由此造成的水土流失、边坡失稳及软土地基问题时有发生。

① 水土流失问题

城市工程建设中，人类工程经济活动对地形的影响相当大，极少有不造成地形变化的，修筑堤岸、修筑堤坝、筑坡、挖掘等原因产生地形改变,导致城市地区水土流失严重。此外,由于城市建设阶段大量暴露地面和车辆的运动,以及人工开挖引起很大扰动,造成土地侵蚀也很严重。

② 边坡失稳问题

山地城市在建设过程中,人工边坡越来越多,规模越来越大,坡度越来越陡,边坡的稳定性受到考验。如香港大部分地区坡度为 $1:5 \sim 1:3$,而坡度高达 $1:2$ 的地区也不少,由于平地甚少,城市用地向山坡上发展是自然趋势,工程建设中边坡失稳的问题日益突出。

③ 软土地基问题

软土在我国沿海一带城市分布很广,如渤海湾的天津、塘沽,长江三角洲的浙江,珠江三角洲和福建的沿海地区,都存在海相或湖相沉积的软土,具有土质松软、孔隙比大、压缩性高和强度低的特点,因此在软土地区进行工程建设常出现或遇到一些工程地质问题。天津市不少地区土层结构很松软,强度很低,压缩性很大,在建筑荷载作用下变形量很大,易造成墙体开裂及地面裂缝,基坑施工时易产生基坑边坡塌落或桩基位移。

(3) 城市地下工程建设引起的环境工程地质问题

城市地下工程的大规模建设对地质环境也有影响,主要有地面变形、洞室围岩失稳、地下水流场改变和地质生态环境恶化等。

① 地面变形

地下工程在施工中或竣工后出现地面变形问题是最常见的环境工程地质问题。如日本东京地铁施工引起地面突然出现大陷坑,致使 4 辆机动车落入坑中;我国天津地铁西门试验段施工时,在箱体顶进过程中,因降水、顶进时超挖及土体扰动等,使箱体的整个高程下沉 7 cm,滑板的端部下沉 5 cm。

② 围岩失稳

塌方、冒顶是隧道施工中普遍出现的工程地质问题,在开挖隧道过程中,在风化裂隙发育带、断裂带、岩脉和小断层区、节理密集带、岩脉与围岩接触带等地段,常发生围岩失稳事故。

③ 地质生态环境恶化

地下施工往往要挖出大量的岩石和土体,堆积于隧道顶部附近,有的可高达 6～7 m,不仅对周围环境有影响,而且堆土超荷,还可能引起隧道下沉。地下工程中采用化学灌浆来实现加强护壁或堵漏处理,化学灌浆材料多数具有不同程度的毒性,特别是有机高分子化合物毒性复杂,浆液注入构筑物裂缝与地层之中,然后通过溶滤、离子交换、复分解沉淀、聚合等反应,不同程度地污染地下水,导致公害。

综上所述,我国城市地质环境不容乐观,在 21 世纪城市工程建设及矿产资源开发引起的环境工程地质问题可能会不断加剧,如固体废物堆放引起的地质环境恶化及水环境污染难以根本解决。缺水的城市应严格控制地下水开采,避免地面沉降与地面塌陷的进一步恶化。

9.2.2.2 矿山环境工程地质

矿山环境工程地质问题是指由于矿山地质作用而引起或诱发的地质问题,是矿山地质作用超过了地质环境容量而出现的危害人类的地质现象。这些问题的出现,仍然是各地质环境因素综合作用的结果,但矿山地质作用往往是主导因素和激发因素,也是可调控性最高的因素。

(1) 地面沉降变形

地下开采引起地面沉降变形是一个普遍的问题。金属矿山一般多位于山区,其影响较小,对其注意较少。而煤矿则不同,由于煤矿为生物沉积成矿,矿山多位于平原地区,且煤矿的产量大,煤层的分布范围广,因地下开采,特别是浅层地下开采引起的地面沉降变形也就更为显著。煤矿开采常在地表形成下沉盆地。我国不少煤矿,诸如淮南、淮北、抚顺、开滦、阳泉等矿区均存在这类问题,地面的最大下沉量可达 10 m 左右,甚至更大,给地面环境带来显著影响。地面沉降不但改变了矿区的水文地质结构,为地表水入渗提供通道,影响井下的安全,而且影响地面建筑物的稳定。京山铁路唐山段便因开滦煤矿开采引起地面沉降迫使铁路改线;枣庄柴里矿的下沉盆地则形成了深达数米的人工湖泊,也影响了地面的生态环境。

(2)矿区地下开采而引起的地表塌陷

地表塌陷是影响矿产正常开采的环境工程地质因素之一。在其比较发育的矿区,矿层常遭到严重的破坏,使可采矿层在一定范围内失去开采价值,从而减小了矿产的可采储量,造成了缩短矿井服务年限或报废井巷工程的不良后果。同时,它的存在还破坏了矿层的连续性,给井巷工程的布置与施工,以及采矿方法和采掘机械的选择增加了新的困难。开采被塌陷破坏的矿层,比开采未经塌陷破坏的矿层要增加很多工程量,并且当塌陷穿过含水层时,可将地下水导入采掘工作面内,尤其在开采地下水源丰富的矿产时,塌陷的存在对矿井的安全有很大的威胁。

(3)采矿引起的边坡失稳问题

露天矿规模大,设计最终边坡高度一般为 300～500 m,有的达 700 m。边坡角大小是影响露天采矿安全和经济效益的重要因素。一个大型露天矿的总边坡角每加陡 1°,可减少剥岩量几千万吨,节省剥岩费数千万乃至上亿元。但边坡角过陡可能会造成重大滑坡事故,严重影响生产。随着采矿深度的增加,边坡角增大,采场边坡稳定性问题变得愈来愈突出,一旦失稳,直接对人身和设备构成威胁。

(4)采矿活动诱发的地震

人工开矿活动可引起矿坑周围岩石产生应力集中。当应力达到岩石的极限强度时,岩石中就可发出地震脉冲。一些露天矿的开采爆破可以引起地震,地下开采中引起的岩石破裂也可引起地震。开矿引起的岩石破裂可分四类,即塌陷、岩爆、鼓出和岩炮。

其中塌陷是岩石在自重下崩落造成的。例如美国有一个煤矿就是由于顶板塌落等引起了地震。岩爆是由岩石猛烈破裂造成的。岩爆时大量岩石涌进坑道,小者 1 m³,大者可达几千立方米,对坑道造成损害。岩爆可在多种矿坑中发生,但主要发生在火成岩或变质岩深层金属矿中。例如美国纽约州的瓦宾吉尔斯瀑布以及南非的一些金矿中的地震活动就往往与岩爆有关。鼓出是由于岩石破裂,使岩石中的气体夹带岩块猛烈喷出,涌入坑道。鼓出主要发生在盐矿和煤矿中,对坑道也往往造成危害。岩炮造成岩石的猛烈破裂和位移,一般对坑道不造成危害,但也可造成地震。

矿山地震的地震活动与开矿活动密切相关,地震的次数和释放能量的大小均与开矿速率有关,而地震的范围往往限于距开采工作面不远的范围内。根据开采活动的情况可预测地震的范围和大小,根据地震活动情况可以预测岩爆等地质破坏。

9.2.2.3 水利水电工程环境地质

大型水利水电工程一般都具有明显的蓄水防洪、调节径流和提高水利用系数的作用。在水利水电工程的影响下,河流原有的水文和水力条件都会发生变化,同时给生态环境带来一定的影响。

（1）水库库岸浸没问题

浸没能使滨库地区的大片良田变成沼泽或严重盐渍化,对农业危害很大。附近城镇居民区因浸没而无法居住,不得不采取复杂的排水措施或迁移他处。浸没对工业建筑更为不利,地基因浸没,强度大大降低,使建筑遭受破坏。浸没还会造成附近矿坑充水,使采矿无法进行。由于这些原因,水库浸没问题常常影响到水库正常水位的选择,甚至影响到坝址的选择。

（2）水库淤积对环境的影响

水库淤积不仅缩短水库使用寿命,而且会给上下游防洪、灌溉、航运、排涝治减工程安全和生态平衡带来影响。水库的兴建,极大地改变了原河流的水动力条件和河流地质作用,使其侵蚀、搬运和沉积作用发生大幅度的变化,并在自我调整中取得新的动态平衡。其间,库内沉积作用加剧,将影响水库的寿命、航运(包括航道和港口)的通畅、库尾的洪水位等;在坝下游,由于清水下泄,冲刷作用增强,河道下切,河流变直,可导致部分河段岸坡稳定性下降,出现裂缝、坍塌等现象;河道还可能出现负比降,影响汛期行洪等。

（3）生态环境变异

地处干旱地区的河西走廊,因在其南北山的沟谷中盲目修建大量中、小型水库,减少了水库下游走廊地区的地下水补给,致使走廊地带地下水位普遍降低,山洪溢出地带泉水枯竭,水质逐渐恶化,迫使农业灌溉方式由自流引水变成提水灌溉,增加了农业基建投资;由于气候干旱,水库蒸发损失量大,库水水质易于变坏。

（4）水库诱发地震

现在对水库诱发地震的机制认识还有分歧,但可以粗略地划分为两个派别,即强调库水作用的荷载观和强调地震构造背景的构造观。荷载论者强调水头压力的重要作用,认为坝高100 m以上的大水库容易诱发地震。他们的主要根据是蓄水前库区少有强震历史,而蓄水后地震增多,且限于水库影响域内,地震频度与水位关系密切。理论计算和实测均表明,水体重力对应力调整、地面变形有影响。然而,更多的地球物理学家、构造学者和工程地质学者则坚持认为五级以上的水库地震是一种诱发性构造地震,库水的作用只是加速断层能量积累或使断层相对地提前释能。其论据是,震中并不密集于库水最深处,而常常分布在断层上,较符合断层成因说,且震源浅,库水是通过构造裂隙渗流来调整地壳应力。

水库诱发地震的实例很多,到目前为止,中国境内已发生的水库地震就有十几例,如新丰江水库,蓄水前周围地区地震活动较弱,在1959年10月随着蓄水后水位的上升,地震活动的频度和强度显著上升,满库时为115 m高程,1962年3月19日发生6.1级地震,20多年来记录地震近30万次,其中烈度大于2的有1.3万次,现仍有地震活动。

9.2.2.4　交通工程环境工程地质

道路的建设必须开挖或回填土石方,改变原来的地貌,破坏自然环境。草率地修建会加重地形的破坏,而加强规划可使这些影响减小到最低程度。除此以外,修筑道路还可导致以下一些环境问题:

（1）截断含水层

含水层被道路截断时,浅层地下水系统便被破坏,使地下水不能向下游流动,于是就会破坏那里的水井和泉水等供水系统。而在道路截割的山腰处,则出现一些地下水露头,因此必须修筑排水涵洞,以保护道路的稳定。

（2）地下水位下降

当道路开凿很深的路堑时，路基可能低于地下水位，于是使地下水位下降，从而导致整个地区地下水位降低。这种下降，将随时扩展到邻近区域，使得附近地下水的分水岭改变，影响邻区供水系统中的地下水补给量。当然，对于进入路堑中的地下水，还必须采取有效的排水措施予以排除。

（3）边坡稳定性的破坏

开挖山坡产生的边坡坍塌、岩崩、岩体滑动、滑塌等现象都十分常见。而当山坡的上部有地下渗流时，这种情况尤为普遍。边坡失稳还会导致坡面冲刷、沟状冲刷以及机械管涌等侵蚀作用。渗透压力同滑动力相叠加，便可形成潜在的滑动面，从而发生滑坡。

（4）淤积和侵蚀作用

在使侵蚀率加速并同时出现淤积问题中，公路建设中出现的问题更多。1970 年美国马里兰州首先制定相关法律，要求在各类建设中和公路建筑中，须采取严格控制沉积物的手段。沉积物来自公路新开的地段中的路堤和取土坑。在开挖与铺砌路面之前，淤积问题最为严重。公路路面及路堤排去越来越多的水，以及重新分布的地表径流，能促使邻区陆地和河流产生侵蚀作用，所产生的沉积物又被带入河流中，使河床沉积，渗透率降低；也可能使天然河道转变方向，洪水灾害增加，并使供水系统中的含沙量增高。当设计不当时，公路也会受到河流的侵蚀或异常洪水的影响。

（5）排出酸性水体

如果沿公路出露地层含有黄铁矿或其他硫化物，则尤其容易受到风化与淋滤作用损害。正如在露天矿采煤一样，能产生富含硫酸的水。在几乎没有淡化水体的情况下，这样的酸水排入供水系统中，对环境的影响最为严重。

9.2.3 主要环境工程地质问题

9.2.3.1 地面沉降问题

20 世纪以来，由于自然因素的影响以及人类活动的不断加剧，环境问题已日益增多，而且日趋严重。据统计，目前世界上已有 50 多个地区发生了不同程度的地面沉降，如墨西哥的墨西哥城，美国圣华金谷地、长滩、休斯敦，日本东京、大阪，泰国曼谷，意大利波河三角洲等。一般沉降量达数米，有些地区已超过了 10 m。其主要原因是大量抽取地下水、地热、石油、天然气或开采其他矿产资源引起了土壤压密、固结或喀斯特地区突水等。一些地区为了满足人们生活或工业发展的需要，仍然过量开采地下资源，因而沉降量不断加剧，超过 10 m 的地区逐渐增多。地面沉降（图 9.1）主要由以下几方面引起：

（1）超采地下水引起地面沉降

沿海地区多沉积巨厚的松土层，其颗粒较细，结构复杂。由于大量开采深层地下水，引起孔隙水压力降低和有效应力增大，致使含水层被压缩，颗粒接触面积增大，孔隙度减小并释水，产生弹性变形，其沉降量一般相当于黏性土压缩率的 15%。当含水层中的水压恢复后，骨架则复原，只形成暂时性地面沉降。黏性土层孔隙度大，孔隙微小，主要含结合水，当含水层与黏性土层之间的水头差足以克服水与颗粒之间的结合力时，水便从黏性土层中排出。释水时孔隙压缩，使黏土矿物颗粒接触面积增大，颗粒间发生相对位移，孔隙结构被破坏而发生塑性形

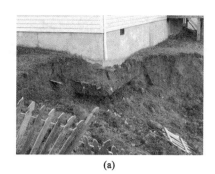

(a)   (b)

图 9.1　地面沉降

变。当含水层中水压恢复后,只能使黏性土层被压缩的孔隙中水压升高,而不能使孔隙度和储容水量恢复到初始状态,从而形成永久性地面沉降。

（2）开采地热引起地面沉降

沿海某些地区蕴藏有地热资源,地下热水开采量逐年增加,抽取地下热水引起水位下降,地层内孔隙水压力减少,有效应力增加,必然引起地层进一步压实而导致地面沉降。

（3）开采油气资源引起地面沉降

在油气田区,开采油气资源也会引起地面沉降。根据大港油田的有关资料,2500 m 以下普遍出现了欠压密地层,当油气开发后,必将使流体压力降低,固体颗粒有效应力增加,使地层进一步固结压密,从而引起地面沉降。因此,石油天然气的开采也是引起油气田区地面沉降的重要因素之一。

（4）地表荷载引起地面沉降

由于城市规模扩大,高大建筑物不断增加,铁路、桥梁等交通设施及运输荷载的影响,地表荷载加重,也加速了地面的沉降。

严重的地面沉降及其造成的灾害,对我国东部地区的经济建设及其生态环境均造成很大影响。由于沿海地区地面较低,地面沉降将会进一步丧失地面标高。地面沉降还导致地面开裂、地下井管变形、防洪工程功能降低、国家测量标志失效、下水道排水不畅、桥梁净空减少、水质恶化等;地面建筑,如高楼、公路、铁道、码头、机场等也都会受到不同程度的影响;滨海地区由于温室效应,已导致海平面上升,如果与地面沉降相叠加,那么沿海大片低地将逐渐被海水所淹没。

9.2.3.2　地面塌陷问题

地面塌陷灾害的主要类型有岩溶地面塌陷和矿区采空塌陷(图 9.2),其影响范围广,常具突发性,对城市建筑、工程设施和人民生命财产造成严重危害。随着人类工程经济活动的日益增强,其危害程度也越来越大。

（1）岩溶地面塌陷

岩溶地面塌陷(简称岩溶塌陷或塌陷)是岩溶地区常见的一种动力地质现象,常出现于裸露型岩溶山区。在地下溶洞及岩溶管道发育时期,于溶洞顶部或岩溶管道上方形成一些陷落性的洼地、落水洞、竖井、漏斗等地表岩溶形态;也可出现于覆盖型或埋藏型岩溶区,是被充填(或半充填)的溶洞、管道的充填物被掏空,上覆基岩或土层失稳后造成的。塌陷的结果,是使岩溶作用向一个新的水平发展,或改变溶洞、地下管道的发育方向。目前,研究

(a)　　　　　　　　　　　**(b)**

图 9.2　地面塌陷

(a)岩溶地面塌陷;(b)矿区采空塌陷

较多的主要是覆盖型岩溶区的塌陷。塌陷在一个地区可以反复出观,后期塌陷可以继承早期塌陷而复生。

岩溶塌陷的形成,通常必须具备以下条件:①下部有岩溶地层,有溶蚀的空间——溶洞或土洞;②上部有一定厚度的盖层,盖层可以是基岩(可溶岩或非可溶岩),也可以是松散土层;③要有使塌陷产生的作用力,这种力主要来自地下水位改变及水流产生的水、气作用力及岩土体的自重,它既可使地下岩溶空间充填物迁移,又可使上覆盖层及岩溶管道、溶洞产生一系列复杂的受力状态,使其稳定性受到破坏,进而产生地面开裂、下沉、塌陷。上述三个条件缺一不可。目前对于盖层受力状态,水、气的作用研究认识都还不够深入。岩溶塌陷亦是岩溶地区的一种特殊的水土流失现象,它是岩溶发育过程中,自然界岩土、水、气多相平衡状态遭受破坏后,地表岩土体向下部岩溶空间流失,由不平衡状态向平衡状态发展的一个阶段。这种现象在天然状态下可以产生,但发展缓慢。而在人类经济工程活动中,由于加速了自然界平衡状态的破坏,塌陷的产生往往十分迅速,有时规模巨大,危害严重。岩溶塌陷近年来已被视为一种环境地质问题,是岩溶地区资源开发、城乡发展中环境地质科学研究与环境综合评价的主要问题之一。

岩溶塌陷的产生,一方面使岩溶区的工程设施,如工业与民用建筑、交通干线、矿山及水利水电设施等遭到破坏,另一方面造成岩溶区严重的水土流失并且恶化环境。如 1981 年 5 月 8 日发生在美国佛罗里达州的 Winter Park 的巨型塌陷,直径 106 m、深 30 m,毁坏街道、公用设施和娱乐场所,损失超过 400 万美元。1996 年 1 月 28 日发生于桂林市市中心的体育场塌陷,虽然塌陷坑直径只有 9.5 m,深度也只有 5 m,但由于塌陷紧靠"小香港"商业街,造成整个商业街关闭 15 天,营业额损失近千万元;而 1997 年 11 月 11 日发生于桂林市雁山区拓木镇的塌陷,共产生塌陷坑 51 个,使近百间民房受到破坏,直接损失 300 多万元;1990 年 2 月发生的广西玉林柴油机股份有限公司金工车间塌陷,造成整个车间报废,直接损失 500 多万元;1981 年 1 月 3 日发生于广西玉林地区分界的塌陷,共形成塌陷坑 400 多个,使 80 余亩农田被毁。

(2)矿区采空塌陷

① 矿区疏干引起的地面塌陷

矿区疏干之所以会引起地面塌陷,是由于岩溶洞穴或溶蚀裂隙的存在,以及上覆土体结构的不稳定性组成其塌陷的物质基础,而水动力条件对土体的侵蚀搬运作用则是其产生塌陷的诱导条件,二者共同组成塌陷产生的必要条件。在疏干过程中,由于地下水位不断降低、水动力条件逐渐改变,从而使地下水对上覆土体的浮托力减小、水力坡度增加、水流速度加快、水的侵蚀作用加强。初始时,溶洞充填物在水流的侵蚀、搬运作用下被带走,扩展了水流通道;继而上覆土体在潜蚀、侵蚀作用下垮落、流失而形成拱形崩落和隐伏土洞;由于土洞不断向上扩展,使上覆土体的自重压力超过洞体的极限抗压、抗剪强度时,地面则由沉降、开裂发展成塌陷。

② 采空区矿柱破坏形成的地面塌陷

空场法开采所造成的采空区主要靠矿柱支撑上覆岩体的重量。如果矿柱设计合理,则矿柱系统稳定,因而整个井巷是稳定的;假如设计尺寸偏小,或在某一长期承载过程中由于某些必然的或偶然的因素(如风化、地震以及累进破坏等)的影响,促使某一矿柱中的应力超过其允许强度,则该矿柱将首先遭到破坏。此时,由该矿柱所承受的荷载即要转移到相邻的前后矿柱之上,从而使它们亦遭到破坏,其结果必将导致整个矿柱系统的破坏。

矿山塌陷灾害对农田的破坏十分严重。当前,中国约有国营矿山 6000 座、乡镇集体及个体矿山 12 万座,由此所造成的矿山塌陷灾害十分严重。而在各类矿山中,煤矿的开采量最大,所以,由此造成的塌陷也最为严重。矿山塌陷灾害对于各种建筑物工程的危害也很大,可能造成各种建筑物的破坏和城市基础设施损坏。

9.2.3.3 斜坡稳定性问题

影响斜坡稳定的因素可分为两类:一类是基础因素,如岩组类型、地形地貌、地下水、大气降雨、岩体结构和地应力等,无论是交通线路上的边坡、露天矿开挖,或是水库岸坡,其基础因素都包括上述几方面;另一类是人类工程经济活动影响因素,在不同地区,人类活动的方式、范围和强度显然是不同的,从而使边坡的破坏机制呈现出不同的特点。

(1) 水库库岸稳定性问题

水库修建以后,由于水位抬升,使斜坡坡脚浸水,地下水位抬升。库水的浸润、浮托作用往往是诱发斜坡失稳的主要因素。滑坡体失稳后除减少部分库容外,主要的危险在于滑落体所激起的涌浪可能翻越坝顶,这不仅给大坝造成强大的冲击力,也给下游造成重大危害,造成了国家和人民生命财产的损失。

(2) 岩土开挖工程活动

岩土开挖工程活动包括基坑开挖、露天矿开挖和公路路堑开挖等。这些工程活动的共同特点是其形成的斜坡环境均是人工开挖所构成的。在开挖过程中,岩土体的边坡强烈卸荷,造成边坡稳定性问题,主要表现在三个方面:

① 由于边坡变形,引起相邻边坡附近的建筑物变形甚至破坏;

② 由于边坡内应力的重分布,致使边坡失稳,对工程施工和后期的工程运行构成威胁;

③ 边坡岩体差异性卸荷回弹,对工程设计和施工造成影响。

如葛洲坝水电工程的坝基开挖过程中,由于岩体的差异性卸荷,形成基坑边坡"朝挖夕长"的现象,给工程施工带来极大的影响。

(3) 线路工程问题

公路与铁路等交通线的兴建,主要通过削坡,尤其是开挖自然边坡角而使边坡下部失稳。过往车辆,作为短周期的动荷载也易使边坡产生疲劳效应。因此,沿交通线往往形成滑坡群或滑坡带,从而出现带状的工程地质环境恶化区。

9.2.3.4 诱发地震问题

诱发地震是人类工程活动引起的局部地区的异常地震活动,主要由水库蓄水、矿山地下开采、注抽水(液)及石油开采和地下核试验等多方面的人类活动引起。其中水库地震是最早发现的一种诱发地震,历史较长,是诱发地震的重要类型。

(1) 水库诱发地震

水库诱发地震叙述详见 9.2.2.3 节。

(2) 地下核爆炸诱发的地震

20 世纪 60 年代在美国的内华达州地下核试验场,有几次爆炸引起了断层错动和随后的地震活动。1971 年在阿拉斯加进行一次高当量的爆炸时,对这个问题的考虑达到了一个高潮。但至今尚无引起能量超过核爆炸本身的诱发地震实例,因此这方面的研究也不多。基斯林格在第一届国际诱发地震讨论会上提出可把核爆炸的地震效应分为两类:一类是及时效应,即与爆炸同时产生的新断裂或者断层的重新错动。其原因可能是在爆区岩体高构造应力部位,因爆炸波的瞬时压力使孔隙压力增大,剪切强度降到临界值以下所致;或者更可能是爆炸波在自由面反射的拉应力波降低了断裂面的围压所致。另一类是延迟效应,包括在爆炸后因空腔崩坍在爆点附近引起的局部小震,常可延续数周,以及由爆炸触发的小震群,延续时间更长。小震群的产生可能是由于剪切波通过剪应力集中区时产生了正交于最大剪应力平面的瞬时拉应力,促使该区发生活动或产生错位圈,逐步发展导致地震,这种情况可以在离爆炸中心稍远的地方出现。

一般来说,除因空腔崩坍形成的局部小震外,核爆炸的及时效应和延迟效应都只有在高构造应力区才能触发。在阿拉斯加的密洛和卡尼金的爆炸中,爆炸点位于阿留申地震活动区,但在爆炸后 36 h 才发生了因崩坍造成的局部地震,随后就突然停息。几周之后,该地有几次地震显然是属于构造地震性质,但震级都小于 3 级,表明几千米内的岩层构造应力很小,且与深部构造活动联系不大。

(3) 采矿活动诱发的地震

采矿活动诱发的地震详见 9.2.2.2 节。

(4) 深井注水和抽水诱发的地震

注水诱发地震的实例很少。研究得比较多的是美国的丹佛废液井的诱发地震和兰吉里油井的控制性注水试验。研究者认为深井注水诱发地震的必要条件是:①高的构造应力场;②岩石具有适当的渗透性,使液体既能渗透,又可形成一定的孔隙压,例如有裂隙的不透水岩体和砂岩等;③注水的速度和压力足以在相当的范围内产生足够的孔隙压。

深井注水诱发地震的机制可以用有效应力理论来解释,可以引用摩尔-库仑剪切破坏的理论。应用这个理论,必须测量注水深度的主应力、孔隙压力和岩石的黏结抗剪强度与内摩擦力。岩石应力可用水力破坏试验来测定,材料性质可在实验室中测定。但除此之外,应力腐蚀也许起一定的作用。

深井抽水也可以诱发地震。近年来,在石油生产中已经发现多起抽水诱发地震的实例。如美国的鹅溪、威尔明顿、海斯特康范脱、俄克拉荷马和坦喀塞斯油田以及意大利波河三角洲的天然气井都有抽水诱发地震的实例。抽水导致岩体的差异性压缩,产生地表沉陷和向心位移,改变了岩体的水平和垂直应力状态,从而使岩层诱发地震。在抽水后再回灌时,地震仍会继续发展。

9.2.3.5　地基稳定性问题

直接位于基础下面,承受建筑物荷载的岩(土)体称为地基。在建筑物荷载作用下地基的稳定程度称为地基的稳定性问题。地基的稳定性,直接关系到建筑物的安全。

影响地基稳定性的因素较多,主要是建筑物荷载的大小和性质,岩(土)体的类型及其空间分布,地下水的状况,以及地质灾害情况等。房屋、桥梁等建筑物对地基施加的是铅直荷载,水坝对地基施加的是倾斜荷载。当建筑物修建在斜坡上时,其荷载方向与斜坡面斜交。同样质量的地基,能承受较大的铅直荷载,但不能抵抗过大的倾斜荷载。相对易变形的岩(土)体的过量压缩,膨胀性岩(土)体的膨胀隆起等,均可使建筑物产生不容许的变形。黏土、有机土等在荷载作用下容易产生剪切破坏。松软地层中地下水位下降、地下洞室的开挖及邻近建筑物的施工,可能引起地面和地基沉降。地震时,细粒土的液化可以导致地基失效。开挖洞室、废旧矿坑、喀斯特洞穴等,可能导致地表和地基塌陷。相反,当不存在地质灾害、地基均质,且岩(土)体质量好时,地基的稳定性就好。

地基的稳定性常用容许承载力、抗滑稳定性系数等参数来表征。地基在建筑物荷载作用下,保证本身稳定以及建筑物沉降量、沉降差不超过容许值的承载能力,称为容许承载力。容许承载力一般采用经验法、计算法和野外试验三种方法确定。除了淤泥等少数劣质土以外,土基的容许承载力一般为0.1～1.0 MPa。岩基的容许承载力,取决于岩石的单轴抗压强度、岩体的完整性以及岩体的风化程度等。坚硬完整的岩基,承载能力很大,几乎能够满足所有建筑物的要求。当岩基由断层破碎岩、风化破碎岩、软岩等劣质岩体组成时,其稳定性较差,容许承载力有时低于0.4 MPa。

混凝土坝坝基承受的是倾斜荷载,其稳定性一般用抗滑稳定性系数来表征。可能滑动面上的抗滑力与滑动力的比值,称为抗滑稳定性系数。坝基滑动分为三种类型:①混凝土坝与基岩接触面的滑动;②基岩浅层滑动;③基岩深层滑动。老坝体清基不够或混凝土浇筑质量不佳时,有可能沿接触面滑动;软岩或软弱破碎岩体坝基,存在浅层滑动的可能;当坝基岩体中发育有不利的软弱结构面或结构面的不利组合时,坝基有可能发生深层滑移。对坝基深层稳定性的分析,采用块体极限平衡法计算其抗滑稳定性系数。

在中国的大坝设计中,一般只采用可能滑动面的摩擦系数,不考虑抗剪强度中的凝聚力值,但作为设计标准,安全系数仅为1.1～1.2。有些国家采用抗剪断强度,安全系数达到3.0～4.0。近些年来,中国也趋向于采用折减的凝聚力值,安全系数标准值相应提高到2.0。

9.3　环境工程地质质量评价

9.3.1　环境工程地质调查

9.3.1.1　环境工程地质调查的内容

环境工程地质的调查内容主要包括以下几方面:

(1)岩(土)体的物质组成,包括岩土的粒度成分与矿物成分、成因类型与形成时代等;

(2)岩(土)体结构与构造特征,包括岩(土)体分层、相变,岩石结构,工程地质岩组类型,

岩体的裂隙化程度,所处构造部位及区域地质构造背景等;

(3) 地貌与第四纪方面,包括区域地貌单元划分、微地貌特征、第四纪以来的地壳运动特征及绝对年龄等;

(4) 地表水、地下水特征,查清地下水补给-径流-排泄系统的特征、地下水的水化学特征及其侵蚀性和含水层的物理力学性质;

(5) 物理地质现象或地质灾害,包括内外动力控制下的风化作用、地震作用、崩塌、滑坡与泥石流的发育规律等;

(6) 人类活动的敏感性,地质环境对人类工程的反应,调查是否产生地质环境恶化现象及其程度及发展趋势;

(7) 地壳与地表的长期稳定性,重点查明区域性大陆地壳或岩石圈的活动性,特别是活动断裂与地震作用;

(8) 与地质环境相关的环境因素,如气候、生态等。

9.3.1.2 环境工程地质调查的方法

调查方法包括工程地质测绘、工程地质勘探、野外现场试验、长期动态观测及地球物理勘探等。

(1) 工程地质测绘是基本的调查方法,主要用于初勘阶段,意在比较全面地反映评价区的环境工程地质条件。在情况允许的条件下,可以使用多时相、多波段遥感资料作为辅助方法。

(2) 工程地质勘探包括钻探、槽探、竖井和硐探等几方面,通常勘探与物探方法相配合使用。

(3) 野外现场试验主要是模拟岩、土体的实际变形与强度特征,一般进行现场原位载荷试验、地应力测量、十字板原位剪切试验和流变试验等。

(4) 长期动态观测,用于观测地震、活动断裂、地下水、危岩体或滑坡的发生、发展,为环境工程地质问题的预报提供重要依据。这方面的技术方法有地面位移(三角控制测量、微震台网和短基线测量等)、深部位移(多层移动测量计、测斜仪和磁标志法等)、热红外跟踪摄影与现场声发射(AE)自动记录技术等。

(5) 地球物理勘探方法,包括航空物探、地面物探和测井(硐探)等。根据物理原理,可分为电法、地震法、重力法和磁法等。目前,正在发展的 CT 成像在工程地质调查中已发挥重要作用。

(6) 地球化学勘探在查明断裂的分布、活动性、地裂缝的存在等方面也发挥了重要作用,它主要是通过探测放射性或挥发性元素,如汞、钍、铀和氡等来达到显示工程地质条件差异的目的。

(7) 室内试验方法非常丰富,它包括研究岩土成分方法,如 X 射线衍射、红外光谱和化学分析等;研究岩土结构、构造,如电子显微镜、粒度分析、超声波和荧光法等;研究岩土物理性质的方法,如体积-重量法、磁学方法和渗流方法等;研究岩土物理化学性质的方法,如热动力学、吸附法、表面张力法等;研究岩土力学性质的方法,如土动三轴仪、点荷载仪、岩石压力机、流变仪及排水或不排水固结剪切等试验方法。

9.3.2　环境工程地质的评价方法

9.3.2.1　环境工程地质评价的目标

环境工程地质的评价目标包括社会目标、经济目标和生态环境目标三方面。

（1）社会目标

工程的稳定性与安全性是工程成功的基本要求，它要在工程寿命期内保证工程的绝对安全，这是对社会公众负责的基准。影响工程稳定性的因素是多方面的，这里强调的是地基以及地质环境条件。

（2）经济目标

较好的工程效益是工程建设的功能目标，它应包括经济价值和使用价值两方面。

（3）生态环境目标

生态环境的影响与协调：工程完成后应成为自然环境的组成部分，不能破坏原有的生态环境，甚至还可以改善原生态环境，促使环境向和谐的方向发展。

9.3.2.2　环境工程地质评价的步骤

环境工程地质评价一般可分为五个步骤：

（1）基本工作

主要掌握国家环境保护法及有关规定、规程；了解水资源工程的类型、规模、方案、效益以及施工后可能对自然环境、生活、交通、生产活动等方面带来的影响及大致影响范围。对修建水库大坝考虑的影响范围，除坝址、库区和下游整个河道甚至直至河口等直接影响范围外，还要考虑有关的邻近地区及全流域的间接影响范围。实际上大坝影响一般远超过直接影响范围，而可能成为控制区域或流域发展的制约因素，因此往往需要从区域或全流域发展方向和目标来论证和比较大坝的利弊。

（2）环境影响的识别

主要通过环境现状分析入手，通过对建设地区及其影响范围的水文、地质、地貌、气候、动植物、文物景观、水质及人类生活和社会环境的现状调查与分析，确定环境保护应考虑的目标、范围和确定评价的环境参数。一般大型工程对环境影响面较广，对自然环境、人类生活环境都产生重大影响，选择的环境参数要适当多些，识别环境因素的最好方法是综合参考大量国内外工程的环境影响评价报告及选择类似工程进行类比。

（3）环境影响的预测与评价

环境影响的预测是环境影响评价的中心内容。首先应在总结大量已建工程环境影响的基础上，选择条件类似的工程，对已确定的环境影响参数，建设项目的未来环境状况以及可能进行建设方案的物理、化学、生物和社会经济环境等方面的影响进行预测。

预测方法包括：

① 物理模型法；

② 在实地调查基础上进行对比和统计分析；

③ 数学模拟法；

④ 根据实践经验进行专业判断。

在影响预测的基础上,汇总每个比较方案的影响资料,要特别注意根据工程对大气、水和土壤等环境质量影响的程度和范围,找出影响环境质量的主要参数,进行重点研究和分析,并结合自然生态保护、环境保护、人类健康等方面进行全面评价。评价工作由于环境影响参数不同而有不同路径。例如,根据环境质量标准能评价所预测的大气和水质的变化,而较难预测对土地利用的变化及对动物、植物影响的后果。

（4）决策方案的选择

在综合研究和比较各个可能方案的环境影响资料及其决策因素资料（包括工程效益、反映效益与费用的技术经济比较等）的基础上,可采用经验判断或按照某种原则取得综合指标,选择比较方案。选择方案应包含对环境产生不利影响的减免或改进措施。

（5）编写工程环境影响评价报告书

（略）

9.3.2.3 环境工程地质评价的方法

（1）类比方法

类比方法又称地质比拟法,它是建立在工程地质比较基础上的最基本的方法。其实质是将被研究的作用和现象与已经研究过的、试验过的或与之相似的作用和现象进行类比。从某种意义来说,任何工程都是在一定工程条件下兴建起来的,都可看作是一种宏伟的工程地质试验,工程地质学正是在不断总结这种宏伟试验的基础上发展起来的。

工程地质比拟法的优点是把多种因素综合起来考虑,从而达到一种认识总体作用效果的目的。这种方法虽然定量化程度不高,但在足够数量的专门观测和调查资料的基础上,具有丰富的建筑经验和造诣高深的工程地质专家却能得出非常切实的结论。

（2）工程地质模拟方法

在对研究对象调查的基础上,为了更深刻地认识地质体发展的过程规律,常采用物理模拟的方法进行研究,它包括光学模拟、等效材料的模拟、变形力学的离心模拟、水力模拟、水化学模拟和物理化学模拟等。

（3）动态系统分析方法

环境是一个大的动态系统,它由一系列的中、小系统组成。首先对整个环境作出粗略的、宏观的分析,找出其关键问题,决定评价主要目标。大型水库的评价在于研究由于沿河筑坝引起水生生态系统的变化以及沿岸陆生生态系统的影响。围绕着评价主要目标进行中、小系统分析,即对自然、社会、经济环境等及其组成要素进行具体分析和评价。然后根据大量资料和实测数据,进行综合分析和评价,利用系统论、控制论和信息论等理论,从物质和能量输入、转化以及输出和反馈等作用方面,确定物质和能量在环境中的来龙去脉,建立各种模式,分析环境质量现状及其可能变化的趋势,从而提出对策。

（4）随机分析和统计处理

进行环境质量研究时,需从各个方面收集资料。这些资料往往杂乱无章,因此从中清理出需要的材料,要经过筛选、精选才能获得系列的、有用的资料,且需对这些资料加以校正和归一化。有条件时应将这些资料输入计算机储存,以便调用。清理资料是环境质量评价的一种手段,不是目的,重要的是寻找各种资料之间的关系。随机分析（特别是动态随机分析）、概率统计、模糊数学在处理环境问题上都显得特别重要。

9.3.3 环境工程地质区划

9.3.3.1 环境工程地质区划的原则

环境工程地质区划的原则是根据所研究问题的空间尺度与时间尺度来制定区划的级序。对于大区域（全国性）的区划，地壳构造及其活动性是其控制因素。而对小范围（一个工程区）的区划，则主要考虑岩土类型、微地貌、地下水的分布和断裂活动等。显然，宏观区划为整个国家乃至国际性的土地开发利用提供依据，而微观区划则主要涉及具体工程场址的具体参数的取得。

9.3.3.2 环境工程地质区划分级

区划的分级可以根据所研究的对象确定，至于每级中应划分多少区，则要有针对性地进行。一般区划分级如下：

（1）一级区划

针对全国性国土整治与经济开发的战略布局进行。开展工作时，要有战略性的持续发展的观念；在综合考虑资源、环境与人口的现状及潜力的基础上进行分区，为国家级国土规划与开发的战略决策服务。

（2）二级区划

为地区性区域规划与开发服务。在综合考虑所在的大地构造位置、区域工程地质环境条件、人口、能源、矿产与土地分布的前提下，为制定较具体的建设规划提供依据。这种区划不一定受到行政区划的限制，有时是相邻省区的联合区划和建设布局，如水电工程往往是跨省区的。

（3）三级区划

针对工程建设区，进行建设条件的适宜性分区，为各个具体工程单元的布置提供依据，在详细评价降雨、风向、水源、地貌、地基承载力以及生态环境等方面的前提下进行区划。

（4）四级区划

针对工程建设地段进行区划，也就是选择最优地段的问题，为更详细的勘察和研究建立基础，为可行性论证和初步设计提供更有针对性的依据。应当说明，具体工程地基，如楼房地基和大坝坝基的地质力学属性已不属于一般区划的内容，它要求更详尽、更具体的力学参数和稳定性研究结论，为具体工程设计和施工提供依据。

9.3.4 环境工程地质图系的编制

9.3.4.1 编制环境工程地质图的目的

通过图件的形式（平面、剖面、立体）表达出一个地区所有环境工程地质问题，或与其相关的或未来可能产生的环境工程地质问题的条件，表达组成这些条件的一切工程地质因素，以实现对一个地区综合的或单因子性的环境工程地质问题的评价、预测及防治，即

（1）作为我国经济建设和国土开发利用、规划和决策的依据；

（2）作为我国工程地质环境管理和保护的依据；

（3）成果资料可用于教学、科研和生产；

（4）用于环境工程地质科学的国际交流,便于改善生存和发展的自然条件,尽可能避免或减轻人类活动对地质环境的破坏。

按上述目的,环境工程地质图的任务是利用图系来概括我国工程地质环境特征,地质环境与人类工程经济活动相互关系,以及区域性或全国性环境地质问题。主要包括:环境工程地质条件、环境工程地质分区、环境工程地质保护和资源开发对策等。

9.3.4.2 环境工程地质编图原则

环境工程地质编图就是以环境工程地质学的最新成就为理论指南,以客观的环境工程地质问题为研究对象,以与环境工程地质问题密切相关的工程地质条件为基础,以适宜的方法、步骤和图例在图上综合表达出来,最后形成包括基础工程地质条件、环境工程地质问题现状评价和对未来的预测等几方面的一个图系。

为满足应急工程的需要,单因子图件或单张图件也必不可少,如某地区的滑坡分布图、某地区的环境工程地质问题现状图或某地区的建筑适宜程度图等。应说明的是,目前环境工程地质图与环境地质图的界限尚不十分清楚。

9.3.4.3 环境工程地质图系的内容

环境工程地质图系应反映自然工程地质环境和人为活动,即社会、经济、工程条件影响等多方面因素。意大利曾出版了《环境地质制图法》(1980年),我国也先后开展了长江流域、黄河流域和西北地区环境工程地质图系的编制工作。

环境工程地质图的内容大致分成以下两个方面:

（1）对人类生存环境有着潜在威胁的环境地质问题

① 内外动力地质作用及其引发的地质灾害与环境地质问题;

② 水资源开发利用的环境地质问题和地质灾害;

③ 各类工程建设与环境的关系及其可能引发的环境工程地质问题或灾害;

④ 矿产等资源开发利用可能引发的环境工程地质问题或灾害;

⑤ 废弃物的存放、处理及其对地质环境的污染。

（2）环境工程地质图的内容

① 基本环境条件(包括地质资源);

② 地质环境对人类生存和发展的影响;

③ 人类开发利用地质环境和地质资源状况;

④ 一些工程经济活动对地质环境和人类本身带来的影响;

⑤ 在各种地质营力(包括人类活动)作用下工程地质环境的质量状况;

⑥ 开发利用和保护工程地质环境的对策措施。

因此,环境工程地质图可划分为三个图组,各图组的图件包括以下内容:

（1）区域环境工程地质图组

编图的目的,是为了进行地区性的生产力布局、资源开发,特别是进行大型工程建设规划的同时,能够合理地利用资源和保护环境,使地区性的经济与环境协调发展。区域环境工程地质图的图幅范围和比例尺,可根据地区经济建设规划的需要而定。一般可分为三种:全国性的环境工程地质图,行政区的环境工程地质图,省、市区的环境工程地质图等。全国性的图件比例尺最小的为 1∶400 万,省、市区的图件比例尺最大的为 1∶2 万。

区域环境工程地质图的主要内容有:

① 地形地质背景值:地貌、水文、气象、植被、岩性、构造、历史地震震源及活动性地质构造等。

② 资源背景值:地下水资源、能源、矿产资源、土地资源、地下水化学性质、岩土体工程地质类型、特殊土的分布等。

③ 工程状况:工程类别、性质、规模、城市及人口分布。

④ 环境工程地质分区:根据区内的工程与环境相互影响和相互作用所产生的环境问题,如生态恶化、环境污染、不良工程地质现象等问题进行工程地质环境分区。

(2) 大型工程区域的环境工程地质图组

编图的目的,主要是专门治理和保护环境。治理因大型工程建设所产生的环境问题或使环境免受大型工程建设影响,保护良好的生态环境。

大型工程区域,主要是指水利工程、矿山工程、交通工程、城市工程等所涉及的区域性的环境工程地质问题。按工程类型不同,分别编制各自的区域性环境工程地质图,如水利工程工程地质图、矿山工程环境工程地质图、交通工程环境工程地质图、城市工程环境工程地质图。图幅的比例尺可以根据工程类型和它对环境的影响范围而确定,一般是从 1∶2 万到 1∶10 万,最小的比例尺是 1∶20 万。

大型工程区域环境工程地质图的主要内容与前面所述的区域环境工程地质图的内容是一致的,但侧重点不同。在这里要更加突出工程与环境相互影响和相互作用而产生的环境工程地质问题,如生态恶化问题、环境污染问题和不良工程地质问题,并根据问题性质和程度进行工程地质环境分区,为治理环境和保护环境提供科学依据。

(3) 工程地质环境变化趋势图组

工程地质环境变化趋势图是一种专门性的图件,对一些比较重要的工程区域,同时也是环境变化明显的区域,需要更具体地反映工程与环境相互作用的问题,并预测未来环境发展的趋势。根据环境危害的类型,可分别编制工程地质生态变化趋势图、工程地质环境污染趋势图、工程地质不良现象发展图。

工程地质环境变化趋势图的主要内容有:

① 引起环境危害的工程地质背景值。

② 环境污染源与环境危害源的性质与分布。污染源分布图、开发地下水导致的灾害和特殊类型土的危害,包括崩塌、滑坡、泥石流的类型及分布,沙漠及土地沙化、水土流失、土地盐碱化和沼泽化、喀斯特地形塌陷等内容。

③ 环境危害的范围和时空的发展趋势,包括区域稳定性分区、地质灾害防治分区、地下水水质评价、地下水污染防治分区、地下水资源合理开发与利用综合分区、国土整治环境地质分区等。

以上所述的三种环境工程地质图,是根据环境工程地质学的特点提出的,还有待于完善和提高。因此,创造出有特色的环境工程地质图件,服务于工程和环境协调发展规划,并为利用环境、改造环境和保护环境提供科学依据,是非常有必要的。

9.3.4.4 编制环境工程地质图的方法和步骤

编图的方法和步骤与编制一般工程地质图的区别在于表达分析性因素和人类作用因素的

次序不同。一般的环境工程地质图的编制可遵循下述步骤：

(1) 收集基础图件

在拟研究地区，要做大量地质工作，积累较丰富的资料。因此，必须首先收集基础性图件，包括收集各类地质图、地震图、构造图，尤其要注意收集区域工程地质图、航卫片等宏观地质图件。

(2) 野外调查

单纯依靠收集已有地质资料是不可能满足研究要求的，因此要安排专门性的野外调查，包括专门为解决环境工程地质问题所进行的地质测绘、物探、化探、钻探和试验等内容。

(3) 室内分析

通过对所收集到的全部资料的整理、综合，针对环境工程地质问题进行的认真分析，包括进行分带、区划和分类。例如对人类作用的地区分带、强度分带；对现有环境工程地质问题分布进行划分，并进行相应的分类等。

(4) 计算工程地质数据

根据分析，进一步计算研究地区的最新工程或具有工程地质意义的数据。

(5) 确定图的比例、图例

根据不同类型环境工程地质图确定比例，并按规范要求选择图例。

(6) 填绘

按填绘原则，首先填绘分析性因素及其数据，随后按环境工程地质问题及相关条件的自然叠置顺序填绘，最后成图。

以上是一般性的原则方法和步骤，在实际编制图件时，还要求按具体情况做具体分析。

9.3.4.5　环境工程地质图系的特点

环境工程地质图系的特点可初步归纳为以下几方面：

(1) 系列性

环境工程地质图均由一个系列构成，如美国宾夕法尼亚州的环境地质图系由地势起伏图、地形坡度图、水系和洪水泛滥图、土壤图、地质矿产图、地下水利用可能性图和工程地质图这 7 张图构成。德克萨斯海岸带的环境地质图系由 9 张图组成，西德下萨克森地区的环境地质图系为 12 张图，而英国法夫地区的环境地质系列图则多达 27 张图。

(2) 实用易读性

由于环境工程地质研究与制图不仅为工程技术人员服务，更主要的是为政府部门进行国土开发与土地利用规划服务，这就要求在表现内容与形式上简明扼要，易于理解和使用。有时为突出某一方面的问题，单因子的现状、评价或预测图通常较为实用。

(3) 广泛性

由于地球环境与资源的全球关联性，特别是人类活动的影响已远远超出行政区界或国界，有些重大问题必须从全球或洲际角度来考虑，方能求得战略性的正确认识，如目前已编制的全球构造活动图、全球地应力场图和东亚地质灾害图。

(4) 空间性

要求对地球的特点予以反映，以加深对地质环境的认识。

（5）实时性与自动化趋势

要求及时把地质环境刚刚发生或正在发生的事实予以反映，以便实时做出预测或制定对策，这就要求建立地质环境因子数据库，及时进行计算机网络分析和编制成图，以便综合分析与对比。

本 章 小 结

（1）本章讲述了环境工程地质的概念及产生的背景，要求掌握概念，了解其背景。

（2）了解我国目前环境工程地质研究的重点、工程建设分类。

（3）掌握工程建设对地质环境的作用。

（4）了解主要的环境工程地质问题，特别是斜坡稳定性问题。

思 考 题

9.1 环境工程地质研究的主要内容是什么？

9.2 我国现阶段环境工程地质的研究重点是什么？

9.3 环境工程地质区划的内容和步骤是什么？

9.4 工程与地质环境将如何协调发展？

9.5 城市环境工程地质问题有哪些？

9.6 矿山环境工程地质问题有哪些？

9.7 水利水电工程中有哪些常见的环境工程地质问题？

9.8 交通线路工程中环境工程地质问题有哪些？

9.9 交通线路工程中环境工程地质问题可采用哪些研究方法？

9.10 交通线路工程中环境工程地质问题具体有哪些防治对策？

9.11 工程地质环境监测的概念和意义是什么？

9.12 工程地质环境监测包括哪些内容？

参 考 文 献

［1］中华人民共和国建设部.岩土工程勘察规范(2009 年版):GB 50021—2001[S].北京:中国建筑工业出版社,2009.

［2］中华人民共和国住房和城乡建设部.建筑地基基础设计规范:GB 50007—2011[S].北京:中国建筑工业出版社,2012.

［3］中华人民共和国住房和城乡建设部.建筑抗震设计规范(2016 年版):GB 50011—2010[S].北京:中国建筑工业出版社,2016.

［4］中华人民共和国铁道部.铁路工程不良地质勘察规程:TB 10027—2012[S].北京:中国铁道出版社,2012.

［5］中华人民共和国住房和城乡建设部.城市轨道交通岩土工程勘察规范:GB 50307—2012[S].北京:中国计划出版社,2012.

［6］中华人民共和国住房和城乡建设部.水利水电工程地质勘察规范:GB 50487—2008[S].北京:中国计划出版社,2008.

［7］中华人民共和国交通运输部.公路工程地质勘察规范:JTG C20—2011[S].北京:人民交通出版社,2011.

［8］李正根.水文地质学[M].北京:地质出版社,1980.

［9］王大纯.水文地质学基础[M].北京:地质出版社,1980.

［10］胡厚田.土木地质学[M].北京:高等教育出版社,2001.

［11］戴文亭.土木工程地质[M].武汉:华中科技大学出版社,2007.

［12］吴吉春.地下水动力学[M].北京:中国水利水电出版社,2009.

［13］张丽霞,袁铁铮.地下水与工程事故[J].工程勘察,1995(5):29-31,38.

［14］孔宪立.工程地质学[M].北京:中国建筑工业出版社,1997.

［15］胡厚田.土木工程地质[M].北京:高等教育出版社,2001.

［16］李相然.工程地质学[M].北京:中国电力出版社,2006.

［17］时伟.工程地质学[M].北京:科学出版社,2007.

［18］李治平.工程地质学[M].北京:人民交通出版社,2002.

［19］张咸恭,李智毅,郑达辉,等.专门工程地质学[M].北京:地质出版社,1988.

［20］崔冠英.水利工程地质[M].北京:中国水利水电出版社,2000.

［21］陈再平.水利水电工程基础[M].北京:中国水利水电出版社,2003.

［22］郭超英,凌浩美,段鸿海.岩土工程勘察[M].北京:地质出版社,2004.

［23］张喜发.岩土工程勘察与评价[M].长春:吉林科学技术出版社,1995.

［24］张喜发,刘超臣,栾作田.工程地质原位测试[M].北京:地质出版社,1989.

［25］孟高头.土体原位测试机理方法及其工程应用[M].北京:地质出版社,1997.

［26］马淑芝,汤艳春,孟高头,等.孔压静力触探测试机理及其工程应用[M].武汉:中国地质大学出版社,2007.

［27］陈文昭,陈振富,胡萍.土木工程地质[M].北京:北京大学出版社,2013.

［28］潘懋,李铁锋.灾害地质学[M].北京:北京大学出版社,2012.